工业传感与智能检测教程

张淑红　王熙雏　赵　斌　主编

王文琦　陶自春　副主编

电子工业出版社
Publishing House of Electronics Industry
北京·BEIJING

内 容 简 介

本书根据智能装备对新工艺、新技术的发展要求，结合工业设备现场信号检测的实际需求，讲述了传感器的工作原理、传感器的分类和选型、智能传感与检测控制系统的组成、传感器检测系统的构建，通过"温度检测""位移检测""新型传感器"等典型模块和实例，给学生实践机会，让学生在参与实践的过程中学到新知识、新技能。

本书可以作为高等职业院校电气自动化、机电一体化、工业机器人、智能控制技术、电子信息技术等相关专业的教材，也可供自动化相关领域工程技术人员参考。

未经许可，不得以任何方式复制或抄袭本书之部分或全部内容。
版权所有，侵权必究。

图书在版编目（CIP）数据

工业传感与智能检测教程 / 张淑红，王熙雒，赵斌主编. -- 北京：电子工业出版社，2025.4. -- ISBN 978-7-121-49812-1

Ⅰ.TB114.2；TP274

中国国家版本馆 CIP 数据核字第 2025U1U173 号

责任编辑：王昭松
印　　刷：大厂回族自治县聚鑫印刷有限责任公司
装　　订：大厂回族自治县聚鑫印刷有限责任公司
出版发行：电子工业出版社
　　　　　北京市海淀区万寿路 173 信箱　邮编：100036
开　　本：787×1 092　1/16　印张：14.5　字数：371.2 千字
版　　次：2025 年 4 月第 1 版
印　　次：2025 年 4 月第 1 次印刷
定　　价：54.00 元

凡所购买电子工业出版社图书有缺损问题，请向购买书店调换。若书店售缺，请与本社发行部联系，联系及邮购电话：（010）88254888，88258888。

质量投诉请发邮件至 zlts@phei.com.cn，盗版侵权举报请发邮件至 dbqq@phei.com.cn。

本书咨询联系方式：（010）88254141，sunby@phei.com.cn。

前　言

国家发改委《职业教育产教融合赋能提升行动实施方案（2023—2025 年）》指出，要引导企业深度参与职业院校教材开发、教学设计等环节。职业教育教材的核心是实践性，本书以工业实际项目为导向，为学生提供职业实践实例，给学生实践机会，让学生在参与实践的过程中学到新知识、新技能。

本书素材主要源于两方面：一方面，编写团队借助校企合作、导师团、校友会等平台，走访十多家企业和生产车间，根据课程内容有选择地进行面谈访问，了解并收集企业实际项目的技术资料；另一方面，通过 Google、百度搜索引擎和万方数据库、知网、维普期刊等平台学习科技论文、专利文献、国家标准、行业标准和公司产品介绍，搜索相关的素材。此外，通过与毕业生座谈和调查问卷反馈，按照"学、做、练"一体化思路，注重技能与理论的融合，简化烦琐的推导演算，增加了新型传感器检测内容，突出对高职高专学生的应用能力培养。

本书面向工业智能控制系统运行、设计与维护等生产与管理岗位需求，对传感器的认知、选型、信号处理、智能传感与检测系统构建及应用等典型工作任务进行分析，着重培养智能成套装备设计、研发、制造、安装调试和技术维护等技术型人才所需要的基本能力。

本书在编写上综合考虑企业对传感器应用的广度和深度，并将传感器实训室设备和技能点相融合，可以作为高等职业院校电气自动化、机电一体化、工业机器人、智能控制技术、电子信息技术等相关专业的教材，也可供自动化相关领域工程技术人员参考。

本书由苏州工业职业技术学院张淑红（编写模块 2、模块 4、模块 6 并负责统稿）、王熙雏（编写模块 3）、赵斌（编写模块 5）、王文琦（编写模块 1）、陶自春（负责部分案例收集和整理）编写，由江苏大学陈进教授主审。在编写过程中得到川吉自动化科技有限公司、莱克电气股份有限公司等的大力支持，在编写过程中查阅了基恩士、巴鲁夫、华盛昌有、晨控智能、安森美、威尔谱、讯泽科技、创新佳智能、飞致创阳、联合智能物联等公司网站资料，以及传感器网、世界传感器大会网、电子发烧友网、知乎网等网站资料，在此一并表示衷心感谢。

由于传感器技术发展迅速，而编者水平有限，本书难免存在纰漏和不妥之处，敬请读者批评指正。

编者

目　　录

模块 1　认识传感器 · 1

　项目 1-1　传感器的认识与选用 · 1
　　任务 1-1-1　认识传感器 · 1
　　任务 1-1-2　传感器的特性与选用 · 4
　项目 1-2　测量误差与精度 · 8
　　任务 1-2-1　自动检测系统概述 · 8
　　任务 1-2-2　测量方法与分类 · 10
　　任务 1-2-3　测量误差与计算 · 12
　【课后习题】 · 16

模块 2　传感器检测系统的构建 · 19

　项目 2-1　物料分拣中的光电式接近开关 · 19
　　任务 2-1-1　认识接近开关 · 19
　　任务 2-1-2　光电效应及光电元件 · 25
　　任务 2-1-3　光电式接近开关的分类与应用 · 38
　　任务 2-1-4　光电传感器的应用 · 42
　　任务 2-1-5　自动生产线中的物料分拣 · 50
　项目 2-2　液位检测中的电容传感器 · 54
　　任务 2-2-1　认识电容传感器 · 55
　　任务 2-2-2　电容传感器的应用 · 61
　项目 2-3　滚柱直径分选装置中的电感传感器 · 68
　　任务 2-3-1　认识电感传感器 · 68
　　任务 2-3-2　电感传感器的应用 · 73
　　任务 2-3-3　自动生产线中物料计数及报警 · 76
　项目 2-4　材料属性识别装置 · 79
　　任务 2-4-1　材料属性识别装置结构 · 79
　　任务 2-4-2　材料属性识别装置控制系统 · 81
　【课后习题】 · 86

模块 3　温度检测系统的构建 · 91

　项目 3-1　模具测温 · 91
　　任务 3-1-1　温度与温标 · 91
　　任务 3-1-2　认识铂热电阻 · 93
　　任务 3-1-3　铂热电阻接线方式 · 96
　　任务 3-1-4　模具测温系统构建与调试 · 98

项目 3-2　空调测温 ··· 102
　　　　任务 3-2-1　认识热敏电阻 ·· 102
　　　　任务 3-2-2　热敏电阻应用 ·· 105
　　　　任务 3-2-3　空调测温系统构建与调试 ··· 108
　　项目 3-3　电炉测温 ··· 111
　　　　任务 3-3-1　认识热电偶 ··· 111
　　　　任务 3-3-2　热电偶结构与安装 ·· 117
　　　　任务 3-3-3　热电偶温度补偿与计算 ·· 119
　　　　任务 3-3-4　热电偶的应用 ·· 122
　　【课后习题】 ··· 127

模块 4　压力检测系统的构建 ··· 129

　　项目 4-1　电子秤 ··· 129
　　　　任务 4-1-1　认识应变计 ··· 129
　　　　任务 4-1-2　应变计的型号及选用 ··· 132
　　　　任务 4-1-3　应变计测量电路 ·· 136
　　　　任务 4-1-4　电子秤测量与调试 ·· 139
　　项目 4-2　汽车衡 ··· 142
　　　　任务 4-2-1　汽车衡的计算与应用 ··· 142
　　　　任务 4-2-2　应变式传感器的应用 ··· 145
　　项目 4-3　交通监测 ··· 148
　　　　任务 4-3-1　认识压电传感器 ·· 149
　　　　任务 4-3-2　压电式力传感器的应用 ·· 153
　　【课后习题】 ··· 160

模块 5　位移检测系统的构建 ··· 164

　　项目 5-1　光栅式位移传感检测 ·· 164
　　　　任务 5-1-1　位移传感检测方式 ·· 165
　　　　任务 5-1-2　光栅和光栅尺 ·· 167
　　　　任务 5-1-3　光电式角编码器测速 ··· 170
　　项目 5-2　磁栅式位移传感检测 ·· 172
　　　　任务 5-2-1　磁栅和磁栅尺 ·· 172
　　【课后习题】 ··· 175

模块 6　新型传感器及典型应用 ·· 177

　　项目 6-1　山体落石监测 ·· 177
　　　　任务 6-1-1　认识光纤传感器 ·· 177
　　　　任务 6-1-2　光纤传感器的应用 ·· 183
　　项目 6-2　晶片的槽深检测 ··· 190

  任务 6-2-1 认识激光传感器 ······ 190
  任务 6-2-2 激光传感器的应用 ······ 196
 项目 6-3 产品防伪识别 ······ 201
  任务 6-3-1 认识 RFID 技术 ······ 201
  任务 6-3-2 RFID 技术的应用 ······ 207
 【课后习题】······ 215

附录 ······ 218

 附录 A 国际单位制的常用单位 ······ 218
 附录 B 本书涉及的部分计量单位 ······ 219
 附录 C 本书涉及的常用传感器图形符号（依据 GB/T 14479—93）······ 220
 附录 D 工业热电阻分度表 ······ 222
 附录 E 镍铬—镍硅热电偶分度表（自由端温度为 0℃）······ 223

模块 1

认识传感器

现代社会中各行各业几乎都会用到检测技术，先进的检测技术对生产、生活都有着显著的促进作用。检测技术依托信息的获取和测量，而提取被测量的信息并将其转换为电信号的设备被称为传感器，利用传感器转换可得到易于传递和处理的电信号。检测技术将传感器采集的信息进行大量的计算、分析和处理后得到定量的结果，最后通过终端设备（包括各种指示、显示装置和记录仪表）和各种控制用的伺服系统显示检测结果或完成某项任务。

项目 1-1　传感器的认识与选用

本项目主要介绍传感器的概念、组成和种类等相关知识，以及传感器灵敏度、线性度、分辨力、迟滞性、漂移、重复性等性能指标和传感器型号的选用。

思维导图

项目1-1　传感器的认识与选用
- 任务1-1-1　认识传感器
- 任务1-1-2　传感器的特性与选用

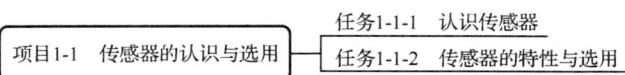

任务 1-1-1　认识传感器

【任务描述】

要在楼道内安装一种开关，在环境亮度足够低时，当存在超过一定分贝的声响，楼道内的灯就会自动开启，这种情况在环境亮度高时却不会发生。由此可知，楼道内灯的开关不仅和声音的强弱有关，还和环境的明暗程度有关。为了实现上述功能，需要选择合适的传感器。

【任务要求】

（1）了解传感器的定义与组成。

（2）熟悉传感器的种类。

【相关知识】

1. 传感器的概念

人类可以借助感觉器官从外界获取信息。通过感觉器官人类可以看到、听到、嗅到、尝到、触摸到周围事物的变化，人类大脑会对这些感觉器官接收到的信息进行处理分析并发出指令，从而控制人的行为。现代社会中，越来越多的机器人融入我们的生活和生产领域，"智能"地替代人类劳动力。机器人对客观事物的判断，必须依赖某种仪器来完成，这种仪器就是传感器。传感器在信息采集系统中扮演着重要角色，通过借助形形色色的传感器可以完成比人类感觉器官更准确的分析。

国家标准 GB/T 7665—2005 对传感器（transducer/sensor）的定义为：能感受规定的被测量并按照一定的规律转换成可用输出信号的器件或装置，通常由敏感元件（sensing element）和转换元件（transducing element）组成。

通俗来讲，传感器是一种能把非电量（物理量、化学量、生物量等变化量）信号转化为便于统计的电信号的一种检测装置，传感器在其他领域中也可以被称为检测器、探头、敏感元件、换能器等。

传感器是人类感知自然界信息的触角。在一个测量检测系统中，传感器位于检测部分的最前端，是决定测量监测系统性能的重要部件。传感器的灵敏度、线性度、分辨力、迟滞性、漂移、重复性等指标将直接影响测量结果的优劣，如果没有精确可靠的传感器去检测各种原始数据并提供真实的信息，那么其他仪表与装置的精确度再高也毫无意义，所以传感器技术的发展必将对科学技术的发展、人类生存环境的改变、国防实力的提高，以及向未来空间的拓展产生很大的影响。

2. 传感器的组成

传感器一般由敏感元件、转换元件、信号调理电路三部分组成，有时需要外加辅助电源。传感器的组成如图 1-1 所示。

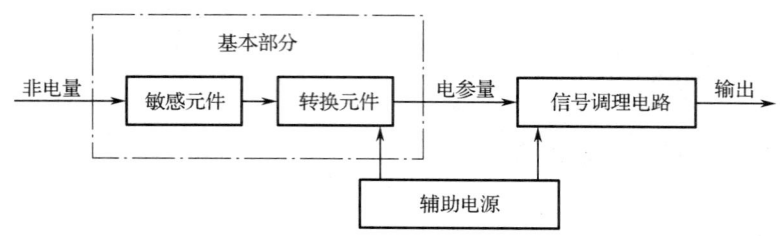

图 1-1　传感器的组成

（1）敏感元件（sensing element）。敏感元件指传感器中能直接感受或响应被测量的部分。

（2）转换元件（transducing element）。转换元件指传感器中能将敏感元件感受或响应的被测量转换成适于传输或测量的电信号的部分。

（3）信号调理电路（signal conditioning circuit）。信号调理电路指把模拟信号变换为用于数据采集、控制过程、执行计算显示输出或其他目的的数字信号的电路。信号调理电路在传感器中主要实现信号放大、运算调制等功能。

（4）辅助电源（auxiliary power）。转换元件和信号调理电路一般需要增加辅助电源供电。

变隙式差动电感压力传感器原理示意如图1-2所示，当被测压力 P 传递到"C"形弹簧管固定端时，"C"形弹簧管发生形变，"C"形弹簧管右侧的自由端运动并带动衔铁发生位移，使线圈1和线圈2的电感量发生变化，这种变化再通过电桥电路被转换成电压输出，将非电量（压力）转化为电量输出。这里的"C"形弹簧管是敏感元件，由线圈1和线圈2组成的差动电感线圈是转换元件，电桥电路是信号调理电路。

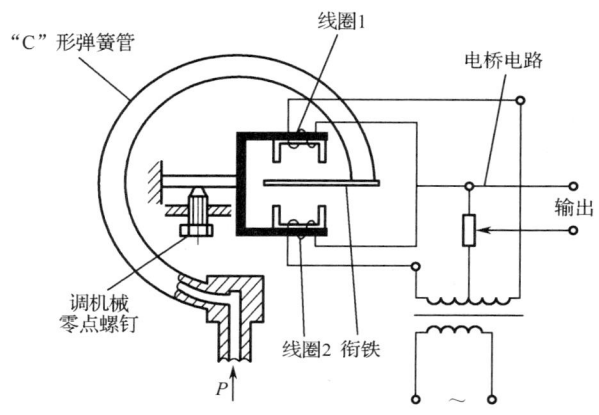

图1-2 变隙式差动电感压力传感器原理示意

生活中常见的数字式体温计如图1-3所示，其与待测物接触的测量端内有热敏电阻。热敏电阻是将敏感元件和转换元件合二为一，能够直接把被测的非电量转换为电量输出的一种传感器。光敏电阻、压电传感器、光电池等由半导体材料制成的传感器都属于此类传感器。

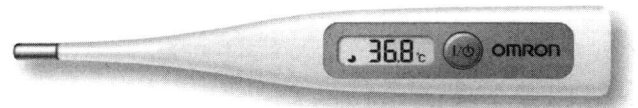

图1-3 数字式体温计

3．传感器的种类

传感器种类繁多，用途广泛，没有统一的分类标准，本书主要从以下几个方面对传感器进行分类。

（1）按被测量范围分类。传感器按被测量范围可分为物理型、化学型、生物型等类型。

（2）按构成原理分类。传感器按构成原理可分为结构型、物性型、复合型等类型。

（3）按转换原理分类。传感器按转换原理可分为机—电型、光—电型、热—电型、磁—电型、电化学型等类型。

（4）按输出信号分类。传感器按输出信号可分为模拟型、数字型、开关型等类型。

（5）按传感器本身的能量关系分类。传感器按本身的能量关系可分为能量控制型、能量转换型等类型。

在以上分类中，按被测量范围分类最为常用，这种分类方式简单、直观，概括性较强。

任务 1-1-2　传感器的特性与选用

【任务描述】

传感器在人类的生活、生产中被广泛应用，如何根据具体的测量要求、测量对象及测量环境选择合适的传感器，是构建测量系统时首先要考虑的问题。在选用传感器时，主要考虑其静态特性、动态响应特性等方面的问题。

【任务要求】

（1）熟悉传感器的基本特性。
（2）了解传感器的选用。

【相关知识】

1. 传感器的基本特性

传感器能否根据生产和实验需求，灵敏地感受被测非电量的变化，并且不失真地将其转化为相应的电量，取决于传感器的"输入—输出"特性，即传感器的基本特性。传感器的基本特性分为静态特性和动态特性。

（1）传感器的静态特性。传感器的静态特性是指当输入信号不随时间变化或随时间变化缓慢时，传感器的输出与输入之间的关系。表征传感器静态特性的主要指标有：灵敏度、线性度、分辨力和分辨率、迟滞性、重复性、漂移等。

① 灵敏度。灵敏度（通常用 S 表示）是指传感器在稳定工作状态时，输出增量与输入增量之间的比值。表示为

$$S = \frac{\Delta y}{\Delta x} \quad \text{或} \quad S = \frac{\mathrm{d}y}{\mathrm{d}x} \tag{1-1}$$

式中　Δy——输出增量；
　　　Δx——输入增量。

对于线性传感器，灵敏度为特性曲线的斜率，S 是常数，如图 1-4（a）所示。对于非线性传感器，灵敏度是特性曲线上某个工作点的切线斜率，S 是变量，如图 1-4（b）所示。斜率越大，曲线越陡，表示灵敏度 S 越大，即传感器越灵敏。

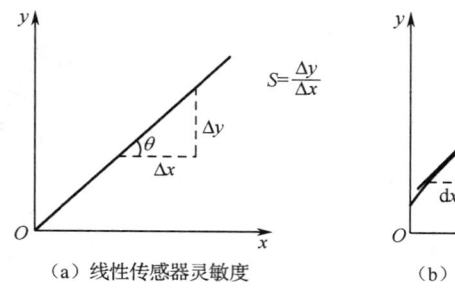
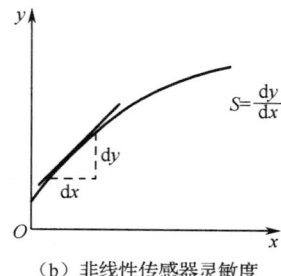

（a）线性传感器灵敏度 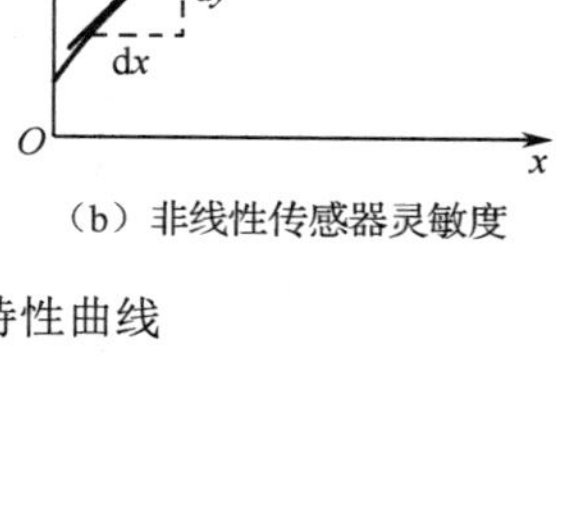　　　　　（b）非线性传感器灵敏度

图 1-4　灵敏度特性曲线

【例1-1】某电热偶温度传感器，当加热点温度变化10℃时，输出电压变化200μV，则传感器灵敏度为多少？

解：根据式（1-1）得，灵敏度为

$$S = \frac{\Delta y}{\Delta x} = \frac{200\mu V}{10℃} = 20\mu V/℃$$

② 线性度。线性度描述的是传感器的输出信号与输入信号之间的实际特性曲线与拟合直线（也称理论直线）的偏差程度。如图1-5所示，一般用实际输出特性曲线2与拟合直线1之间的最大偏差ΔL_{max}与传感器满量程输出值y_{FS}（FS是Full Scale满量程的缩写）之比的百分数来表示。

线性度通常用γ_L表示，即

$$\gamma_L = \pm \frac{\Delta L_{max}}{y_{FS}} \times 100\% \qquad (1-2)$$

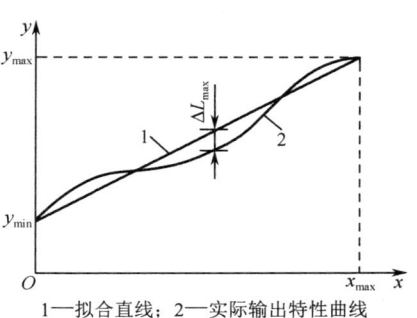

1—拟合直线；2—实际输出特性曲线

图1-5 传感器线性度示意

式中 ΔL_{max}——非线性最大偏差；

y_{FS}——传感器满量程输出，$y_{FS} = y_{max} - y_{min}$。

拟合直线的选取方法有多种，拟合直线不同，非线性误差也不同。图1-5中将传感器输出的起始点与满量程点连接起来的直线作为拟合直线，这种方法称为端点直线拟合。这种方法比较简单，但会使ΔL_{max}较大。除此之外，还有理论拟合、过零旋转拟合、端点平移拟合和最小二乘拟合，其中最小二乘拟合的精度最高。

③ 分辨力和分辨率。分辨力是指传感器能检测到的被测量的最小变化量。当被测量的变化量小于分辨力时，该传感器对输入信号的变化无任何反应。通常，数字式传感器示数的最后一位所表示的数值就是它的分辨力。

分辨率是指传感器在规定测量范围内所能检测出的输入信号的最小变化量，即分辨力除以传感器的满量程所得值，通常以百分比的形式表示。

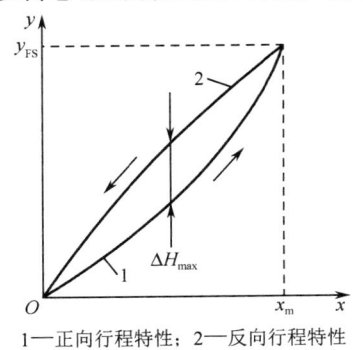

1—正向行程特性；2—反向行程特性

注：图中x_m为传感器输入最大值，即x_{max}。

图1-6 迟滞性特性曲线

④ 迟滞性。传感器的迟滞性是指传感器正向（输入信号变大）行程中的输入输出特性曲线与反向（输入信号减小）行程中的输入输出特性曲线不一致的现象。迟滞性特性曲线如图1-6所示。

通常，传感器的迟滞性用迟滞误差γ_H表示，迟滞误差的表示方法是用正向、反向行程间输出的最大偏差ΔH_{max}与满量程输出值y_{FS}之比的百分数来表示，即

$$\gamma_H = \pm \frac{\Delta H_{max}}{y_{FS}} \times 100\% \qquad (1-3)$$

式中 ΔH_{max}——正向、反向行程间输出的最大偏差；

y_{FS}——满量程输出值。

产生迟滞现象的原因，一是由于传感器机械结构中存在的各种缺陷，如轴承间的摩擦、传动机构的间隙、紧固件的松动、元器件的积尘等；二是由于传感器敏感元件材料受力塑性变形等引起能量吸收和消耗。迟滞也会引起传感器分辨力变差，因此，迟滞误差越小，传感器的性能越好。

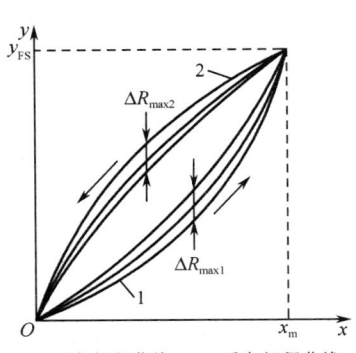

1—正向行程曲线；2—反向行程曲线
注：图中 x_m 为传感器输入最大值，即 x_{max}。

图 1-7 重复性特性曲线

⑤ 重复性。重复性是指传感器在处于相同工作条件时，输入信号按同一方向（增大或减小）在全量程范围内连续多次测量时，所得特性曲线不一致的现象。如图 1-7 所示，某传感器在相同工作条件下测得的 3 条特性曲线，正向变化的最大重复偏差为 ΔR_{max1}，反向变化的最大重复偏差为 ΔR_{max2}。取这两个最大重复偏差中较大的一个为 ΔR_{max}。重复性误差用 ΔR_{max} 与满量程输出值 y_{FS} 之比的百分数来表示。

重复性误差用 γ_R 表示，即

$$\gamma_R = \pm \frac{\Delta R_{max}}{y_{FS}} \times 100\% \qquad (1-4)$$

式中　ΔR_{max}——重复偏差较大值；

　　　y_{FS}——满量程输出值。

需要注意的是，重复性反映的是测量结果偶然误差的大小，并不表示与真值之间的差别。有时重复性误差虽然不大，但可能会远离真值。

⑥ 漂移。传感器的漂移是指在一定的时间间隔内，传感器的输出信号存在着与输入信号无关的、不必要的变化，包括零点漂移和温度漂移。传感器的漂移会导致传感器的稳定性变差。

（2）传感器的动态特性。传感器的动态特性是指当输入信号随时间变化时传感器的输出与输入之间的关系。在理想情况下，我们希望输出信号的变化规律能跟随输入信号的变化规律，即两者具有相同的时间函数。但实际上，当输入信号动态变化时，输出信号的变化规律不会完全和输入信号的变化规律相同，这种输入信号与输出信号之间的差异称为动态误差。

对传感器的动态特性产生影响的因素可分为两大类，第一类因素是指对任何传感器都会产生或多或少影响的固有因素，如温度传感器的热惯性；第二类因素与传感器输入信号的变化形式有关，针对这一因素，我们通常采用从时域的阶跃响应法和频域的频率响应法来进行分析。

2. 传感器的选用

（1）传感器的命名。根据国家标准 GB/T 7665—2005 规定，传感器产品名称由"主题词+四级修饰语"组成。

① 主题词——传感器；

② 第一级修饰语——被测量，包括修饰被测量的定语；

③ 第二级修饰语——转换原理，一般后缀以"式"字；

④ 第三级修饰语——特征描述，指必须强调的传感器结构、性能、材料特征、敏感元件及其他必要的性能特征，一般后缀以"型"字；

⑤ 第四级修饰语——主要技术指标（量程、测量范围、精度等）。

（2）传感器的命名排序。在不同的使用场合，修饰语的排序不同。国家标准 GB/T 7665—2005 规定如下。

① 在有关传感器的统计表格、图书索引、检索及计算机汉字处理等特殊场合，传感器名称按正序排列：主题词→一级修饰语→二级修饰语→三级修饰语→四级修饰语。

示例：传感器，压力，压阻式，[单晶]硅，2MPa。

注：[ ]内的词，在不引起混淆时，可省略。

② 在技术文件、产品样板、学术论文、教材及书刊的陈述句子中，传感器名称按反序排列：四级修饰语→三级修饰语→二级修饰语→一级修饰语→主题词。

示例：2MPa，[单晶]硅，压阻式，压力，传感器。

③ 当对传感器的产品名称命名时，除第一级修饰语外，其他各级修饰语可视产品的具体情况任选或省略。

示例1：订购 50mm 位移传感器 10 个。

示例2：广告中介绍了我厂生产的压阻式压力传感器。

（3）传感器代号的构成。根据 GB/T 7665—2005 规定，用大写汉字拼音字母（或国际通用标志）和阿拉伯数字构成传感器完整的代号。传感器的完整代号包含四个部分，四部分代号表述格式如下。

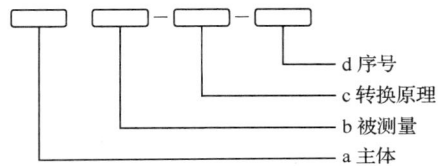

在被测量、转换原理、序号三部分代号之间须有连字符"—"连接。

① 主体（传感器）用汉语拼音字母"C"标记。

② 被测量用其一个或两个汉字汉语拼音的第一个大写字母标记。

③ 转换原理用其一个或两个汉字汉语拼音的第一个大写字母标记。

④ 序号用阿拉伯数字标记。序号可表征产品设计特征、性能参数、产品系列等。

示例1：某压阻式压力传感器型号为 CY—YZ—2.5。

示例2：某温度传感器型号为 CW—800A。

（4）传感器的选用条件。选用传感器时所需考虑的因素有很多，应根据传感器的实际用途、指标、成本和环境因素，从不同的侧重点，优先考虑几个重要条件。

① 传感器的测量方式。选择传感器时，我们首先应考虑传感器在实际工作条件下的测量方式，测量结果的准确与否，这在很大程度上取决于传感器测量方式的选用是否得当。例如，当需要探测某金属物体的范围时，采用电感式接近开关比电容式接近开关更为合理，因为电容式接近开关容易受到金属待测物的干扰。若要探测某非金属物体的范围，则需要选择电容式接近开关。

② 传感器的性能指标。根据测量方式确定选用某种类型的传感器后，我们还要考虑传感器的性能指标。传感器性能指标包括静态特性指标（灵敏度、线性范围、精度等）和动态特性指标。

◆ 灵敏度。在传感器的线性范围内，灵敏度越高越好，但是当灵敏度很高时，外界的干扰信号也容易被检测到，若外界干扰信号同时被系统放大，反而会影响传感器的测量精度。因此，要根据具体应用场景和要求来选择灵敏度合适的传感器。

◆ 线性范围。传感器的线性范围是指输出信号与输入信号成正比的范围，在此范围内，灵敏度为定值。线性范围越宽，传感器的工作量程越大，越能保证测量精度。因此，要选择满足量程要求的传感器。但在实际应用中，很难保证传感器始终在绝对线性区域内工作，因此，当要求的测量精度不是很高时，可以取近似线性区域。

◆ 精度。传感器的精度是指传感器的输出信号与输入信号的对应程度。在实际应用中，精度与传感器成本成正比。因此，只要精度满足测量需求即可，不必一味地追求高精度。

◆ 稳定性。稳定性表征的是传感器经长期使用后，输出特性维持不变的能力。影响传感器稳定性的因素除了传感器本身结构，还有传感器的使用时间和使用环境。因此，要想保持传感器良好的稳定性，就必须保证其具有较强的环境适应能力。

◆ 响应特性。对使用的传感器，其响应的延迟时间越短越好。

项目 1-2　测量误差与精度

本项目主要介绍自动检测系统、测量方法与分类、测量误差与计算。

思维导图

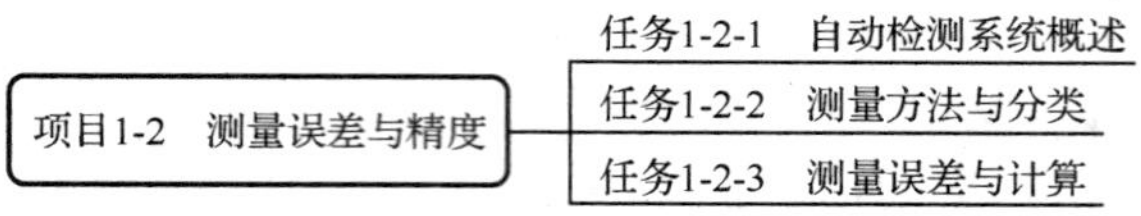

```
                              ┌── 任务1-2-1  自动检测系统概述
项目1-2  测量误差与精度 ──────┼── 任务1-2-2  测量方法与分类
                              └── 任务1-2-3  测量误差与计算
```

任务 1-2-1　自动检测系统概述

【任务描述】

自动化生产线是指在工业生产中采用各种自动化设备和技术，实现对产品自动化加工和生产的生产系统。咖啡灌装系统就是一个典型的自动化生产线。咖啡粉从落料管落到落料管正下方的空罐中，当空罐中的咖啡粉达到设定值时停止落料，传送机构动作，将下一个空罐传送到落料管正下方。咖啡灌装系统在完成灌装的同时，还能对完成灌装的咖啡罐数量进行计数。

【任务要求】

（1）了解检测技术的概念。
（2）了解自动检测系统。

【相关知识】

1. 自动检测技术的概念

检测是指利用各种物理效应、化学效应，选择适合的方法和装置，将生产、科研和生活中的有关信息通过检查与测量的方法，赋予定性或定量结果的过程。广义地讲，检测技术属于信息科学的范畴，与计算机技术、自动控制技术及通信技术构成完整的信息技术学科。检测技术贯穿人类的生产活动、科学研究、日常生活，该技术的现代化程度决定了社会的生产和科技的发展水平，反之，生产和科技的发展又推动检测技术的精益求精。

自动检测技术是将各种非电量转换为电信号，再通过测量该电信号来检测原非电量的技术。自动检测技术是在测量和检验过程中完全不需要或仅需要很少的人工干预而自动进行并完成的检测技术，主要包括自动测量、自动保护、自动诊断、自动信号提取、自动信号转换、自动信号处理等技术，它可以提高自动化水平和程度，减少人为干扰因素和人为差错，提高生产过程的可靠性及运行效率。

在机械制造业中，数控机床可以实时监控加工过程，对加工精度、切削速度等及时作出调整，从而提高产品的合格率；在石油化工等高温高压工作环境中，自动检测技术的应用能替代人工，从而保证关键设备的安全运转；在我们的日常生活中，智能楼宇系统也可以借助自动检测技术自动实现对房间的温度、湿度控制及安防等功能。

2．自动检测系统的概念

自动检测系统是指在物理量的测试中，能自动按照一定的程序选择测量对象、获得测量数据，并对数据进行分析和处理，最后将结果显示或记录下来的系统。自动检测系统的组成如图 1-8 所示。

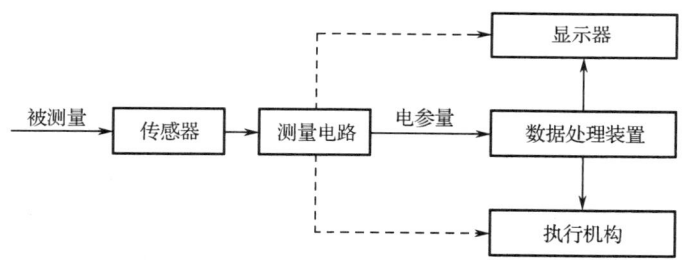

图 1-8　自动检测系统的组成

（1）传感器。通过传感器能把非电量的被测量转换为电量输出。传感器是被测量与检测系统之间的桥梁，传感器的选择是否合理，决定了检测系统准确度的高低。

（2）测量电路。测量电路的作用是将传感器输出的电量转化为易于测量的电压、电流或频率信号。通常需要依靠测量电路把传感器输出的电量放大。

（3）显示器。检测人员通过显示器能直观地了解被测量的大小或变化趋势。显示器常用的显示方式有模拟显示、数字显示和图像显示，如图 1-9 所示。

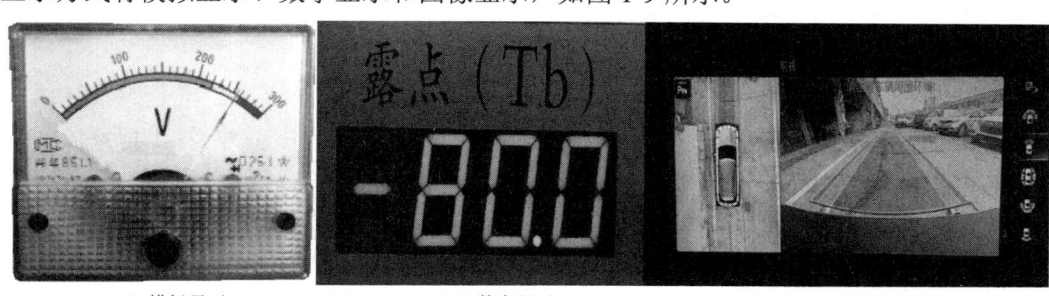

（a）模拟显示　　　　　　（b）数字显示　　　　　　（c）图像显示

图 1-9　常用的显示方式

（4）数据处理装置。数据处理装置通常借助计算机技术将测量电路所得的数据进行分析、运算、变换，并对动态测量结果进行频谱分析等。数据处理结果可以发送给显示器，便于检测人员直观地获取运算处理后的各种数据；数据处理结果可以发送给执行机构，便于实现对被控对象的控制。有些自动检测系统中不带有数据处理装置，则会由测量电路直接驱动显示器和执行机构，如图 1-8 中的虚线部分所示。

（5）执行机构。执行机构是指将控制信号转换成相应动作的机构，在自动检测系统中，执行机构通常指机械运动部件，一般采用电力、气压、液压等几种方式驱动。继电器、接触器、电磁铁、电磁调节阀、交直流伺服电动机等是依靠电力驱动的执行机构；气缸、气动阀门等是依靠气压驱动的执行机构；液压缸、液压马达是常见的由液压驱动的执行机构。当检测系统输出与被测量有关的电压或电流时，就能将其作为控制信号来驱动执行机构。

如图 1-10 所示为某数控机床全闭环磨削控制系统原理。传感器检测出工件的厚度，测量电路把传感器输出的电量通过测量电路转换为开关量信号并传递给数控系统，经过 PLC 的运算、比较、判断，一方面将数控系统的相关参数显示在数控系统的显示屏上；另一方面发出控制信号，通过驱动系统，带动砂轮电机的运转（磨削工件），直到工件达到规定要求为止。这是一个典型的由自动检测系统控制的闭环系统。

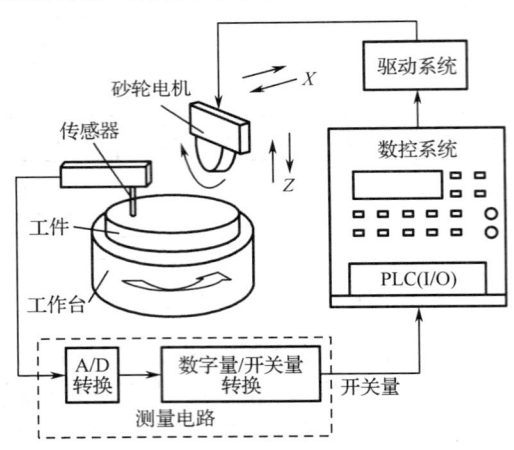

图 1-10　某数控机床全闭环磨削控制系统原理

任务 1-2-2　测量方法与分类

【任务描述】

三国时期，孙权送给曹操一头大象，但无人能知大象的重量，曹冲说："把象放到大船上，在水面所达到的地方做上记号，再让空船装载其他东西，称一下这些东西的重量，那么比较下（东西的总质量差不多等于大象的质量）就能知道大象的重量了。"

【任务要求】

（1）了解常用的测量方法。
（2）了解测量方法的分类。

【相关知识】

1. 测量的概念

测量就是借助专门的设备或技术，采用一定的方法，获得某一客观事物量值的过程。量值一般由一个数加上测量单位表示特定量的大小。如 5.4m，-20℃。量值的大小既与数值有关，也与测量单位有关。本书所涉及的测量是指通过传感器获得被测信号，再经过转换、传输及计算处理，从而获得被测量量值的过程。

2. 测量方法的分类

由于被测量物体种类繁多、各有特点，并且对测量结果的精度、灵敏度要求也不一，测量的具体环境也不同，等等，测量方法会有很多种，大致可以从以下几个方面对测量方法进行分类。

（1）按照获取测量值的手段分类，测量方法可分为直接测量和间接测量。

直接测量就是利用仪表直接读取被测量的测量结果，如用游标卡尺测量长度。直接测量直观简单，但精确度会受仪表误差的限制，有一定局限性。

间接测量指利用函数关系式求出被测量的一种方法。若被测量和中间量之间存在某种函数关系，可先通过直接测量测出中间量，然后根据函数关系计算被测量。例如，求匀速直线运动物体的速度，可先用标尺确定物体运动的距离 s，再用秒表记录物体从起点运动到终点的时间 t，利用 $v=s/t$，求得该物体的速度 v。间接测量相对直接测量较为复杂。

（2）按照被测量是否与时间有关，可将测量方法分为静态测量和动态测量。

静态测量是指被测量不随时间变化，且被测量基本是恒定的。如用热电偶测量锅炉内的温度，用电子秤测量物体的质量。

动态测量是指被测量处于不稳定情况，且被测量大小随时间变化。如用心电图机监测心脏跳动波形，用光导纤维陀螺仪测量火箭的飞行速度。

（3）按照被测量结果的显示方式不同，可将测量方法分为模拟式测量和数字式测量。

模拟式测量的结果为模拟量，如相位变化的电流等。模拟式测量的装置有感应同步器、旋转变压器等。

数字式测量是指被测量以量化后的数字形式表示出来，是目前最常用的测量方式。数字式测量的装置有光栅尺、旋转脉冲编码器等，现代数控机床也大多采用数字式测量。

（4）按照是否在生产线上检测，可将测量方法分为在线测量和离线测量。

在线测量即在生产流水线上边加工边对产品进行检测，可以及时发现产品问题，并做出反馈。

离线测量即在生产加工结束后再集中对产品进行检测，无法对产品质量进行实时监控。

（5）按照测量时是否与被测量物体接触，可将测量方法分为接触式测量和非接触式测量。

接触式测量是指传感器必须与被测量物体相接触，才能获得量值。如用水银式体温计测量人体体温，用汽车衡测量汽车的重量。

非接触式测量是指传感器不与被测量物体直接接触，间接获取量值的方式。如用红外辐射温度计测量被测量物体的温度，用超声波式流量计测量管道内的气体或液体的流量。

（6）按照测量方式不同，可将测量方法分为偏位式测量、零位式测量和微差式测量。

偏位式测量是指利用仪表指针的偏移量表示被测量的大小。如用机械式万用表测量电压、电流，用机械式压力—真空表测量气压。偏位式测量的结果精度较低。

零位式测量是将被测量与仪表内的标准量相比较，当系统达到平衡时，用已知标准量的值决定被测量的测量方式。例如，用惠斯通电桥测量电阻，用天平测量物体的质量。零位式测量的结果精度比较高，但是测量过程复杂，耗时较长，不适用于迅速变化的被测量。

微差式测量结合了上述两种测量方法的优点，先利用零位式测量法将被测量与标准量相比较，再将取得的差值用偏位式测量法迅速表示出来。微差式测量反应快，测量结果精度高，适用于在线控制参数的测量。

任务 1-2-3　测量误差与计算

【任务描述】

有两台测温仪表，量程均为 0℃～700℃，引用误差分别为 2.5% 和 1.5%，现需要测量 500℃ 的温度，要求相对误差不超过 2.5%，选用哪台仪表较为合理？

【任务要求】

（1）熟悉测量误差的分类和性质。
（2）掌握有关测量误差的计算。

【相关知识】

1．测量误差的分类

我们希望通过测量得到被测量的真值。真值是指被测量的真实量值，但是受实际测量仪器、测量方式、测量条件等诸多因素的影响，真值只是一个理想数据，我们只能获得真值的近似值。我们把被测量的测量值与真值间的偏差称为测量误差。按照表示方法分类，测量误差可以分为绝对误差、相对误差和容许误差三种。

（1）绝对误差。根据 GB/T 7665—2005 规定，绝对误差指测量值与真值之差，如式（1-5）所示

$$\Delta = A_x - A_0 \tag{1-5}$$

式中　Δ——绝对误差；
　　　A_x——测量值；
　　　A_0——被测量的真值。

用绝对误差表示测量误差，虽然能客观反映测量的准确性，但并不能很好地说明测量方法的好坏。如在测量物体质量时，绝对误差 $\Delta=1g$，如果测量对象是黄金首饰，这个误差是不被允许的，如果测量对象是大象的质量，则说明这个测量结果很准确。

（2）相对误差。正因为绝对误差不能很好地反映测量值偏离真值程度的大小，所以提出了相对误差的概念。相对误差包括实际相对误差、示值相对误差和满度（引用）相对误差。

① 实际相对误差。根据 GB/T 7665—2005 规定，相对误差等于绝对误差除以被测量的真

值，如式（1-6）所示

$$\gamma_A = \frac{\Delta}{A_0} \times 100\% \quad (1\text{-}6)$$

式中　γ_A——实际相对误差；

　　　Δ——绝对误差；

　　　A_0——被测量的真值。

【例 1-2】对真值分别是 100.00mm 和 0.1mm 的两个位移量进行测量，测量值分别是 100.01mm 和 0.11mm，哪个测量值的实际相对误差较大？

解： 根据式（1-5）可知，两个测量值的绝对误差均为 0.01mm，从绝对误差来看，两个测量值的评价结果是一样的，我们需要通过相对误差来判断，根据式（1-6）可知

$$\gamma_{A1} = \frac{\Delta}{A_{01}} \times 100\% = \frac{0.01}{100} \times 100\% = 0.01\%$$

$$\gamma_{A2} = \frac{\Delta}{A_{02}} \times 100\% = \frac{0.01}{0.1} \times 100\% = 10\%$$

显而易见，前者的实际相对误差是 0.01%，后者的实际相对误差是 10%，是前者的 1000 倍。

② 示值相对误差。在实际测量应用中，我们更常用的是示值相对误差，如式（1-7）所示

$$\gamma_x = \frac{\Delta}{A_x} \times 100\% \quad (1\text{-}7)$$

式中　γ_x——示值相对误差；

　　　Δ——绝对误差；

　　　A_x——测量值。

③ 满度（引用）相对误差。针对仪表的准确度，我们引入满度（引用）相对误差，如式（1-8）所示

$$\gamma_m = \frac{\Delta}{A_m} \times 100\% \quad (1\text{-}8)$$

式中　γ_m——满度（引用）相对误差；

　　　Δ——仪表的绝对误差；

　　　A_m——仪表的量程，即仪表测量范围上限值、下限值之间的代数差。

式（1-8）中，当 Δ 取仪表的最大绝对误差时，用 Δ_{max} 表示（本书均以 Δ_m 表示），此时满度（引用）相对误差被定义成仪表的准确度等级 S（也称为精度等级），如式（1-9）所示

$$S = \left| \frac{\Delta_m}{A_m} \right| \times 100\% \quad (1\text{-}9)$$

若已知仪表的准确度等级 S 和仪表的量程，则可求出该仪表可能的最大绝对误差 Δ_m。

【例 1-3】用准确度等级 S 为 0.2 级，量程为 -20℃～+200℃ 的温度计测温，求该温度计可能的最大绝对误差是多少？

解： 根据式（1-9）可知

$$\Delta_{\mathrm{m}} = \pm \frac{S}{100} \times A_{\mathrm{m}} = \pm \frac{0.2}{100} \times [200-(-20)]\text{℃} = \pm 0.44\text{℃}$$

我国工业仪表准确度等级有 0.1、0.2、0.5、1.0、1.5、2.5、5.0 七种。准确度等级越小，仪表的精度就越高。是不是选用准确度等级越高的仪表，测量误差就越小呢？

【例 1-4】利用例 1-3 中的温度计分别测量 170℃和 10℃两种温度，试分析两种温度下的示值相对误差有何不同。

解：根据式（1-7）可知

$$\gamma_{170\text{℃}} = \frac{\Delta_{\mathrm{m}}}{A_{170\text{℃}}} \times 100\% = \frac{\pm 0.44}{170} \times 100\% = \pm 0.42\%$$

$$\gamma_{10\text{℃}} = \frac{\Delta_{\mathrm{m}}}{A_{10\text{℃}}} \times 100\% = \frac{\pm 0.44}{10} \times 100\% = \pm 4.4\%$$

由此可知，用同一个温度计测量不同温度时出现的相对误差是不一样的，因此准确度等级与相对误差之间没有必然联系。我们再来看一个例子。

【例 1-5】有两台压力表，第一台压力表的量程为 0~1.5MPa，满度（引用）相对误差为 ±2.5%，第二台压力表的量程为 0~15MPa，满度（引用）相对误差为 ±1.0%，现需测量 1.2MPa 的压力，选哪台压力表更合适？

解：因为两台压力表的满度（引用）相对误差分别为 ±2.5%和 ±1.0%，所以两台压力表的仪表准确度等级分别为 2.5 和 1.0。

根据式（1-8）和式（1-9）可求得两台压力表的最大绝对误差分别为

$$\Delta_{\mathrm{m1}} = \pm \frac{S_1}{100} \times A_{\mathrm{m}} = \pm \frac{2.5}{100} \times (1.5-0)\text{MPa} = \pm 0.0375\text{MPa}$$

$$\Delta_{\mathrm{m2}} = \pm \frac{S_2}{100} \times A_{\mathrm{m}} = \pm \frac{1.0}{100} \times (15-0)\text{MPa} = \pm 0.15\text{MPa}$$

用这两台压力表分别测量 1.2MPa 的压力时，其示值相对误差分别为

$$\gamma_{x1} = \frac{\Delta_{\mathrm{m1}}}{A_x} \times 100\% = \frac{0.0375}{1.2} \times 100\% = 3.125\%$$

$$\gamma_{x2} = \frac{\Delta_{\mathrm{m2}}}{A_x} \times 100\% = \frac{0.15}{1.2} \times 100\% = 12.5\%$$

计算结果表明，满度（引用）相对误差分别为 ±2.5%和 ±1.0%的两台压力表，其准确度等级分别为 2.5 和 1.0，第一台压力表虽然准确度等级不高，但最后测量的示值相对误差反而较小，因此选用第一台压力表更合理。

从以上两个例题可以看出，我们在选用仪表进行测量时，不能只考虑仪表的准确度等级，还要综合考虑仪表的量程，最好使测量值落在仪表量程的 2/3 以上区域内。

（3）容许误差。容许误差是指根据技术条件的要求，规定仪表误差不应超过的最大范围，也称为极限误差。

2. 测量误差的性质

在测量过程中，按照误差产生的原因和呈现的特征不同，可分为三类：系统误差、随机误差和粗大误差。

（1）系统误差。当我们对同一被测量在相同条件下重复多次测量时，出现的误差值保持

恒定或按照一定的规律变化，这种误差称为系统误差，主要是由系统缺陷或环境因素引起的。如仪表未调零（天平未调水平、万用表未调零）直接测量、机械手表长期使用后越走越慢、电子秤内部由于温度逐步升高而产生输出温漂、电桥检流计的零点漂移等。

系统误差有规律可循，一般可以通过找到产生误差的源头来消除系统误差，或先将系统误差通过计算或检定技术剥离出来，再引入修正值予以弥补。

（2）随机误差。当我们对同一被测量在相同条件下重复多次测量时，出现的误差值不确定且不可预测，这种误差称为随机误差。如测量电阻时，万用表表棒自带的接触电阻；实验室电压的不稳定给测温仪带来的误差。

随机误差的产生有大量的偶然因素，因此既不能通过实验的方法随机消除，也无法引入修正值。随机误差虽然不确定，但是在一定条件下服从正态分布的统计规律。我们可以通过多次测量，舍去第一个采样值及最大值和最小值，余下的中间值取算数平均得到结果。随着测量次数的增多，随机误差会逐渐减小，但仍不可避免。

（3）粗大误差。测量结果中出现的明显偏离实际值的误差称为粗大误差。如操作人员看错仪表量程读出的数据，在外界振动或电磁干扰的情况下通过精密仪表读取的数据等。

对于出现的粗大误差，直接将其剔除即可。所以我们在对误差进行分析时，主要针对的是系统误差和随机误差。

知识拓展

传感器的应用

1．传感器在工业机器人中的应用

随着世界经济和科技的发展，机器人应用正迅速向社会生产和生活的各个领域扩展，同时也从制造领域转向非制造业，各种各样的机械手臂随之出现。许多单一重复的工作可以让机械手臂来代替。

早期的工业机器人是没有感知能力的，工件存放位置、姿态稍有改变，机器人就会束手无策。20世纪出现了装有传感器的工业机器人，即使工件位置与标准位置发生偏移，工业机器人仍可根据传感器的捕捉和修正顺利拾取工件。

如图1-11所示的设备是某视觉跟踪抓取机器人系统，利用视觉相机对目标进行三维定位，使用在三维空间中引入位置伺服的闭环控制算法，达到机器人机械手臂对未知位置物料的抓取要求。该系统中采用的传感器为增量式编码器，该编码器用于记录传送带实时位置，为机器人运动轴的伺服电机持续提供反馈信号，从而保证机器人精确定位。

2．无线传感器网络的应用

无线传感器网络是一种新颖的、具有光明市场应用前景的自动检测系统。它集传感、无线通信与网络、嵌入式计算、MEMS（微机电系统）、分布式信息处理与数据融合等技术于一体，将逻辑上的信息世界与客观上的物理世界融合在一起，在军事、生态环境与灾害监测、大型设备监控、医疗保健、智能交通管理、智能家居等众多领域有着广泛的潜在用途。如图1-12所示为基于无线传感器网络的智能家居环境，该环境将电视机、门禁系统、照明设备、空调、

摄像头等家用设备联网，利用移动智能终端设备远程监控，能极大地改善人们的居住环境和舒适度，对儿童、老人、残疾人的帮助特别大。

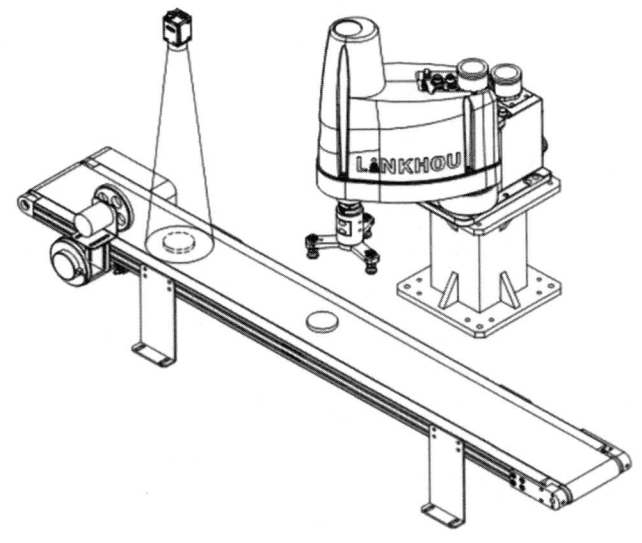

图 1-11　某视觉跟踪抓取机器人系统

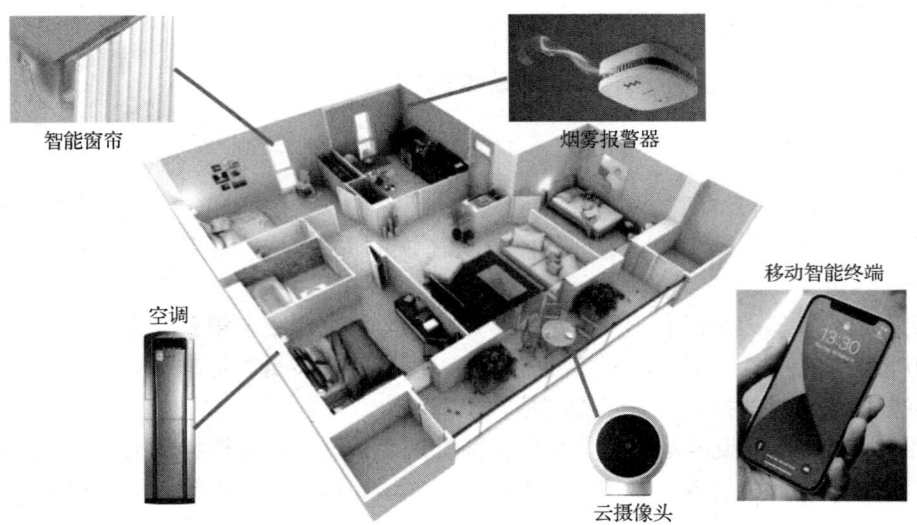

图 1-12　基于无线传感器网络的智能家居环境

【课后习题】

一、选择题

1. 在工程中，"换能器""检测器""探头"等名词均与（　　　）同义。
A．数据处理装置　　　B．显示器　　　　　C．执行机构　　　　D．传感器

2．电位器在电位器式压力传感器中充当（　　）。
A．辅助电源　　　　B．信号调理电路　　　C．转换元件　　　　D．敏感元件
3．若某温度传感器的量程为0℃～+99.9℃，则该仪表的最小分辨力是（　　）。
A．9℃　　　　　　B．1.0℃　　　　　　C．0.9℃　　　　　　D．0.1℃
4．在电工实验中，利用机械式万用表测量电压、电流值，属于（　　）测量。
A．偏位式　　　　　B．零位式　　　　　　C．微差式　　　　　　D．非接触式
5．某采购员分别在三家商店购买100kg大米、10kg苹果、1kg巧克力，发现均缺少约0.5kg，但该采购员对卖巧克力的商店意见最大，在这个例子中，产生此心理作用的主要因素是（　　）。
A．绝对误差　　　　　　　　　　　　　　B．示值相对误差
C．满度（引用）相对误差　　　　　　　　D．准确度等级
6．采用标准表比较法校验一台准确度等级为1.5级的压力表时，标准压力表的准确度等级为（　　）较为合适。
A．1.5级　　　　　B．1.0级　　　　　　C．0.5级　　　　　　D．0.2级
7．某压力仪表厂生产的压力表满度（引用）相对误差均控制在0.4%～0.6%，该压力表的准确度等级应定为（　　）。
A．1.5级　　　　　B．1.0级　　　　　　C．0.5级　　　　　　D．0.2级
8．同类仪表的准确度等级数值越小，（　　）。
A．精度越高，价格越贵　　　　　　　　　B．精度越高，价格越便宜
C．精度越低，价格越贵　　　　　　　　　D．精度越低，价格越便宜
9．在选购线性仪表时，必须在同一系列的仪表中选择适当的量程。这时应尽量使选购的仪表量程为被测量的（　　）左右为宜。
A．3倍　　　　　　B．10倍　　　　　　C．1.5倍　　　　　　D．0.75倍
10．用万用表直流电压挡测量5号干电池电压，发现每次示值均为1.8V，该误差属于（　　）。
A．系统误差　　　　B．粗大误差　　　　　C．随机误差　　　　　D．动态误差
11．下列情况下造成的误差属于系统误差的是（　　）。
A．打雷时出现的输出电压跳变　　　　　　B．看错电流表的量程
C．弹簧秤的弹簧逐渐失去弹性　　　　　　D．欧姆表棒的接触电阻

二、分析、计算题

1．某线性位移测量仪，当被测位移由3.5mm变到4.0mm，位移测量仪的输出电压由2.5V减至1.5V，求该仪器的灵敏度。

2．用日常生活中的实例解释下列名词。
（1）静态测量；（2）动态测量；（3）直接测量；（4）间接测量；（5）接触式测量；（6）非接触式测量；（7）在线测量；（8）离线测量。

3．已知待测拉力约70N，现有两台测力仪，A测力仪为0.5级，测量范围为0～500N；B测力仪为1.0级，测量范围为0～100N。请思考选用哪个测力仪较好？

4．某温度计的测量范围为0℃～+200℃，准确度等级为0.5级，试求：

（1）该温度计可能出现的最大绝对误差是多少？
（2）当示值为 20℃时，示值相对误差是多少？
（3）当示值为 100℃时，示值相对误差是多少？

5．欲测 240V 左右的电压，要求测量示值相对误差的绝对值不大于 0.6%，试求：
（1）允许的最大绝对误差不应超过多少伏？
（2）若选用量程为 250V 电压表，其准确度等级应选几级？
（3）若选用量程为 300V 电压表，其准确度等级应选几级？

6．用一台 $3\frac{1}{2}$ 位（俗称 3 位半，该三位半数字表的量程上限为 199.9℃，下限为 0℃）、准确度等级为 0.5 级的数字式电子温度计，测量模温机注塑机的温度，数字式电子温度计的数字面板上显示的数值为 190.8℃。假设其最后一位即为分辨力，求该数字式电子温度计的下列各值。
（1）分辨力、分辨率及最大显示值。
（2）可能产生的最大满度相对误差和绝对误差。
（3）示值相对误差。
（4）被测温度实际值的上限值和下限值。

模块 2

传感器检测系统的构建

目前，传感器检测系统的应用越来越广泛，且每个领域的需求不尽相同。其中，接近开关是一种无须与运动部件直接接触就可以进行操作的位置开关。接近开关是一种开关型传感器（也称无触点开关），它既具有行程开关、微动开关的特性，又具有传感性能，动作可靠、性能稳定、频率响应快、使用寿命长、抗干扰能力强，并具有防水、耐腐蚀等特点。传感器检测系统在机械加工、冶金、化工、轻纺、印刷等行业中有着广泛的应用，可以用于实现限位、计数、定位控制和自动保护等功能。

项目 2-1 物料分拣中的光电式接近开关

本项目以自动生产线中物料自动分拣的过程为研究对象，重点讲述黑白工件自动分拣中用到的光电式接近开关，详细阐述了光电式接近开关的原理与应用。

 思维导图

```
                                              任务2-1-1  认识接近开关
                                              任务2-1-2  光电效应及光电元件
项目2-1  物料分拣中的光电式接近开关 ——         任务2-1-3  光电式接近开关分类与应用
                                              任务2-1-4  光电传感器的应用
                                              任务2-1-5  自动生产线中的物料分拣
```

任务 2-1-1 认识接近开关

【任务描述】

本任务主要从接近开关的特点入手，说明为什么接近开关在生活、生产中无处不在，认识常用的接近开关种类及其各自独特的使用特点，让学生学会在工程实际中根据需要选择合适的接近开关,并理解接近开关中常用技术指标的含义。

【任务要求】

(1)认识接近开关的分类和特点。
(2)理解接近开关常用的技术指标。

【相关知识】

1. 认识接近开关

接近开关又称无触点开关,它除了可以进行行程控制和限位保护,还可以对非接触物体进行有无检测、物体位置检测、高速计数和测速。接近开关能在一定的距离范围(通常是几毫米至几十毫米)内检测有无物体靠近。当物体与其接近到设定距离时,接近开关就可以发出"动作"信号。接近开关最大的优点是可以进行非接触测量,它不像机械行程开关那样,需要施加机械力。接近开关的核心部分是"感辨头",也称探头,它对正在接近的物体有很高的感辨能力。目前,很多接近开关已将"感辨头"和信号调理电路集成在一起,同时壳体上带有用于安装的螺纹或安装孔,便于安装和调整接近开关与被测物之间的距离。

如今,接近开关的应用已远远超过机械行程开关的行程控制和限位保护,作为无触点按钮,接近开关主要用于确定物体的存在和位置、高速计数和测速等。

接近开关与机械行程开关比较,具有以下特点。

(1)非接触检测,不影响被测物的运行工况。
(2)定位准确度高。
(3)不会产生机械磨损和疲劳损伤、耐腐蚀、动作频率高、工作寿命长。
(4)响应快,约几毫秒至十几毫秒内便可完成响应。
(5)采用全密封结构,防潮、防尘性能较好,工作可靠性强。
(7)无触点、无火花、无噪声,防爆型接近开关适用于防爆的场合。
(7)易于与计算机或 PLC 等连接。
(8)体积小,安装、调整方便。
(9)接近开关的缺点是"感辨头"容量较小,短路时易烧毁。

2. 接近开关的分类

接近开关是一种接近被检测物体时具有"感应"能力的元件,是一种位移传感器。接近开关可以利用位移传感器对接近物体敏感的特点,达到控制电路接通或断开的目的。位移传感器可以根据不同的原理和不同的方法做成,而不同的位移传感器对物体的"感知"方法也不同,常见的接近开关如图 2-1 所示,在具体选用接近开关时应查阅相关的参考手册。

(1)涡流式接近开关。涡流式接近开关也称电感式接近开关。导电物体在靠近涡流式接近开关时,使导电物体内部产生涡流,涡流反作用于涡流式接近开关,使涡流式接近开关内部电路参数发生变化,由此识别出有无导电物体接近,进而控制涡流式接近开关的接通或断开。涡流式接近开关所能检测的物体必须是能够导电的物体,即对导电性良好的金属起作用。另外,涡流式接近开关感辨头的检测距离会因被测金属物体的尺寸、金属材料,甚至金属材料表面镀层的种类和厚度的不同而不同。

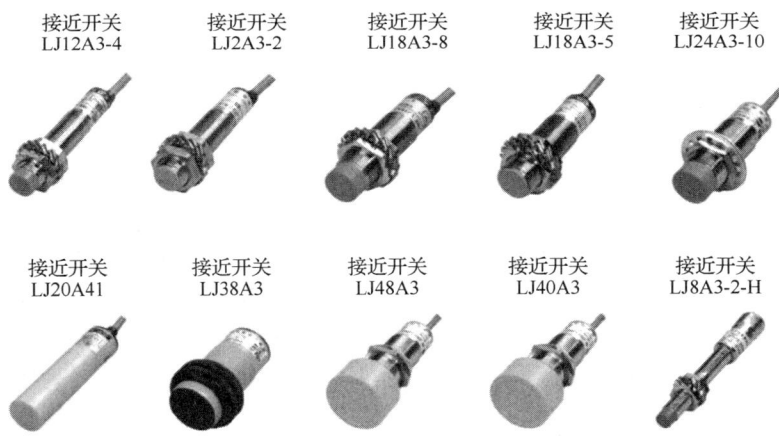

图 2-1 常见的接近开关

（2）电容式接近开关。电容式接近开关测量时，通常将被检测物体视作电容器的一个极板，而另一个极板是电容式接近开关感辨头。当被检测物体移向电容式接近开关时，不论被检测物体是否为导体，由于它的接近，电容式接近开关的介电常数发生变化，从而使电容发生变化，使得和感辨头相连的电路状态也随之发生变化，进而控制电容式接近开关的接通或断开。电容式接近开关检测对象可以是导体，也可以是绝缘的液体或粉状物等。

（3）光电式接近开关。光电式接近开关简称光电开关，光电开关种类较多，其中漫反射型光电开关因其安装和调试简单，应用最广泛。漫反射型光电开关将光电发射元件和光电接收元件按一定方向装在同一个感辨头内，当有被检测物体接近时，会产生光反射现象，光电接收元件接收到反射光后有信号输出，由此"感知"被检测物体。漫反射型光电开关不需要反射板，检测距离设定较容易。光电开关对所有能反射光线或者对光线有遮挡作用的物体均可检测，通常用于检测不透光物体。

（4）霍尔式接近开关。霍尔元件是一种磁敏元件，利用霍尔元件做成的开关叫作霍尔开关，即霍尔式接近开关。当导磁性或磁性物体靠近霍尔开关时，霍尔开关感辨头上的霍尔元件产生霍尔效应，磁场改变，使霍尔开关内部电路状态发生变化，由此检测出附近有无导磁性或磁性物体存在，进而控制开关的接通或断开。霍尔式接近开关的检测对象必须是磁性或导磁性物体。

（5）热释电式接近开关。热释电式接近开关用能感知温度变化的敏感元件制成热释电单元。测量时，将热释电单元安装在热释电式接近开关的检测面上，当有与环境温度不同的物体接近时，热释电单元的输出发生变化，由此检测出有无与环境温度相异的物体接近。

（6）磁性接近开关。磁性接近开关简称磁性开关。磁性开关原理同磁簧开关，感辨头内的磁簧管由两片软铁簧片平行放置而成，重叠形成一间隙，两片簧片密封在一根充满惰性气体的玻璃管内，当有磁场接近时（一般用永久磁铁），磁性足够大时两片簧片会相吸，进而控制磁性开关的闭合。磁性开关的磁簧管构造上没有机械零件和电子零件，接点寿命较长，检测精确度高，高速动作可达数百万次。磁性开关一般用于检测永久磁铁等磁性物体。

（7）其他形式的接近开关。超声波式接近开关、微波式接近开关是利用多普勒效应制成的。当观察者或被检测物体与波源的距离发生改变时,接收波的频率会发生偏移,这种现象称为多普勒效应。当有物体接近时,这些接近开关接收到的反射信号会产生多普勒频移,由此判断有无物体接近。声呐和雷达也是利用多普勒效应制成的。

3. 接近开关的主要技术指标

接近开关的主要技术指标除了工作电压、输出电流和控制功率,还有以下几个指标。

（1）动作距离。对不同类型的接近开关来说,动作距离的含义略有不同。通常,接近开关动作距离指当被检测物体沿基准轴靠近接近开关感应面时,能够使接近开关动作的距离,也指接近开关输出状态为有效状态时,测得接近开关感应面到被检测物体检测面之间的空间距离。额定动作距离指接近开关动作距离的标称值,即接近开关产品说明书（铭牌）中的额定值。

（2）设定距离。设定距离指接近开关在实际工作中的整定距离,一般为额定动作距离的80%。为保证工作可靠,被检测物体与接近开关之间的安装距离一般等于额定动作距离。安装后还须对其进行调试,然后紧固。

（3）复位距离。当被检测物体沿基准轴离开接近开关感应面时,接近开关转为复位状态,复位距离指接近开关输出状态为无效状态时,测得接近开关感应面到被检测物体检测面的空间距离。同一个接近开关的复位距离要大于其动作距离。

（4）回差值。回差值也称动作滞差,是指复位距离与动作距离之差。回差值越大,接近开关抗干扰（外界干扰和被检测物体的抖动）能力就越强,但动作准确度就越差。接近开关的动作距离与回差值如图 2-2 所示。

（5）重复精度。重复精度表征为多次测量的动作距离平均值。在测定重复精度时,需要在常温和额定电压下连续进行 10 次试验,将被测金属板固定在量具上,由接近开关动作距离 120%以外沿基准轴逐渐靠近接近开关感应面,进入接近开关的"动作区",运动速度控制在 0.1mm/s。当接近开关动作时,读出量具上的读数,然后反向退出"动作区",使接近开关复位。如此重复 10 次,最后计算 10 次测量值的最大值和最小值,再逐一与 10 次试验的平均值进行减法运算,最大差值即为接近开关的重复精度。

（6）动作频率。动作频率也称响应频率,是指被检测物体每秒连续不断地进入接近开关的动作距离后又离开的个数或次数,接近开关动作频率如图 2-3 所示。若接近开关的动作频率太低而被检测物体运动得又太快时,接近开关可能来不及响应物体的运动状态,就有可能造成漏检。

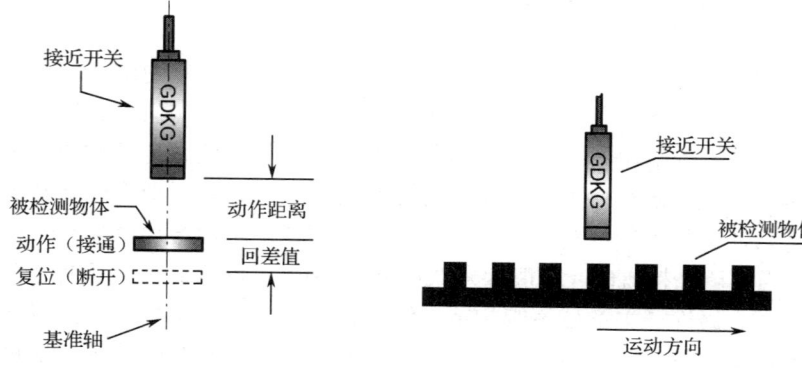

图 2-2 接近开关的动作距离与回差值 　　图 2-3 接近开关动作频率

（7）响应时间 t。响应时间 t 是指被检测物体从被接近开关检测到，到接近开关输出状态发生翻转的时间之差。可用公式换算：$t=1/f$，其中 f 指频率。

（8）输出状态。接近开关按输出状态可分为常开型接近开关和常闭型接近开关。对常开型接近开关而言，当没有检测到被检测物体时，由于接近开关内部的输出级三极管截止，接近开关外部连接的负载不工作，处于失电状态。当检测到被检测物体时，接近开关内部的输出级三极管导通，接近开关外部连接的负载得电工作，处于得电状态。对常闭型接近开关而言，刚好相反，当没有检测到被检测物体时，由于接近开关内部的输出级三极管导通，接近开关外部连接的负载得电工作，处于得电状态。当检测到被检测物体时，接近开关内部的输出级三极管截止，接近开关外部连接的负载不工作，处于失电状态。

（9）安装方式。接近开关的安装方式分埋入式和非埋入式，接近开关安装方式如图 2-4 所示。埋入式（齐平式）接近开关感应面埋入安装接近开关的金属支架内，即将探头埋入设备内。埋入式接近开关"感辨头"不易被机械设备的运动碰坏，但灵敏度较低。非埋入式（非齐平式）接近开关则需要接近开关的"感辨头"露出一定高度，接近开关探头直接安装在设备表面。

图 2-4 接近开关安装方式

4．接近开关型号命名方法

接近开关型号命名方法因企业不同而稍有差异，但总体以"字母+数字"组合型号最为普遍，以下为常见接近开关型号命名规则。

上海施迈德自动化系统有限公司的接近开关型号说明如图 2-5 所示。

接近开关型号说明
示例：SMLJ18A-Z5PK-G

S	M	LJ	18	A	Z	5	P	K	G
公司代号	接近开关种类	外形代号	尺寸代号	安装方式	工作电压	检测距离	输出方式	输出状态	链接方式
	M:电感式	LJ:金属圆柱形	04:M4	无:非埋入式	Z:24V DC	0.8:0.8mm	无:二线	K:常开	无:2m标准引线
	A:模拟量式	LS:塑料圆柱形	05:M5	A:埋入式	J:20-250V AC	1:1mm	N:NPN	H:常闭	G:m12四芯插
	C:电容式	LA:方形	06:M6			1.5:1.5mm	P:PNP	C:常开+常闭	F:m8三芯插
	N:NAMUR	LB:肩平形	08:M8			2:2mm		J:继电器触点输出	T:特殊接插件
	F:霍尔式	LC:槽形	12:M12			4:4mm		U:电压输出	
	T:磁感应式	LD:椭圆形	18:M18			5:5mm		I:电流输出	
	W:微波式	LE:组合形	24:M24			8:8mm		IU:电压电流双输出	
		LT:特殊形	30:M30			10:10mm			
		LN:狭长形				15:15mm			
		LH:环形				20:20mm			
						30:30mm			
						40:40mm			
						50:50mm			

图 2-5 上海施迈德自动化系统有限公司的接近开关型号说明

中山市山崴电气有限公司接近开关型号说明如图 2-6 所示。

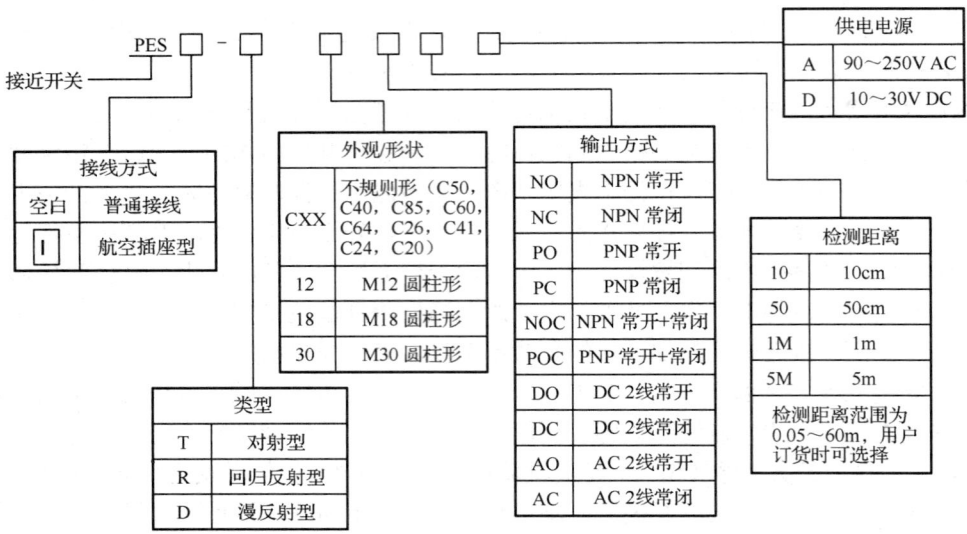

图 2-6 中山市山崴电气有限公司接近开关型号说明

中山市山崴电气有限公司常用接近开关型号说明如图 2-7 所示。

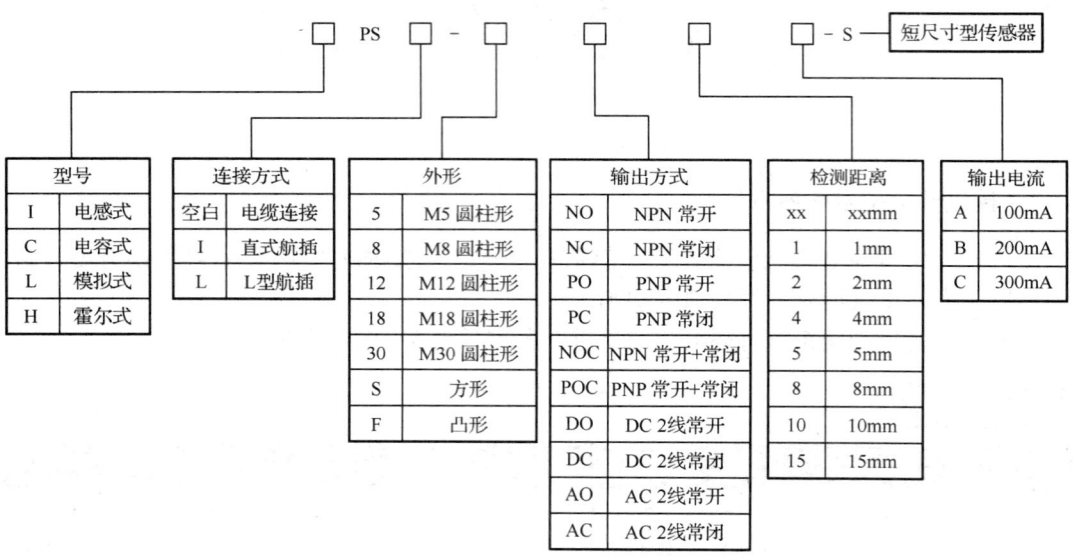

图 2-7 中山市山崴电气有限公司常用接近开关型号说明

浙江洞头开关厂常用接近开关型号说明如图 2-8 所示。

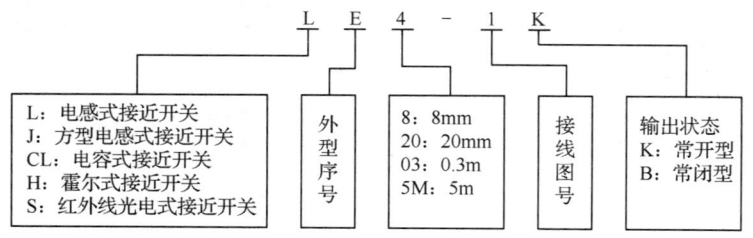

图 2-8 浙江洞头开关厂常用接近开关型号说明

5. 接近开关的主要功能

（1）检测距离。接近开关可用于检测电梯、升降设备的停止、启动、通过位置；检测车辆启动、停止和其他物体的位置；检测机械装置的设定位置，移动部件的极限位置；检测回转体的停止位置，阀门的打开或关闭位置；检测气缸或液压缸内的活塞移动位置等。

（2）尺寸控制。接近开关可用于金属板材加工时对其进行尺寸控制；检测自动装卸时物料高度；检测物体的长、宽、高、面积和体积等尺寸。

（3）检测物体是否存在。接近开关可用于检测自动生产中产品有无；机加工设备上有无待加工的零件等。

（4）转速控制。接近开关可用于控制传送带的运行速度；控制旋转机械的转速；接近开关与各种脉冲发生器一起控制转速等。

（5）计量控制。接近开关可用于工业生产中产品或零件的自动计量；仪器仪表的指针读数计量；液位高度计量或流体流量计量等。

（6）检测异常。接近开关可用于检测产品的合格与不合格；区分金属与非金属零件；检测产品有无标牌；检测重型机械危险区域等。

（7）识别对象。接近开关可用于根据被检测物体上的二维码识别对象。

（8）信息传送。自动检测系统上的 ASI（Actuator Sensor Interface）总线通过连接设备各个位置上的接近开关，在自动检测系统中进行数据传送。

后续将重点讲解工业生产中常用的光电式接近开关、电容式接近开关、电感式接近开关的工作原理与应用。

任务 2-1-2　光电效应及光电元件

【任务描述】

当我们进出商场或书店时，门会自动开启，扶梯也会由于我们的踏入而自动缓慢加速运行。本任务将重点讲述光电检测的理论基础——光电效应。通过描述不同光电效应对应的光电元件、各种光电元件的特性及典型应用电路，旨在帮助学生学习在工程实际中选择合适的光电元件，并分析典型的光电控制电路。

【任务要求】

（1）理解光电效应及对应光电元件的概念。
（2）理解典型光电元件的基本特性。
（3）学会分析光电元件典型控制电路。

【相关知识】

光电传感器指能将被测量的变化转换成光信号的变化，然后将光信号通过光电元件转换成可用输出信号的传感器。光电传感器的测量是非接触的，它具有结构简单、可靠性高、精度高、反应快和使用方便等特点。加之新光源、新光电元件的不断出现，使光电传感器在检测和控制领域中的应用越来越广泛。

1. 光电效应

光电检测的理论基础是光电效应。用光照射某一物体，可以看作物体受到一连串能量为 hf 的光子轰击，组成该物体的材料吸收光子能量而发生相应效应的物理现象，这种现象被称为光电效应。光电效应示意如图 2-9 所示。通常情况下，光电效应分为外光电效应、光电导效应和光生伏特效应三种。外光电效应发生在物体表面，又称为光电子发射。光电导效应和光生伏特效应发生在物体内部，又称为内光电效应。能产生光电效应的敏感材料被称作光电材料，根据光电效应制作相应的元件，被称作光电元件或光敏元件，它们都是构成光电传感器的主要部件。

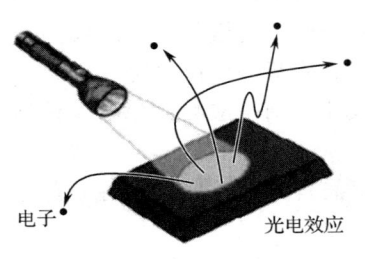

图 2-9　光电效应示意

（1）外光电效应。在光线的作用下，电子逸出物体表面的现象被称为外光电效应。基于外光电效应的光电元件有紫外光电管、光电倍增管、光电摄像管等。

光可被视为一种电磁波，一切波都具有能量，光子是具有能量的粒子，每个光子的能量可表示为

$$E = hf \tag{2-1}$$

式中　h——普朗克常数，$h=6.626\times10^{-34}$（J·s）；
　　　f——光的频率。

光的波长越短，频率越高，其光子的能量也越大；反之，光的波长越长，频率越低，其光子的能量也就越小。根据光电效应，光照射物体，相当于一串具有一定能量的光子轰击物体，当物体中电子吸收的入射光子能量超出该物体表面电子逸出功 A_0 时，电子就会逸出物体表面，产生光电子发射，超出部分的能量表现为逸出电子的动能。根据能量守恒可得

$$hf = \frac{1}{2}mv_0^2 + A_0 \tag{2-2}$$

式中　m——电子质量；
　　　v_0——电子逸出速度；
　　　A_0——表面电子逸出功。

因此，光电子能否产生取决于光电子的能量是否大于该物体表面电子逸出功 A_0，不同物体具有不同的表面电子逸出功，对应不同的光谱阈值，称为红限频率，相应的波长为红限波长。当照射物体的入射光频率低于物体的红限频率时，光子能量不足以使物体内的电子逸出，即使光照强度再大也不会产生光电子发射。反之，当照射物体的入射光频率高于物体的红限频率时，即使光线微弱，也会产生光电子发射。

当照射物体的入射光频率高于物体的红限频率时，保持入射光的频谱成分不变，产生的光电流与光强成正比，即光强越大，意味着入射光子数目就越多，逸出的电子数也就越多。

光子能量必须超过物体的表面电子逸出功 A_0，物体表面才能产生光电子，光电子逸出物体表面时初始动能为 $\frac{1}{2}mv_0^2$。对于外光电效应元件，即使不加初始阳极电压，也会有光电流产生，为使光电流为零，必须加入负向截止电压，并且截止电压与入射光的频率成正比。

（2）光电导效应。在光线作用下使物体的电阻率（导电性能）发生变化的现象称为光电导效应。基于光电导效应的光电元件有光敏电阻、光敏二极管、光敏三极管等。

（3）光生伏特效应。在光线作用下物体产生一定方向电动势的现象称为光生伏特效应。基于光生伏特效应的光电元件称为光电池。其中光电导效应和光生伏特效应统称为内光电效应。

2. 光电管

光电管的工作原理基于外光电效应，光电管可分为真空光电管和充气光电管两种。光电管的光电阴极K和阳极A封装在一个石英玻璃管里，在石英玻璃管壳内涂一层光电材料作为阴极K，石英玻璃管中心放置小球形或小环形金属作为阳极A。若球内充低压惰性气体就成为充气光电管。光电管的结构、符号及测量电路如图2-10所示。当一定频率的光照射到光电阴极上且光电阴极吸收光子的能量大于光电材料表面电子逸出功时，会有电子逸出形成光电子。当光电管阳极加上适当电压（具体电压大小根据型号而定，一般为几伏到十几伏），从阴极表面逸出的电子被具有正电压的阳极所吸引，在光电管中形成电流，称为光电流。对于单色光照射，当入射光频率大于光电材料红限频率时，光电流电流强度正比于光电子数，而光电子数正比于光强。

由于不同光电材料的逸出功不同，所以不同材料的光电阴极对不同频率的入射光有不同的灵敏度。可以根据不同的检测对象选择不同阴极材料的光电管。

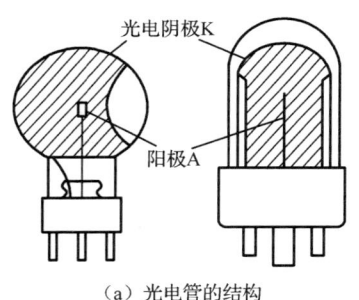
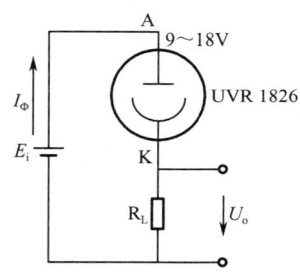

（a）光电管的结构　　　　　　（b）光电管符号及测量电路

图2-10　光电管

紫外光电管只对185～270nm的紫外线响应，对频谱范围内的其他光线不敏感，而火焰燃烧的辐射光中包含了较大比例的紫外光。紫外光电管多用于紫外线测量、臭氧检测、火焰检测等。

光电倍增管在光电阴极和阳极之间增加了若干个光电倍增级，在光电倍增级之间逐级产生二次电子发射而获得倍增光电子，最终使到达阳极的光电子数量猛增。光电倍增管的主要优点是灵敏度高，光电倍增管的灵敏度比光电管要高出几万倍，且稳定性好、响应速度快、噪声小。光电倍增管的主要缺点是结构复杂、工作电压高和体积大。光电倍增管通常在微光信号下使用，如光谱分析仪、粒子探测器、显像仪等。

3. 光敏电阻

光敏电阻的工作原理基于光电导效应。光敏电阻属半导体光敏元件，具有灵敏度高、反应速度快、光谱特性及电阻值一致性好等特点，应用于光控开关、路灯自动开关及各种光控玩具。

（1）光敏电阻的结构和工作原理。

光敏电阻是用硫化镉或硒化镉等半导体材料制成的，表面涂有防潮树脂，具有光电导效应。将半导体光敏材料两端装上电极引线并将其封装在带有透明窗的管壳里就构成了光敏电阻，为了增加光照面的接触面积，提高光敏电阻灵敏度，两电极常做成梳状，光敏电阻原理、外形和图形符号如图2-11所示。半导体的导电能力取决于半导体内载流子数目的多少。当光敏电阻受到光照时，半导体材料表面吸收光子能量而产生自由电子，同时产生空穴，光生电子—空穴对的出现使电阻值变小。光照越强，光生电子—空穴对就越多，电阻值就越小。当光敏电阻两端加上电压后，流过光敏电阻的电流随光照增强而增大。入射光消失，光生电子—空穴对逐渐复合，电阻值也逐渐恢复原值，电流也逐渐减小。

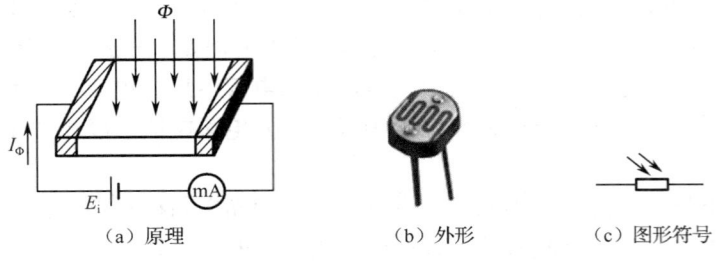

图 2-11　光敏电阻

（2）光敏电阻的参数及特性。

① 亮电阻和亮电流。亮电阻是指光敏电阻受到光照射时测得的稳定电阻值。在施加一定的外加电压时，流过光敏电阻的电流称为亮电流。如 MG41-21 型光敏电阻亮电阻小于等于 $1k\Omega$。

② 暗电阻和暗电流。暗电阻是指光敏电阻在无光照射（黑暗环境）时测得的稳定电阻值。在施加一定的外加电压时，流过光敏电阻的电流称为暗电流。如 MG41-21 型光敏电阻暗电阻大于等于 $0.1M\Omega$。

③ 光电流。亮电流与暗电流之差称为光电流。

④ 灵敏度。光敏电阻的灵敏度是指，光照强度每改变一个单位，光敏电阻的电阻值相对应改变的比例。一般用光敏电阻不受光照射时的电阻值（暗电阻）与受光照射时的电阻值（亮电阻）的相对变化值表示。相对变化值越大，即暗电阻越大，亮电阻越小，同时暗电流越小，亮电流越大，光敏电阻的灵敏度就越高。

⑤ 响应时间。光敏电阻受到光照射后，光电流需要经过一段时间（上升响应时间）才能达到其稳定值。光敏电阻在停止受到光照射后，光电流也需要经过一段时间（下降响应时间）才能恢复到其暗电流。上升响应时间和下降响应时间因光敏电阻材料不同而不同，一般在 30ms 左右，因此光敏电阻不能用在要求快速响应的场合。

⑥ 工作温度。光敏电阻的工作温度范围通常在-30℃～+70℃。光敏电阻受温度影响较大，温度上升，暗电阻减小，暗电流增大，灵敏度下降。目前随着半导体材料性能的提升和半导体封装技术的提高，工作温度对光敏电阻的灵敏度和相对稳定性影响逐渐降低。

⑦ 伏安特性。伏安特性是指当光敏电阻处于特定的光照强度下，施加在光敏电阻两端的电压与其对应的光电流之间的函数关系。当光敏电阻外加电压保持不变时，随着光照强度

的增加，光电流也会相应增大。即在特定的光照范围内，光电流与光照强度成正比。

⑧ 光电特性。光敏电阻两端电压固定不变时，光照强度与电阻及电流之间的关系称为光电特性。光敏电阻的光电特性曲线如图2-12所示，从图中可以看出，光敏电阻的光电特性呈非线性，因此光敏电阻不适宜用作光的精密测量，只能作为开关量进行定性判断。

⑨ 光谱特性。对于不同波长的入射光，光敏电阻的相对灵敏度是不同的。光敏电阻的相对灵敏度与入射光波长的关系称为光谱特性，光敏电阻的光谱特性曲线如图2-13所示。从图中可以看出，硫化镉的峰值在可见光区域，而硫化铅的峰值在红外区域，因此在选用光敏电阻时应当把元件和光源的种类综合起来考虑。

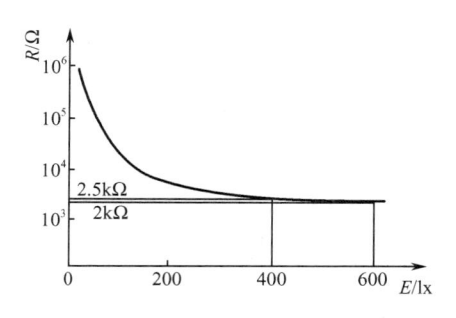

图2-12 光敏电阻的光电特性曲线

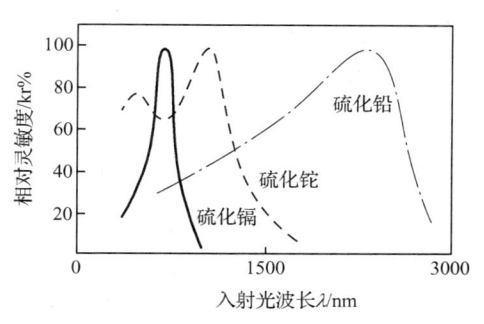

图2-13 光敏电阻的光谱特性曲线

（3）光敏电阻检测。

① 用一黑纸片将光敏电阻的透光窗口遮住，此时万用表的示数应接近无穷大，此值越大，说明光敏电阻性能越好，若此值很小或接近为零，则说明光敏电阻损坏，不能使用。

② 将一光源对准光敏电阻的透光窗口，此时万用表的指针应有较大幅度的摆动，光敏电阻阻值明显减小，此值越小说明光敏电阻性能越好，若此值很大甚至接近无穷大，则说明光敏电阻内部开路损坏，不能使用。

③ 将一光源对准光敏电阻的透光窗口，并用一黑纸片在光敏电阻的遮光窗口左右移动，使光敏电阻间断受光，万用表指针应随黑纸片的移动而有较大幅度的摆动，如果万用表指针始终停在某一位置，不随黑纸片移动而有较大幅度的摆动，则说明光敏电阻损坏。

（4）光敏电阻的应用电路。

① 光控开关电路。以光敏电阻为核心元件的光控开关电路有很多种，常用的一种光控开关电路如图2-14所示，该光控开关电路可以用在楼道、路灯等场所。使用光敏电阻可以使灯在天黑时自动打开，天亮时自动熄灭。

当光线亮时，光敏电阻 R_1 阻值小，220V 交流电压经整流二极管 VD_1 整流后，形成的单向脉冲性直流电压经过可调电位器 RP_1 和光敏电阻 R_1 分压后，C 点电压较小，因此加到晶闸管 VS_1 控制极的电压较小，这时晶闸管 VS_1 不能导通，所以灯 HL 所在的回路无电流，灯 HL 不亮。

当光线暗时，光敏电阻 R_1 阻值变大，单向脉冲性直流电压经过可调电位器 RP_1 和光敏电阻 R_1 分压后，C 点电压较大，因此加到晶闸管 VS_1 控制极的电压较大，这时晶闸管 VS_1 进入导通状态，所以灯 HL 所在的回路有电流流过，灯 HL 点亮。

② 台灯亮度自动调节电路。某台灯亮度自动调节电路如图2-15所示，台灯亮度自动调

节电路能根据周围环境亮度强弱自动调整台灯的光照强度。当环境亮度减弱，台灯发光亮度就增大；环境亮度增强，台灯发光亮度就减弱。图中 VS 是晶闸管、N 是氖泡、H 是灯、R_t 是光敏电阻。电路中，晶闸管 VS 和二极管 VD_1～VD_4 组成全波相控电路，用氖泡 N 作为 VS 的触发管。

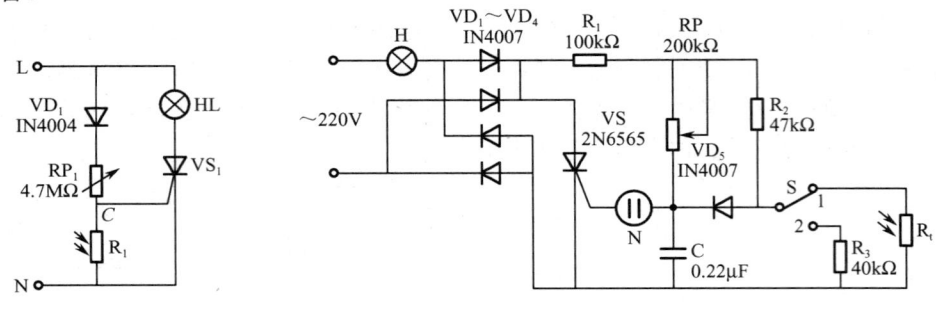

图 2-14　光控开关电路　　　　图 2-15　某台灯亮度自动调节电路

当开关 S 拨向位置 2 时，它是一个普通调光台灯。可调电位器 RP、电容 C 和氖泡 N 组成张弛振荡器，用来产生脉冲触发晶闸管 VS，一般氖泡辉光导通电压为 70～80V，当电容 C 充电电压到氖泡辉光导通电压时，氖泡 N 辉光导通，晶闸管 VS 被触发导通。调节可调电位器 RP 能改变电容 C 的充电速度，从而改变晶闸管 VS 的导通角，达到调光的目的。电阻 R_2 和 R_3 构成分压电路，通过 VD_5 向电容 C 充电，改变电阻 R_2 和 R_3 分压也能改变晶闸管 VS 导通角，使灯 H 的亮度发生变化。

当开关 S 拨向位置 1 时，光敏电阻 R_t 取代电阻 R_3。220V 交流电压通过灯 H 加到二极管 VD_1～VD_4 桥式整流电路中，整流后的单向脉冲性直流电压加到晶闸管 VS 阳极和阴极之间。整流后的单向脉冲性直流电压通过电阻 R_1 和可调电位器 RP 对电容 C 进行充电，电容 C 上充到的电压通过氖泡 N 加到晶闸管 VS 控制极上，当电容 C 充电电压到氖泡辉光导通电压时，氖泡 N 辉光导通，晶闸管 VS 被触发导通，灯 H 点亮。

当周围光线较弱时，光敏电阻 R_t 呈现高电阻，二极管 VD_5 右端电位升高，电容 C 充电速度加快，振荡频率变高，晶闸管 VS 导通角增大，灯 H 两端电压升高，亮度增大。当周围光线增强时，光敏电阻 R_t 电阻变小，电容 C 充电速度变慢，振荡频率变低，晶闸管 VS 导通角减小，晶闸管 VS 平均导通时间短，灯 H 两端电压变低，亮度减小。通过周围光线强弱实现了灯 H 亮度的自动调节。电容 C 上平均电压大小决定了晶闸管 VS 交流电在一个周期内平均导通时间长短，即决定了灯 H 的亮度。

4. 光敏二极管

光敏二极管的工作原理基于光电导效应。光敏二极管与一般二极管在结构上类似，区别在于光敏二极管的管芯是一个具有光敏特征的 PN 结，可以直接接受光的照射，具有单向导电性，因此光敏二极管在电路中处于反向偏置状态，光敏二极管的反向偏置接法及图形符号如图 2-16 所示。

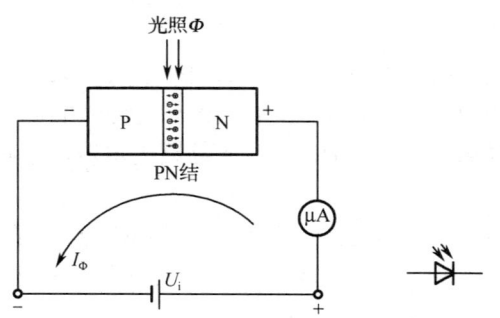

图 2-16　光敏二极管的反向偏置接法及图形符号

当无光照射 PN 结时，PN 结流经很小的饱和反向漏电流（一般小于 0.1μA），即暗电流，相当于普通二极管的反向饱和漏电流，此时光敏二极管截止。当光线照射 PN 结时，PN 结中产生光生电子—空穴对，使少数载流子的密度增加，这些载流子在反向电压下漂移，使饱和反向漏电流增加。饱和反向漏电流增加，形成光电流，光电流随着入射光强度的变化而变化。因此可以利用光照强弱来改变电路中的电流大小。光敏二极管被广泛应用于照相机、各种光控玩具、光控灯饰等光自动开关控制领域。

（1）光敏二极管的参数及特性。

① 最高反向工作电压。最高反向工作电压表示光敏二极管在无光照射且反向漏电流不大于 0.1mA 时，光敏二极管能承受的最高反向电压值。

② 暗电流。暗电流指光敏二极管在无光照射和反向工作电压最高条件下的漏电流。暗电流越小，光敏二极管的性能越稳定，检测弱光的能力越强。

③ 光电流。光电流指光敏二极管在一定光照射和反向工作电压最高条件下产生的电流。光电流大小会因测试条件不同而不同，一般测量条件为用色温为 2856K，照度为 1000lx 的钨丝白炽灯光源对其进行照射。也可选用色温为 6500K，照度为 1000lx 的白色荧光灯光源对其进行照射。在批量生产时，通常会用白色 LED 替代光源。光电流越大，光敏二极管的性能越好。

④ 光电灵敏度。光电灵敏度反映光敏二极管对光敏感程度的参数，指在每微瓦的入射光照射能量下所产生的光电流，单位为 μA/μW。

⑤ 响应时间。光敏二极管将光信号转化为电信号所需要的时间被称为响应时间，一般为几十纳秒。光敏二极管的响应时间主要取决于光敏二极管的结电容和外部电路电阻的乘积。响应时间越短，说明光敏二极管的工作效率越高。

⑥ 结电容。结电容指光敏二极管的 PN 结电容，用符号 C_j 表示。C_j 是影响光敏二极管光电响应速度的主要因素。PN 结面积越小，结电容 C_j 的电容值越小，则工作频率越高。

⑦ 光电特性。光电特性指在反向工作电压最高条件下，光敏二极管光电流与入射光照度之间的关系。某光敏二极管光电特性如图 2-17 所示。光敏二极管的光电特性曲线的线性较好，在小负载电阻下光敏二极管光电流与照度基本呈线性关系。

⑧ 光谱特性。不同类型的光敏二极管，其光谱特性和峰值波长都不相同。每一种光敏二极管都存在一个最佳的入射波长，此时光敏二极管灵敏度最高，随着入射光的波长增加，光敏二极管的灵敏度随之下降。硅光敏二极管和锗光敏二极管的光谱特性曲线如图 2-18 所示。从该曲线可知，锗光敏二极管的光谱范围要比硅光敏二极管广，硅光敏二极管的光谱范围为 400~1100nm，硅光敏二极管峰值波长为 880~900nm，硅光敏二极管与砷化镓 GaAs 红外发光二极管的波形相匹配，可以获得较高的传输效率。锗光敏二极管的峰值波长为 1475~1550nm，在采用相同的白炽灯作为光源时，锗光敏二极管光电相对灵敏度比硅光敏二极管的大。在探测可见光或探测炽热状态物体时，一般用硅光敏二极管。在探测红外光时，一般用锗光敏二极管。

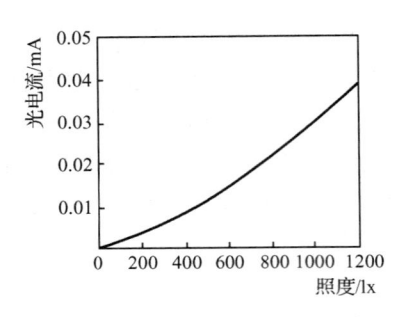

图 2-17 光敏二极管光电特性 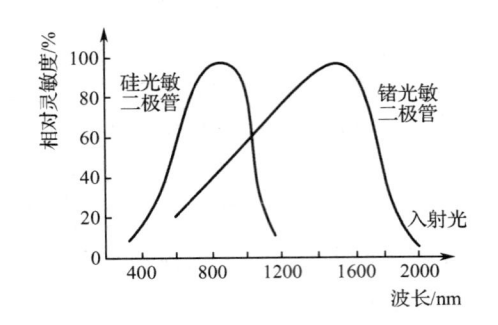　　　图 2-18 硅光敏二极管和锗光敏二极管的光谱特性曲线

⑨ 伏安特性。某硅光敏二极管的伏安特性曲线如图 2-19 所示,流过光敏二极管的电流与照度成正比,且曲线的间隔基本相等,正常使用时应施加 1.5V 以上的反偏置电压。当反偏置电压较低时,由于反偏置电压加大了耗尽层的宽度和电场强度,光电流随反向电压变化比较灵敏。随着反偏置电压的加大,光电流对载流子的收集达到极限,光电流趋于饱和,这时光电流大小与所加反偏置电压几乎无关,只取决于照度大小。

（2）光敏二极管检测。光敏二极管正、负极性外观判别方法为,封装在金属外壳中的光敏二极管,金属外壳下方有一个凸块,离凸块近的一端引脚是正极,另一端是负极。光敏二极管标有色点或管键标识的一端引脚是正极,另一端是负极。光敏二极管的长引脚是正极,短引脚是负极。

当光敏二极管铭牌标识不清晰时,可采用万用表检测法判断正、负极。把万用表置于 R×1kΩ 挡,用一张黑纸片遮住光敏二极管受光窗口,将万用表红、黑表笔对调测出两次阻值,其阻值较大的一次测量中,红表笔所接的引脚为正极,黑表笔所接的引脚为负极。

（3）光敏二极管的应用电路。光敏二极管在电路中处于反向偏置状态,如果没有处于反向偏置状态,流经光敏二极管电流就与普通二极管的正向电流一样,不受入射光的控制,光敏二极管的反向偏置电路如图 2-20 所示。

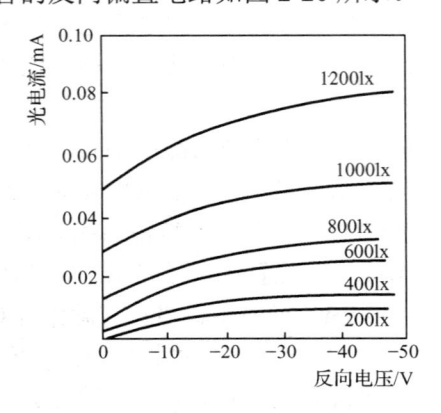

图 2-19 某硅光敏二极管的伏安特性曲线 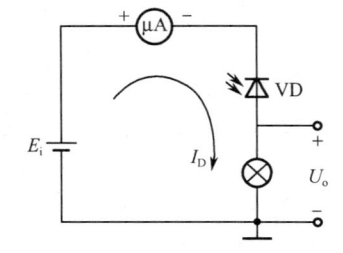　　　图 2-20 光敏二极管的反向偏置电路

当没有光照射光敏二极管时,由于光敏二极管处于反向偏置,反向电流（暗电流）很小,光敏二极管处于截止状态,回路无电流,回路中灯不亮。当有光照射光敏二极管时,光敏二极管光电流 I_D 大小与照度成正比,回路中输出电压 U_o 大小与光电流 I_D 大小成正比,随着照度的强弱发生变化,回路中灯的亮度也相应发生变化。

5. 光敏三极管

光敏三极管也称光敏晶体管，其工作原理基于光电导效应。光敏三极管有两个 PN 结，与普通晶体管类似，光敏三极管也有电流增益。光敏三极管有 NPN 型和 PNP 型两种基本结构，用 N 型硅材料为衬底制作的光敏三极管为 NPN 型，用 P 型硅材料为衬底制作的光敏三极管为 PNP 型。

这里以 NPN 型光敏三极管为例对其进行分析，其结构与普通三极管相似，只是它的基极做得很大，目的是扩大受光面，NPN 型光敏三极管的基极往往不接引线，相当于在普通三极管的基极和集电极之间接有光敏二极管且对电流加以放大。NPN 型光敏三极管结构和工作原理如图 2-21 所示。NPN 型光敏三极管的工作原理分为光电转换和光电流放大两个过程。光电转换过程与一般光敏二极管相同，在集电极和发射极施加正向电压，基极不接时，集电极就是反向偏置，当光照在基极上时，就会在基极附近激发产生电子—空穴对，在反向偏置的 PN 结势垒电场作用下，自由电子向 N 区移动并被集电极所收集，空穴流向 P 区被正向偏置的发射极发出的自由电子填充，这样就形成一个由集电极到发射极的光电流，相当于 NPN 型光敏三极管的基极电流 I_b。空穴在基极的积累提高了发射极的正向偏置，在外电场作用下形成集电极电流 I_c，对外表现为基极电流将被集电极放大 β（β 为电流放大倍数）倍，NPN 型光敏三极管比光敏二极管的灵敏度高几十倍。这一过程与普通三极管放大基极电流相似，不同的是，普通三极管是由基极向发射极注入空穴载流子来控制发射极的扩散电流，而 NPN 型光敏三极管由注入发射极的光电流控制发射极的扩散电流。

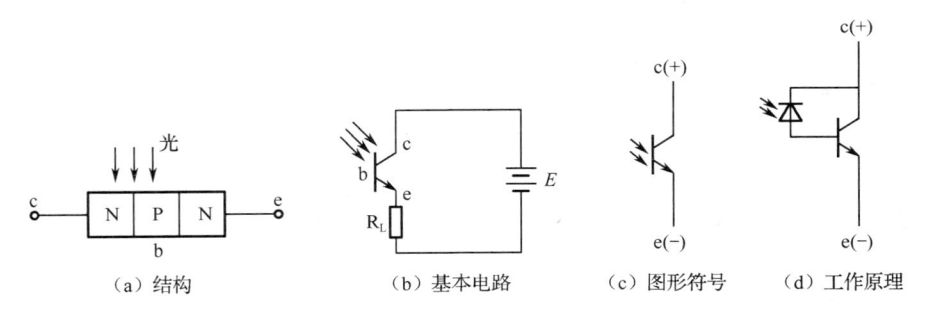

（a）结构　（b）基本电路　（c）图形符号　（d）工作原理

图 2-21　NPN 型光敏三极管结构和工作原理

（1）光敏三极管的参数及特性。

① 光电流。在规定的光照下，当施加规定的工作电压时，流过光敏三极管的电流被称为光电流。光电流越大，光敏三极管的灵敏度就越高。

② 暗电流。在无光照射下，当集电极与发射极间的电压为规定值时，流过集电极的反向漏电流被称为暗电流。

③ 最高工作电压。在无光照射条件下，集电极电流为规定的允许值时，集电极与发射极之间的电压降，被称为最高工作电压。

④ 响应时间。响应时间指光敏三极管将光信号转化为电信号所需要的时间。一般为 $1\times 10^{-3} \sim 1\times 10^{-7}$ s。光敏三极管的响应时间比光敏二极管约慢一个数量级，因此在要求快速响应或入射光调制频率较高时，应选用光敏二极管。

⑤ 伏安特性。光敏三极管的伏安特性指在给定光照度下，光敏三极管上的光电流 I_c 与

外加电压 U_{CE} 之间的关系。光敏三极管在不同照度下的伏安特性曲线如图 2-22 所示，由图可知，光敏三极管的光电流比相同管型光敏二极管的光电流大上百倍。光敏三极管在偏置电压为零时，无论照度有多强，集电极的电流都为零，说明光敏三极管必须在一定的偏置电压作用下才能工作，一般使光敏三极管工作于偏置电压大于 5V 的线性区域。随着偏置电压的增高，光敏三极管的伏安特性曲线向上偏斜，间距增大，这是由于光敏三极管除了具有光电灵敏度外，还具有电流放大倍数 β，且 β 随光电流的增加而增大。若在伏安特性曲线上作负载线，即可求出某照度下的输出电压。

⑥ 光电特性。光电特性指在正常偏压下，光敏三极管集电极输出光电流 I_Φ 与入射光照度 E 之间的关系。光敏三极管的光电特性如图 2-23 所示，由图可知，入射光照度越大，光敏三极管集电极产生的光电流越强，光敏三极管的光电特性曲线的线性较好，相较于光敏二极管，光敏三极管的光电特性曲线斜率较大，说明光敏三极管的灵敏度较高。当开关电路工作电压较低且对灵敏度要求较高时，应选用光敏三极管。

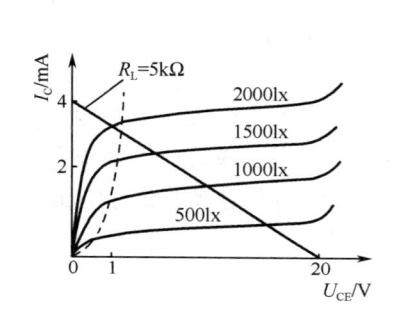

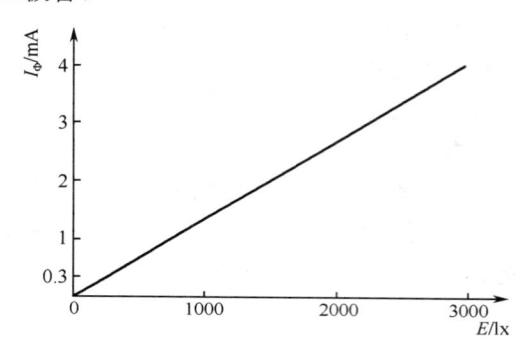

图 2-22　光敏三极管在不同照度下的伏安特性曲线

图 2-23　光敏三极管的光电特性

（2）光敏三极管的测量。光敏三极管的两个引脚长度不同，长引脚是发射极 e，短引脚是集电极 c。封装在金属外壳中的光敏三极管，金属外壳下方有一个凸块，离凸块近的一端引脚是发射极 e，另一端是集电极 c。光敏三极管标有色点或管键标识的一端引脚是发射极 e，另一端是集电极 c。

万用表检测法：把万用表置于 R×1kΩ 挡，用一张黑纸片遮住光敏三极管受光窗口，用万用表红、黑表笔对调测出两个引脚的两次阻值，所测阻值均应为无穷大。把光敏三极管对着自然光或灯光，用万用表红、黑表笔对调测出两个引脚的两次阻值，两次测量中阻值小的那次，红表笔接的是光敏三极管的发射极 e，黑表笔接的是光敏三极管集电极 c。

（3）光敏三极管的应用。

① 光电耦合器。由于光敏三极管具有放大电流的作用，因此被广泛应用于亮度测量、光电开关电路、光电隔离场合。如光电耦合器就是利用光敏三极管和发光二极管结合构成的光电耦合器，简称光耦。光电耦合器电路如图 2-24 所示，光电耦合器以光为媒介传输信号，它对输入、输出的电信号有良好的隔离作用。光敏三极管基极通常不引出，但在需要进行温度补偿和附加控制的场合，光敏三极管的基极有引出。

② 光控继电器。光控继电器电路如图 2-25 所示。利用光敏三极管作驱动器，光敏三极管达到强光照射时继电器吸合。在有强光照射时，光敏三极管 V_1 产生较大的光电流 I_Φ，光电流 I_Φ 一部分流过电阻 R_{B2}，另一部分流过电阻 R_{B1} 到三极管 V_2 的发射极，当 $I_B > I_{BS}$

（其中 $I_{BS}=\dfrac{I_{CES}}{\beta}$）时，三极管 V_2 处于饱和状态，三极管 V_2 饱和时将产生较大的集电极饱和电流 I_{CES}，$I_{CES}=\dfrac{V_{CC}-0.3}{R_{KA}}$，此时继电器 KA 得电并吸合，电路导通。

在无光照射时，光敏三极管 V_1 截止，光电流 $I_\Phi=0$，三极管 V_2 也截止，继电器 KA 处于失电状态。

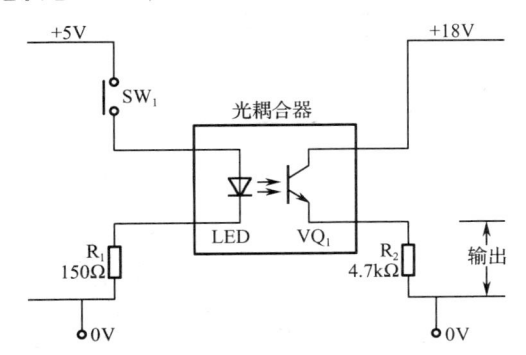

图 2-24　光电耦合器电路　　　　　图 2-25　光控继电器电路

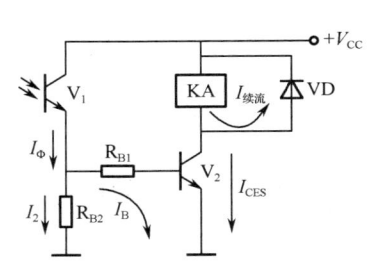

6．光电池

光电池基于光生伏特效应。从能量转换角度来看，光电池是输出电能的，现在很多高速公路和高架公路灯都选择安装太阳能光电池板用于照明。从信号检测角度来看，光电池是一种自发电型的光电传感器，可用于检测光的强弱和能引起光照强度变化的其他非电量。

制造光电池的材料种类很多，有硅、砷化镓、硒、锗、硫化镉等，其中应用最广泛的是硅光电池，硅光电池具有性能稳定、光谱范围宽、频率特性好、传递效率高、耐高温辐射、价格便宜等优点。

硅光电池的材料有单晶硅、多晶硅和非晶硅。其中单晶硅转换效率高、性能稳定，但成本较高。单晶硅光电池结构如图 2-26 所示，硅光电池实质是一个半导体的 PN 结，PN 结基体材料一般为 P 型单晶硅，在 P 型单晶硅表面，利用扩散法生成一层很薄的 N 型层。

PN 结又称阻挡层或空间电荷区，靠近 N 结的区域带正电，靠近 P 结的区域带负电，少数载流子能穿越阻挡层，所以出现了方向由 N 区指向 P 区的内电场。当入射光子的能量足够大时，PN 结每吸收一个光子就产生一对光生电子—空穴对，光生电子在 PN 结内电场作用下，漂移进入 N 区，光生电子—空穴对在 PN 结内电场作用下，漂移进入 P 区，光生电子在 N 区的聚集使 N 区带负电，在 P 区的聚集使 P 区带正电。如果光照是连续不断的，一般经过几微秒的短暂时间后，PN 结两侧就产生一个稳定的光生电动势输出，当硅光电池接入负载后，光电流从 P 区经负载流至 N 区，向负载输出功率。

（1）光电池的基本特性。某硅光电池的光电特性曲线如图 2-27 所示，其中曲线 1 是负载电阻无穷大时的开路电压特性曲线，曲线 2 是负载电阻相对于光电池内阻很小时的短路电流特性曲线。开路电压 U_0 与光照度的关系近似对数关系，而且在光照度为 2000lx 时就趋于饱和。当负载短路时，光电流在很大范围内与光照度呈线性关系，负载电阻越小，这种线性关系越好，线性范围越宽。因此检测连续变化的光照度时，应尽量减小负载电阻，使光电池在接近短路状态下工作，即把光电池作为电流源来使用。在检测连续变化的光信号或被测非电量是开关量时，可把光电池作为电压源使用。如果要得到较大的输出电压，则必须将多块光电池串联起来。

图 2-26　单晶硅光电池结构

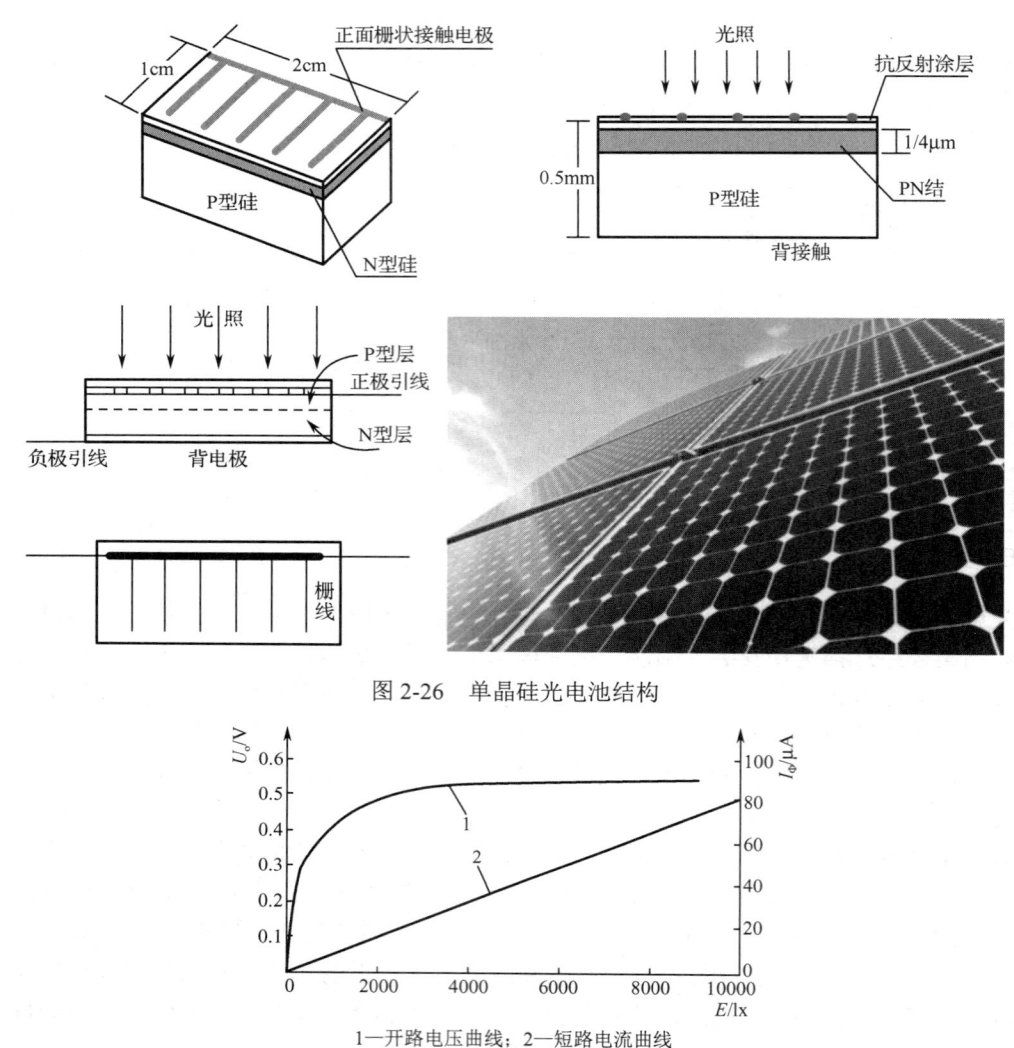

1—开路电压曲线；2—短路电流曲线

图 2-27　某硅光电池的光电特性曲线

硒光电池、硅光电池、锗光电池的光谱特性如图 2-28 所示，不同材料的光电池，光谱曲线峰值的位置不同。例如，硅光电池峰值波长在 $0.78\mu m$ 左右，硒光电池峰值波长在 $0.54\mu m$ 左右，锗光电池峰值波长在 $1.55\mu m$ 左右。硅光电池的光谱范围较宽，在 $0.45\sim1.1\mu m$，且已经具有从蓝紫到近红外的宽光谱特性。硒光电池的光谱范围在 $0.34\sim0.75\mu m$，硒光电池主要对可见光敏感，锗光电池的光谱范围在 $0.9\sim1.70\mu m$，但由于硒光电池和锗光电池稳定性较差，目前很少使用。

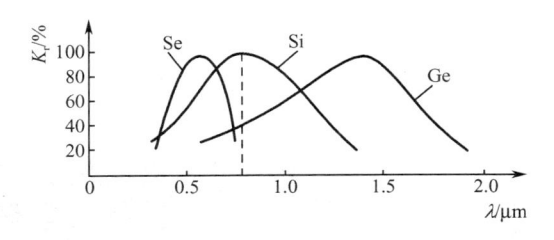

图 2-28 硒光电池、硅光电池、锗光电池的光谱特性

值得注意的是，光电池的光谱曲线形状和覆盖范围，不仅与光电池的材料有关，还与制造工艺有关，而且还随着环境温度的变化而变化。

光电池的频率特性是指入射光的调制频率与光电池输出光电流间的关系，硅光电池的频率特性曲线和温度特性曲线如图 2-29 所示。由于光电池受照射产生光生电子—空穴对需要一定的时间，因此当入射光的调制频率太高时，光电池的输出光电流将下降。硅光电池的面积越小，PN 结的极间电容也越小，频率响应就越好。硅光电池的响应频率可达数兆赫兹，因此硅光电池的频率特性较好，而硒光电池的频率特性较差。

光电池的温度特性是指光电池的开路电压 U_{oc} 及短路电流 I_{sc} 随温度变化的特性。如图 2-29 所示，开路电压大小随环境温度的增高而下降，在 20℃时开路电压的温度系数约为-2mV/℃。短路电流随温度升高而缓慢增加，在 20℃时短路电流温度系数约为 2μA/℃。因此，用光电池作为检测元件时，即使被测参量恒定不变，仪器的读数也会随环境温度的变化而漂移，而且检测元件必须采取相应的温度补偿措施。

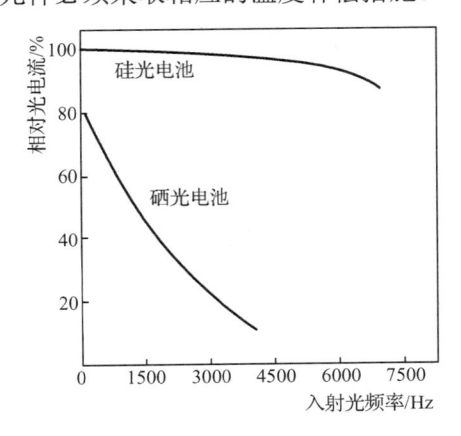

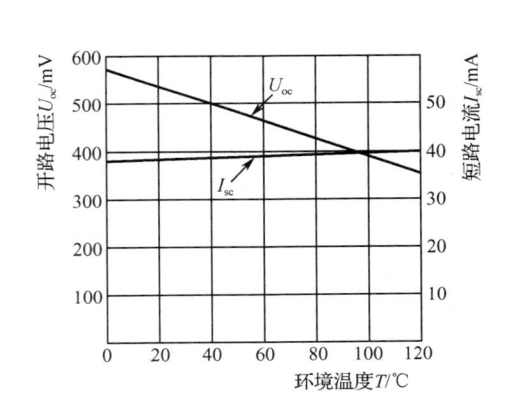

图 2-29 硅光电池的频率特性曲线和温度特性曲线

（2）光电池的应用。

① 太阳能电池。太阳能电池目前在航空、通信、太阳能发电站等方面得到广泛应用，太阳能汽车如图 2-30 所示，神舟八号飞船与天宫一号空间站太阳能电池示意如图 2-31 所示。现在普遍使用的太阳能路灯、太阳能热水器，正是利用光电池把太阳能转换成电能。随着太阳能电池技术的不断发展，太阳能电池的成本会逐渐下降，将会在生产生活各领域发挥越来越大的作用。

目前利用最普遍的单晶硅太阳能电池，光电转换效率最高可达 24%，这是所有种类的太阳能电池中光电转换效率最高的。单晶硅太阳能电池具有电池转换效率高，稳定性好的特点，

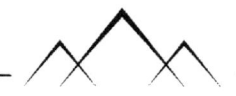

但是制作成本较高；多晶硅太阳能电池制作成本低，但光电转换效率比单晶硅太阳能电池降低很多，此外，多晶硅太阳能电池的使用寿命也要比单晶硅太阳能电池短。因此，从性价比的角度考虑，单晶硅太阳能电池较好。

图 2-30　太阳能汽车　　　图 2-31　神舟八号飞船与天宫一号空间站太阳能电池示意

② 光电检测器件。在实际使用时，光电池要处于零偏或反偏状态。如果处于正偏状态，光电池将直接处于导通状态，与光照强度无关，即无法被测量。

硅光电池对光照很敏感，具有灵敏度高、响应时间短等特点，因此在自动控制中是很好的光电检测元件。硅光电池可用于探测光电输出、光电耦合、光电跟踪、光电特性识别等。硅光电池可用作照度计、光度计、浊度计、比色计、烟度计等仪器的光信号接收元件。

任务 2-1-3　光电式接近开关的分类与应用

【任务描述】

本任务主要从光电式接近开关的分类和特点入手，说明光电式接近开关在生活、生产中无处不在，引导读者认识光电式接近开关分类及各自检测到物体时输出信号变化，并学会在工程实际中根据需要选择合适的光电式接近开关。

【任务要求】

（1）认识光电式接近开关的分类和特点。
（2）理解光电式接近开关在工业生产中的典型应用。

【相关知识】

光电开关是光电式接近开关的简称，光电开关是光电传感器的一种。光电开关利用被检测物对光束的遮挡或反射，由同步回路接通或断开电路，从而检测物体的有无。光电开关也可以把发射端和接收端之间光的强弱变化转化为电流的变化从而达到探测光线强弱的目的。所有能反射光线（或者对光线有遮挡作用）的物体均可以被光电开关检测。由于光电开关输出回路和输入回路是电隔离的，故光电开关在许多场合都得到广泛应用。例如，光电开关被用作物位检测、液位控制、产品计数、宽度判别、速度检测、定长剪切、孔洞识别、信号延时、自动门检测、色标检出、烟雾报警及各种安全防护等诸多领域。光电开关具有非接触测量、体积小、功能强、寿命长、测量精度高、响应速度快、检测距离远,以及抗光、电、磁干扰能力强等优点。

1. 光电开关分类

① 光电开关按检测方式可分为遮断型(对射型)、漫反射型、镜面反射型、槽形光电开关等。

遮断型光电开关的光发射器和光接收器相对安装,轴线要严格对准,遮断型(对射型)光电开关检测物体原理如图 2-32 所示。当有物体在光发射器和光接收器中间通过时,红外线被遮断,光接收器因接收不到红外线而产生一个开关信号的变化。遮断型光电开关可实现长距离检测,最远检测距离可达 50m,典型的工作方式是光发射器和光接收器沿同一轴线安装在流水线两侧,用于检测物体的有无,不受被检测物体颜色和检测背景影响。遮断型光电开关可穿透灰尘与烟雾,在野外或者有灰尘的环境中也可以使用。不足之处是光发射器和光接收器都必须敷设电缆以对其供电,装置的消耗较高。

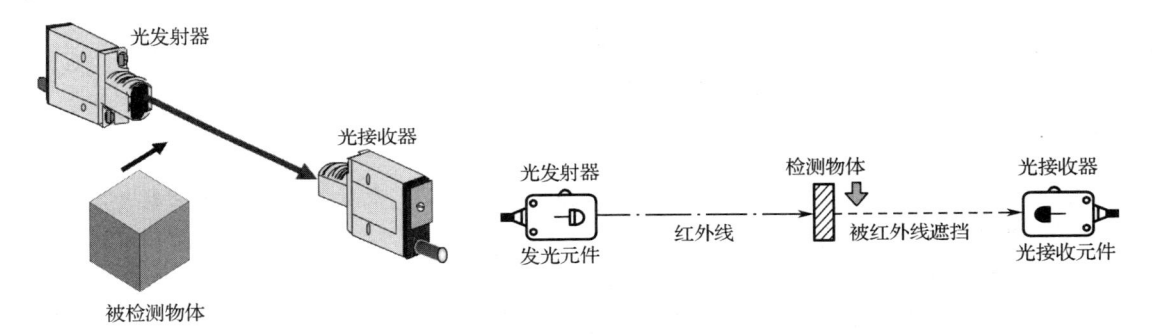

图 2-32 遮断型光电开关检测物体原理

漫反射型光电开关是一种集光发射器和光接收器于一体的传感器,漫反射式光电开关检测物体原理如图 2-33 所示。检测物体时,漫反射型光电开关发射光束,只要不是全黑的被测物均能产生漫反射,当被测物有足够强度的组合光返回光接收器时,光接收器接收到红外线而产生一个开关信号的变化。漫反射型光电开关检测结果会受到检测背景、被测物颜色、反光率、大小的影响,最远检测距离一般为 3m。当漫反射型光电开关检测到目标背景有亮光时,可采用背景抑制功能调节测量距离,以降低检测目标上的灰尘敏感度和反射性敏感度。漫反射型光电开关因只在一侧提供电源,因此安装较为方便。

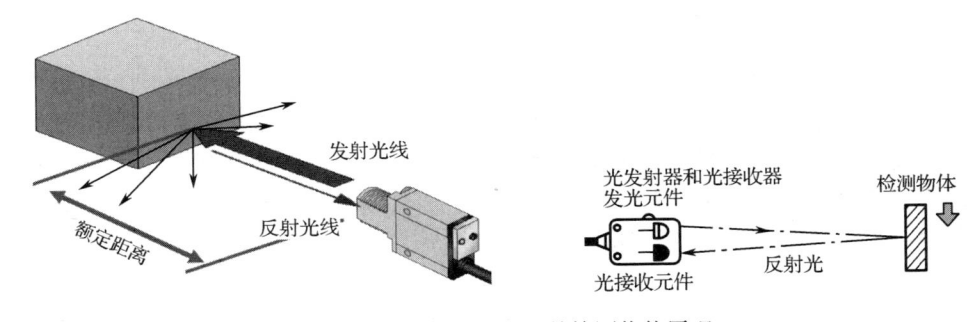

图 2-33 漫反射型光电开关检测物体原理

镜面反射型光电开关通过调整反射镜的角度以取得最佳的反射效果，反射镜一般采用偏光三角棱镜，反射镜对安装角度的变化不太敏感，能将光源发出的光转变成波动方向严格一致的偏振光反射回去，镜面反射型光电开关检测物体原理如图 2-34 所示。镜面反射型光电开关的光发射器和光接收器已构成一种标准配置，在光接收器光敏元件表面覆盖一层偏光透镜，使光接收器只能接收反射镜反射回来的偏振光。这种特殊的设计使镜面反射型光电开关在检测光亮物体时不受干扰，可以检测镜子、水面、玻璃、水杯、陶瓷等具有反光面的物体。镜面反射型光电开关的检测距离不如遮断型光电开关，最远检测距离一般为 20m。镜面反射型光电开关灵敏性很高，在野外或者有灰尘的环境中不易受干扰。镜面反射型光电开关只需一端供电，但仍需在光电开关对面安装反射镜。

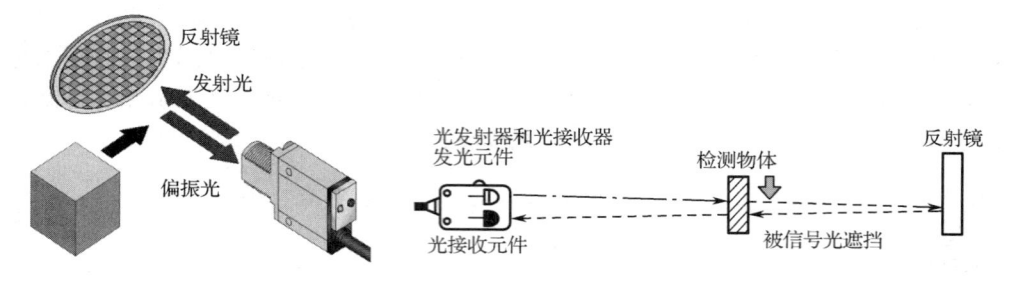

图 2-34　镜面反射型光电开关检测物体原理

槽形光电开关也称光电断续器，通常是标准的"U"字形结构，其光发射器和光接收器分别位于"U"形槽的两侧，并形成光轴，槽形光电开关如图 2-35 所示。当被测物经过"U"形槽且遮断光轴时，光接收器因接收不到光线而产生一个开关信号。槽形光电开关根据槽宽、槽深和不同光敏元件可组成不同的产品，且已形成系列化产品。槽形光电开关的发光二极管可以直接用直流电驱动，也可用 40kHz 左右的窄脉冲电流驱动。槽形光电开关结构简单、紧凑，性能可靠，适合检测高速运动的物体和分辨透明与半透明物体。

图 2-35　槽形光电开关

② 光电开关按照功能可分为背景抑制型光电开关和前景抑制型光电开关。

背景抑制即屏蔽背景颜色，不受检测环境背景的影响。背景抑制型光电开关需要提前设定好检测距离，当检测物体超出设定距离时，光电开关无法检测到物体，这样检测物体时就避免了背景干扰，提高了测量精度和稳定性。由于被测物的颜色和反光率不同，常规漫反射型光电开关在很多场合无法可靠检测，如检测白色背景前的黑色目标物体，采用背景抑制功能能够使检测结果只与检测距离有关，而与物体表面颜色和反光率无关，适用于检测明亮颜色背景输送带上的暗色物体，也可检测传输带上与背景颜色相似的较薄物体。

前景抑制型光电开关的检测对象为环境背景,只接收环境背景反射回来的光,当光电开关和背景之间有被测物通过时,被测物遮断了光电开关检测背景的信号,光接收器因接收不到光线而产生一个开关信号的变化。前景抑制型光电开关适用于狭小空间、有固定背景的场合,也可在检测环境背景不变,但被测物的颜色、位置或形状经常发生变化的场合发挥作用。

③ 光电开关根据分离放大器的有无可分为放大器内置型和放大器分离型。

放大器内置型光电开关可通过光电开关单体进行设定、显示和信号确认,结构简单,但本体尺寸较大。放大器分离型光电开关可在远离光电开关的位置安装放大器。放大器分离型光电开关探头体积较小,安装方便。

④ 光电开关根据外壳材质可分为树脂外壳型和金属外壳型。

树脂外壳型光电开关的外壳由树脂制成,质量较轻,强度稍弱,目前大部分光电开关采用树脂外壳型。金属外壳型光电开关外壳由不锈钢材质制成,与树脂外壳型光电开关相比更加坚固,寿命较长。

2. 光电开关应用案例

① 用于饼干包装机上定位检测。在饼干包装机上,采用遮断型光电开关对饼干进行定位,从而控制切刀切断包装袋的位置,遮断型光电开关在饼干包装机上定位检测示意如图 2-36 所示。

② 用于检测转盘中工件有无。采用背景抑制型光电开关检测转盘中工件有无,不受工件颜色差异的影响。可以检测相同距离不同颜色的工件,即在流水线上更换不同颜色的工件也无须调节检测距离,背景抑制型光电开关检测转盘中工件有无示意如图 2-37 所示。

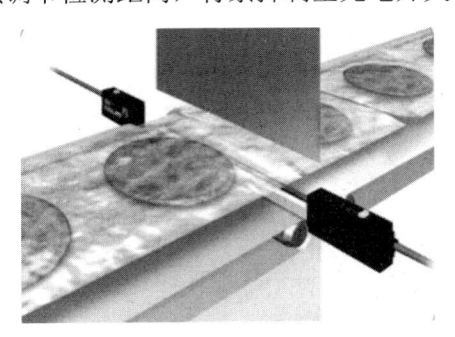

图 2-36 遮断型光电开关在饼干
包装机上定位检测示意

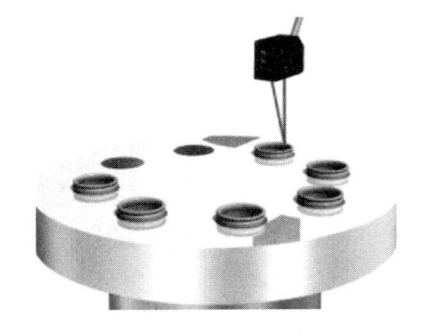

图 2-37 背景抑制型光电开关
检测转盘中工件有无示意

③ 用于点钞机中计数。点钞机中的计数采用两组槽形光电开关。一组光电开关用于检测纸币的完整性,避免残币被计入或无钞票通过。另一组光电开关用于钞票计数,钞票一张张进入,当有钞票通过的瞬间,遮断光轴,光接收器接收不到信号,钞票通过后,光接收器又接收到红外线而导通,从而在光接收器输出端产生一个脉冲信号。每张钞票经过都产生一个脉冲信号,这些信号经后续电路整形放大后输入单片机控制器,单片机控制器驱动执行电机动作,并完成钞票数目的计数和显示,在出现异常时可自动向用户发出警报信号。

④ 用于条形码扫描。光电开关条形码扫描示意如图 2-38 所示,条形码扫描采用漫反射型光电开关,扫描探头在条形码上移动时,当扫描到黑色条形码时,发光二极管发出的光线

被黑色条形码吸收，没有反射光返回，光敏三极管接收不到红外光，呈高阻抗，处于截止状态。当扫描到白色条形码时，发光二极管发出的光线被白色条形码漫反射，反射到光敏三极管的基极，光敏三极管产生光电流导通。扫描整个条形码，光敏三极管将条形码变成一个个电脉冲信号，该信号经放大、整形后形成脉冲列，经计算机处理后，完成对条形码信息的识别。

图 2-38　光电开关条形码扫描示意

⑤ 用于烟雾报警器。光电开关在烟雾报警器中的应用如图 2-39 所示。烟雾报警器采用漫反射型光电开关，没有烟雾时，发光二极管发出的光线直线传播，光敏三极管没有接收信号，没有输出；有烟雾时，发光二极管发出的光线被烟雾颗粒漫反射，光敏三极管接收到光线，有信号输出，从而发出报警。

⑥ 用于转轴测速。光电开关检测转轴速度示意如图 2-40 所示。在电动机旋转轴上涂上黑白两种颜色，转动时，由于黑白两种颜色的吸收和发射光线，光电开关连续地接收输出端产生的脉冲信号，脉冲信号经放大器放大及整形电路整形后输出方波信号，最终由显示器显示电机转速。

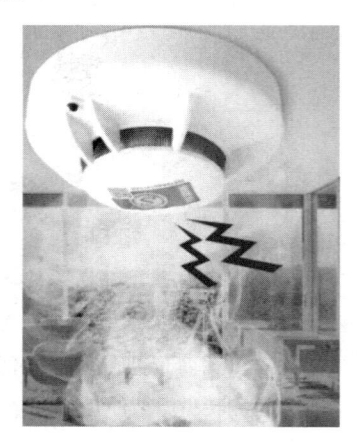

图 2-39　光电开关在烟雾报警器中的应用 　　图 2-40　光电开关检测转轴速度示意

任务 2-1-4　光电传感器的应用

【任务描述】

光电传感器因独特的光电转换特性在智能制造和智能生产生活中被广泛应用。本任务从光电传感器分类特点着手，说明四种类型光电传感器在生活、生产中的典型应用，使读者在案例分析中学会如何选择适合工程的光电传感器。

【任务要求】

（1）理解光电传感器的四种分类方法。
（2）掌握四种类型光电传感器的典型应用。

【相关知识】

光电传感器属于非接触测量，根据被测物、光源、光电元件三者之间的位置关系，可将光电传感器分为4种类型，光电传感器的位置关系如图2-41所示。

光源本身是被测物，被测物发出的光投射到光电元件上，光电元件的输出反映光源的某些物理参数，如图2-41（a）所示。典型的应用有光照度计、照相机曝光量控制器和光电高温比色温度计。

光源发射的光通量穿过被测物，一部分被被测物吸收，剩余部分投射到光电元件上，光电元件吸收量反映了被测物的某些参数，如图2-41（b）所示。典型的应用有浊度计和透明度计。

光源发出的光通量投射到被测物上，然后从被测物表面漫反射到光电元件上，光电元件输出量反映了被测物的某些参数，如图2-41（c）所示。典型的应用有测量纸张的白度、测量工件表面粗糙度和测量转速。

光源发出的光通量由于被测物的阻挡而被遮断一部分，光电元件的输出反映了被测物的尺寸，如图2-41（d）所示。典型的应用有工件尺寸测量和振动测量。

（a）被测物是光源　　（b）被测物吸收光通量

（c）被测物有反射光的表面　　（d）被测物遮蔽光通量

1—被测物；2—光电元件；3—光源

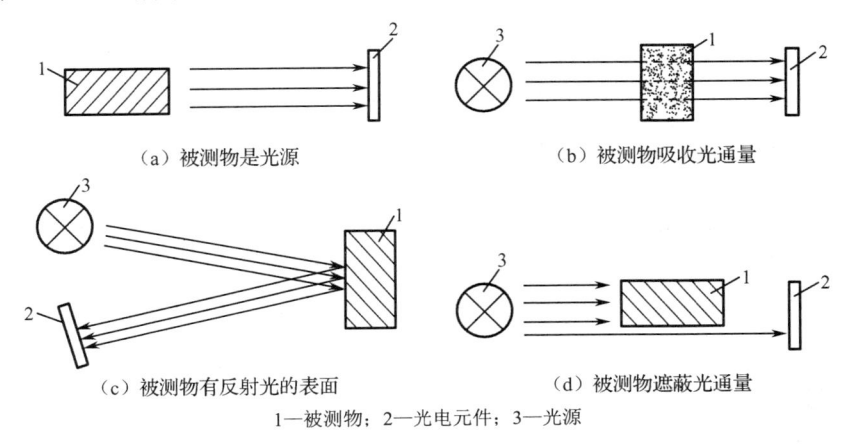

图2-41　光电传感器的位置关系

1. 光源本身是被测物的应用案例

（1）红外辐射温度计。自然界温度高于绝对零度（-273.15℃）的物体，分子由于热运动，都在不停地向周围空间辐射包括红外波段在内的电磁波。当温度较低时，辐射的是不可见的红外光，随着温度的升高，波长短的光逐渐活跃起来，温度升高到500℃，开始辐射一部分暗红色的光，当温度处于500℃～1500℃时，辐射光颜色变化为红色—橙色—黄色—蓝色—白色，如果温度再升高，达到5500℃，辐射光范围已超过蓝色和紫色，进入紫外线区域。因此测量光的颜色和辐射强度，可粗略判断被测物体的温度，特别是在超过2000℃的高温区域，普通的接触式热电偶钨—铼系列已无法对温度进行测量，所以高温测量多采用辐射温度计。

辐射温度计可分为高温辐射温度计、高温比色温度计、红外辐射温度计等。其中红外辐射温度计既可以测量高温，也可以测量冰点以下的温度，测量范围为-30℃～3000℃，红外辐射温度计根据测量温度也分为不同的规格，可根据实际需要选择合适的型号。

红外辐射温度计的工作原理基于斯特藩—玻尔兹曼定律，即四次方定律，通过被测物体辐射的红外线能量，推知被测物体的辐射温度。红外辐射温度计中热电堆作为测量核心元件，将红外线的能量信号转换为热电信号，经过信号处理后作为检测信号输出。红外辐射温度计外形和工作原理如图 2-42 所示，测量时，按下手枪形测量仪的按钮开关，枪口即射出两束低功率的红色激光用于瞄准，被测物发出的红外辐射能量就能准确地聚焦在红外辐射温度计内部的热电堆上，被测物的辐射能量由物镜聚焦在受热板上。受热板是一种人造黑体，通常为涂黑的铂片图中为热电偶组成，当吸收辐射能以后温度升高，由连接在受热板上的热电偶（也可用热电阻或热敏电阻）测定受热板上聚焦的温度，根据四次方定律计算出被测物温度。

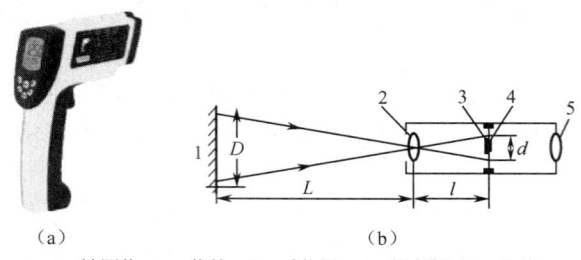

1—被测物；2—物镜；3—受热板；4—热电偶；5—目镜

图 2-42　红外辐射温度计外形和工作原理

电气柜中的电路故障诊断多采用红外辐射温度计，红外辐射温度计电气故障诊断场景和工作原理如图 2-43 所示。该红外辐射温度计由光学系统、红外探测器、信号放大器及处理、显示输出等部分组成。光学系统汇聚视场内的目标红外辐射能量，图中呈现的红外辐射温度计测量电路故障时的影像截图，视场的大小由红外辐射温度计的光学系统及测量位置决定，红外能量聚焦在光学系统上并转变为相应的电信号，电信号经过信号放大器和信号处理后，按照仪器内部的算法和目标发射率校正转变为被测目标的温度值。测量时还应考虑被测目标和红外辐射温度计工作环境的干扰，如温度、湿度、污染等干扰因素对测量的影响。

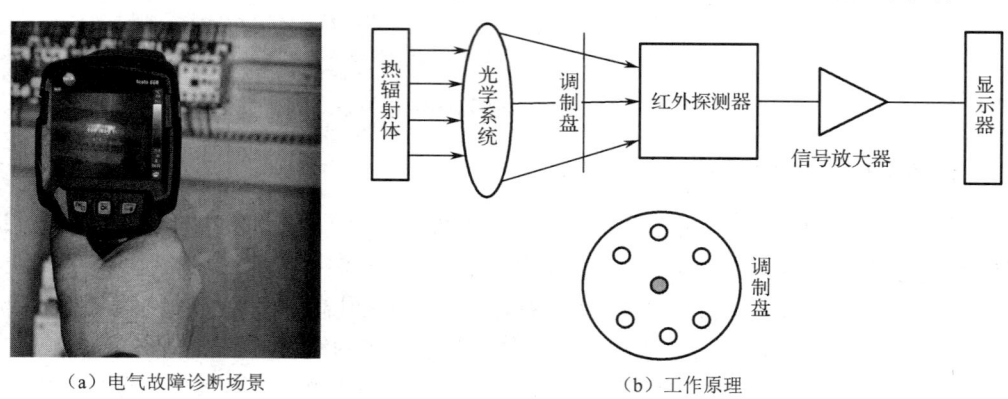

（a）电气故障诊断场景　　（b）工作原理

图 2-43　红外辐射温度计电气故障诊断场景和工作原理

红外线体温计是一种利用辐射原理来测量人体温度的体温计。红外线体温计只吸收人体辐射的红外线，而不向外界发射任何射线，将人体的红外热辐射聚焦在检测器上，检测器将辐射能量转换为电信号，该电信号在进行环境温度补偿后，将人体温度通过显示器显示出来。目前常用的红外线体温计有耳温枪和额温枪，均采用非接触式测量，3秒钟即可完成测量，但耳温枪测量的是鼓膜温度，额温枪测量的是表皮温度，不适合精确测量使用。

（2）照度计。光的照度表示受照物体被照亮的程度，可以用照度计（也称勒克斯计）来测量，用符号E表示，单位为勒克斯（lx），1勒克斯相当于$1m^2$面积上受到1个流明（lm）光通量的照射。若受照面积为A，所接收的光通量为Φ，则照度被定义为$E=\Phi/A$，$1\ lx=1lm/m^2$。

照度计是一种专门测量照度的仪器仪表，硅光电池照度计原理和外形如图2-44所示。照度计就是测量物体被照明的程度，也即物体表面所得到的光通量与被照面积之比。照度计通常由硒光电池或硅光电池配合滤光片和微安表组成。

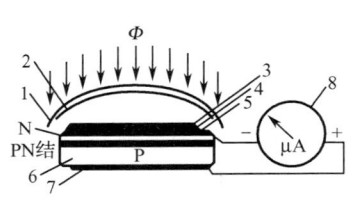

（a）硅光电池照度计原理　　（b）硅光电池照度计外形

1—余弦角度补偿器（外加柔光罩）；2—$V(\lambda)$修正滤光片；3—磷硅玻璃；4—氮化硅减反射膜；
5—SnO_2半透明栅线前电极；6—光电池；7—银铝浆电极；8—微安表；9—液晶屏；10—控制键

图2-44　硅光电池照度计原理和外形

光电池是把光能直接转换成电能的光电元件，光线照射到硅光电池表面时，在受光面上产生光电效应。产生的光电流大小与光电池受光表面上的照度成比例。光电流的大小取决于入射光的强弱，最终以照度的形式在仪表盘显示出来。照度计有变挡装置，因此既可以测高照度，也可以测低照度。

照度计中$V(\lambda)$（视见函数）修正滤光片用来选取需要的辐射波段，让天然的成像变为接近人眼的视觉特征。修正滤光片根据不同的测量要求和光源性质进行分类，其中中性密度滤光片用于消除过强的光源；荧光滤光片用于强化荧光物质的发光信号；紫外滤光片用于消除紫外线干扰；红外滤光片用于消除红外线干扰。照度计中使用修正滤光片的主要目的是提高测量灵敏度，保证测量结果的准确性。

照度计中的余弦角度补偿器的作用：受照面的亮度与光源的入射角度有关，当光源不与柔光罩垂直时，必须进行余弦角度补偿，才能测量从各角度入射的光照度。此外光电池对不同颜色光的转换效率不同，还必须进行颜色补偿。

2．被测物吸收光通量应用案例

（1）透射式光电浊度仪。水样的浑浊程度可以用"浊度"来表示。水体中有悬浮颗粒物时，会阻碍光线透过水层，这种由悬浮颗粒物对光线引起的阻碍程度，用浊度表示。通过水体的部分光线会被吸收、发射或散射，使光线在液体中的传播方向发生改变，通过测量透射光线的强度或散射光的角度，可以推断出被测水样中悬浮物的浓度。水的浊度值越高，透射光就越弱。透射式光电浊度仪工作原理如图 2-45 所示,将一定量的白色高分子聚合物作为浊度标准溶液的基准物质。基准物质通常用 1L 水中含有 1mg 的硫酸肼与六次甲基胺聚合的浊度,此时的浊度定义为 1FNU。

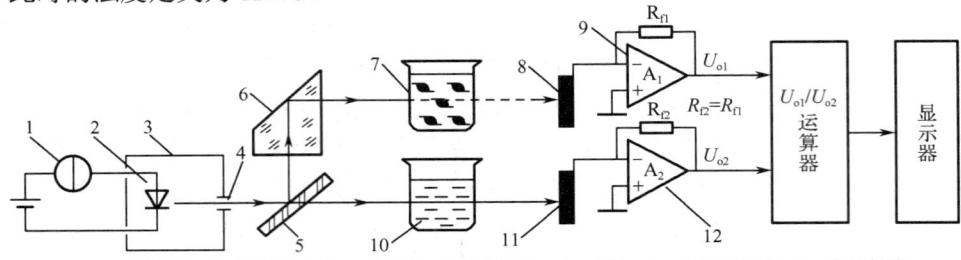

1—恒流源；2—波长为 850nm 的 LED；3—遮光盒；4—小孔；5—半反半透镜；6—全反射镜；
7—被测水样；8、11—光电池；9、12—电流/电压转换器；10—标准水样

图 2-45 透射式光电浊度仪工作原理

红外光从小孔 4 射出,经过半反半透镜 5 分成两束强度相等的光线：一路光线穿过标准水样 10,到达光电池 11,产生作为被测水样浊度的参比信号；另一路光线经全反射镜 6 后,穿过被测水样 7 到达光电池 8,其中一部分光线在此过程中被吸收。

被测水样越浑浊,光线衰减量越大,散射或透射到光电池 8 的光通量就越小。上下两路光信号分别转换成电压信号 U_{o1} 和 U_{o2},由运算器计算出 U_{o1}/U_{o2} 的值,进而推出被测水样的浊度。

透射式光电浊度仪采用半反半透镜 5、标准水样 10 及光电池 11 作为参比通道与样品水样通道,两个通道的结构完全一样,所以在计算 U_{o1}/U_{o2} 值时,当光源的光通量由于环境温度变化引起光电池灵敏度发生改变时,可以自动抵消测量误差,提高测量准确性。

（2）血氧检测仪。血氧检测仪是一种常见的医疗设备,血氧检测仪测量血氧饱和度示意如图 2-46 所示。血氧检测仪用来检测血液中的氧含量,通过探测血液中的氧含量来测量血氧水平。血红蛋白的作用是携带氧气到身体的各个部位,通常把血红蛋白任意时刻的氧气含量称为血氧饱和度。血氧检测仪的检测对象即为血液中的血氧饱和度。血红蛋白有携带氧气的状态,也有空载状态,通常把携带氧气的血红蛋白称为氧合血红蛋白,氧合血红蛋白呈鲜红色。空载状态的血红蛋白称为还原血红蛋白,还原血红蛋白呈暗红色。

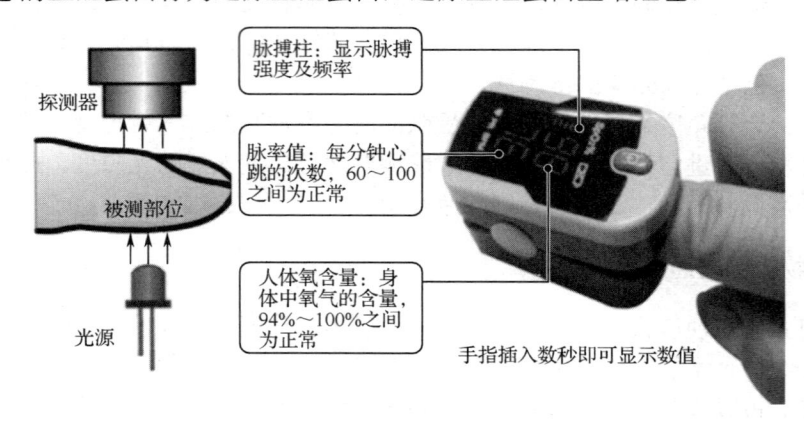

图 2-46 血氧检测仪测量血氧饱和度示意

氧合血红蛋白和还原血红蛋白在可见光和接近红外线的频谱范围内具有不同的吸收特性。还原血红蛋白吸收较多的红色频率光线，吸收较少的红外频率光线。而氧合血红蛋白吸收较少的红色频率光线，吸收较多的红外频率光线。在波长为 66nm 的红光处，还原血红蛋白对光的吸收比氧合血红蛋白强 10 倍以上，而在波长为 940nm 的红外光处，还原血红蛋白对光的吸收比氧合血红蛋白要弱很多。

利用红光和红外光交替照射手指，接收端的光电二极管会产生一个跟随脉搏变化的微弱光电流，光电流经转换、滤波、放大后得到脉搏变化波形，利用波峰间距求得脉搏频率，我们可以根据红光和红外光的光电流比例得出血氧饱和度。

3．被测物反射部分光应用案例

（1）烟雾报警器。火灾自动报警器常用的有烟雾报警器、温感报警器、可燃气报警器、光电报警器四种。火灾发生时常伴随光和热化学反应，一般物质燃烧时有下列现象发生。

① 产生热量。使环境温度升高，可以用各种温度传感器测量。但在燃烧速度比较缓慢的情况下，环境温度的上升不易察觉。

② 产生可燃性气体。释放出可燃性气体，如一氧化碳、甲烷等，可用可燃气报警器来检测。

③ 产生烟雾。烟雾是人们肉眼可见的微小悬浮颗粒，其粒子直径一般大于 10nm，可用烟雾报警器来检测。烟雾具有很大的流动性，当烟雾侵入烟雾传感器检测室时，可引起烟雾室电流增大，是目前较为有效的检测火灾的手段。

④ 产生火焰。燃烧的火焰会辐射出红外线、可见光和紫外线。由于人体本身会释放红外线和可见光，日常生活中取暖设备、电视、空调、太阳光线等都包含红外线和可见光，所以我们通常用紫外线进行火灾报警，利用紫外光电管能够有效地监测火焰发出的紫外线，使用时应避开太阳光的照射，以免引起误动作。

光电反射式烟雾报警器如图 2-47 所示，没有烟雾时由于光发射管和光接收管相互垂直，烟雾室内涂有黑色吸光材料，光发射管发出的红外线无法到达光接收管。当烟雾进入烟雾室时，烟雾的固体颗粒对红外线产生光接收漫反射，漫反射后的部分红外线到达光接收管，光接收管输出信号，从而感知烟雾。光电反射式烟雾报警器对稍大的烟雾颗粒更敏感，如在刚发生火灾、火苗燃烧不充分的情况下，光电反射式烟雾报警器更有效。

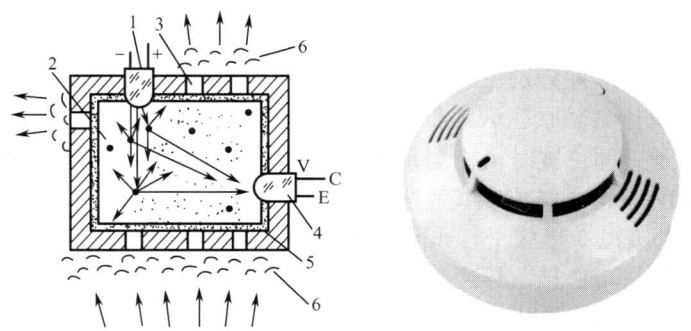

1—光发射管；2—烟雾检测室；3—透烟孔；4—光接收管；5—黑色吸光材料；6—烟雾

图 2-47 光电反射式烟雾报警器

光电反射式烟雾报警器中光发射管的激励电流不是连续的直流电，而是 40kHz 调制脉冲电流，所以光接收管接收到的光信号也是 40kHz 调制光，它输出的 40kHz 电信号经窄带选频、放大器放大、检波后成为直流电压信号，再经低频放大器和阈值比较器输出报警信号。这样室内的灯光、太阳光即使进入烟雾室也无法通过 40kHz 选频放大器，所以不会引起误报警。

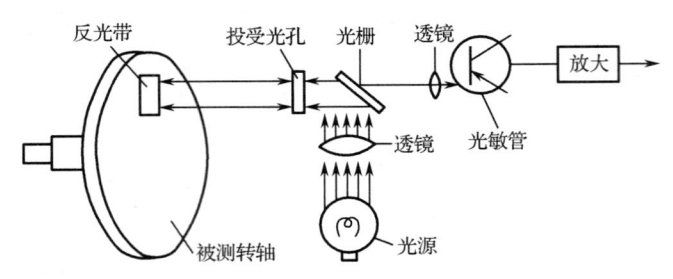

（2）反射式光电转速计。反射式光电转速计如图 2-48 所示，反射式光电转速计通过在被测量转轴上设定反射记号，从而获得光线反射信号来完成被测转速测量。反射式光电转速计的光源透过透镜入射到被测转轴上，被测转轴转动时，反光带对光线的反射率发生变化。反射式光电转速计内装有光敏管，当转轴转动标记反光带处反射率增大，反射光线会通过透镜投射到光敏管上，反射式光电转速计即可发出一个脉冲信号，而当反射光线随转轴转动到另一位置时，反射率变小、发射光线变弱，光敏管无法感应，则不会发出脉冲信号。

图 2-48　反射式光电转速计

反射式光电转速计以光线的投射和接收来完成转速测量，采用非接触式测量，不会对被测转轴造成额外的负载，测量误差小，精度高，测量距离可达 200mm。反射式光电转速计的光源是经过特殊方式调制的，有极强的抗干扰能力，不会受普通光线的干扰，基本不会发生光线停顿、灯泡烧毁等故障。

4．被测物遮挡光通量的应用案例

（1）光电式带材跑偏检测器。在带材生产线上，由于带材横向厚度及压辊压力不均等原因，带材边缘或纵向标志线与加工机械的中心线不重合，从而发生带材横向运行偏差，称为"跑偏"。生产时需要以带材边缘纵向为基准，实行边缘位置控制，称为"纠偏"。光电式带材跑偏检测器用来检测带形材料在加工中偏离正确位置的大小及方向，从而为纠偏控制电路提供纠偏信号，主要用于检测印染、送纸、胶片、柔性线路板等生产中发生的故障，带材跑偏时，边缘与传送带机械部件会发生碰撞，易发生卷边，从而造成废品。

光电式带材跑偏检测器原理示意和光电检测装置如图 2-49 所示，采用光电断续器作为纠偏装置，当带材处于中间位置时，检测系统最终的输出电压为零；当被测带材发生左偏或者右偏时，光敏电阻的遮光面积减小或者增大，输出电压反映了带材跑偏的方向和大小。光源 2 发出的光线经过光透镜 3 形成平行光照射到光透镜 4 上，最终聚集在光敏电阻 5 上，其中有一部分光被被测带材 1 遮挡，导致光敏电阻 5 接收到的光量减少，因此，可根据光敏电阻 5 上的光量的变化判断被测带材 1 是否跑偏。

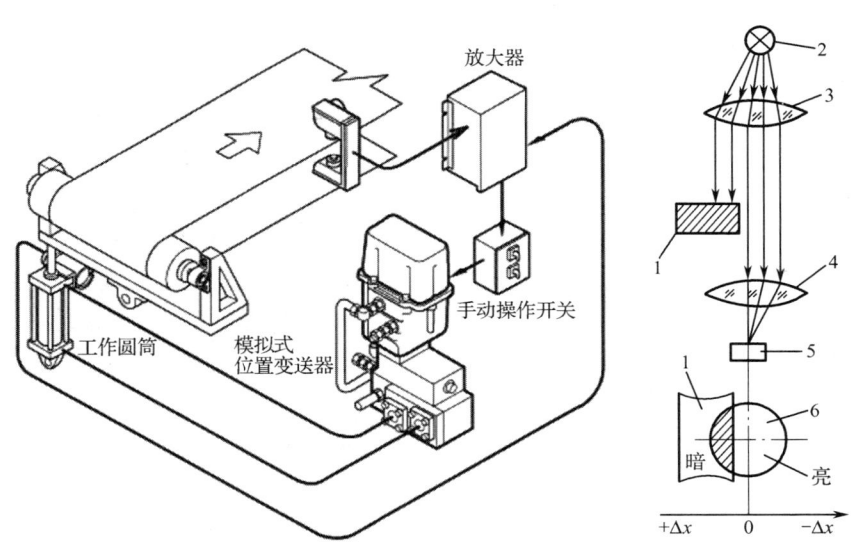

1—被测带材；2—光源；3—光透镜；4—光透镜；5—光敏电阻；6—遮光罩

图 2-49 光电式带材跑偏检测器原理示意和光电检测装置

光电式带材跑偏检测器测量电路如图 2-50 所示，图中电阻 R_1 和电阻 R_2 选用相同型号的光敏电阻，R_1 为测量元件，R_2 进行遮光处理，为温度补偿。当被测带材处于中间位置时，电阻 R_1、R_2、R_3、R_4 组成的电桥处于平衡状态，放大器输出的电压为零；当被测带材跑偏时，遮光面积发生变化，光敏电阻 R_1 的阻值随之变化，电桥失去平衡，放大器会输出一个电压，输出电压可以反映被测带材跑偏的大小和方向。当被测带材左偏时，遮光面积减少，光敏电阻 R_1 阻值减小，电桥失去平衡，差动放大器将这一不平衡电压加以放大，输出电压为负值；反之，当被测带材右偏时，输出电压为正值，输出信号在通过显示器输出显示，同时被送到控制器，控制器发出信号使执行机构比例调节阀动作，使液压缸带动开卷机构，达到纠偏的目的。

（2）光幕在流水线中用于工件尺寸测量。光幕（多路遮断型光电开关）的两个柱形结构相对而立，每隔数十毫米相对安装一对发光二极管和光敏二极管，形成光幕轴线严格对准，当有物体在两者中间通过时，红外线被遮断，光敏二极管因接收不到红外线而产生一个负脉冲信号。可以将一组数目相同的平行排列的发光二极管与相应的光敏二极管组成"安全光幕"，安全光幕的红外对管数目可达 48 对，检测距离可达十几米。

光幕一般作为开关信号用于安全防护，防止机械设备，如冲压设备、剪切设备、金属切削设备、自动化装配线、自动化焊接线、机械传送搬运设备等作为"安全门"，以防造成作业人员的人身伤害。光幕也作为光电阵列在带材尺寸测量中被应用。光幕测量带材三维尺寸如图 2-51 所示。

工件在传输带上运行，通过三个维度的光幕测量工件的长、宽、高。两个柱形结构相对而立，每隔数十毫米安装一对发光二极管和光敏二极管，形成光电阵列，光电阵列采用数字式测量，准确度高，漂移小，线性误差小。因工件阴影区域的光线被遮挡，光敏二极管接收不到红外线而产生一个负脉冲信号，工件外围区域的光敏二极管接收到红外线而产生一个正向脉冲信号，用计算机读取输出负脉冲信号的光敏二极管编号和数目，再乘以光敏二极管安装间距最终得到被测工件长、宽、高的尺寸。有时也会根据光敏二极管阵列的总长度及安装位置，判断工件在流水线上的位置。目前，光幕的使用越来越广泛，如木材外形截面积测量、自动收费系统的车辆检测、光幕防入侵系统、光幕安全保护系统等。

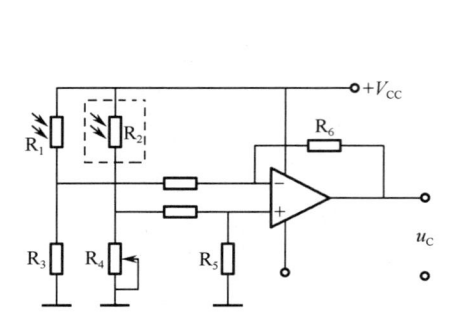

图 2-50　光电式带材跑偏检测器测量电路 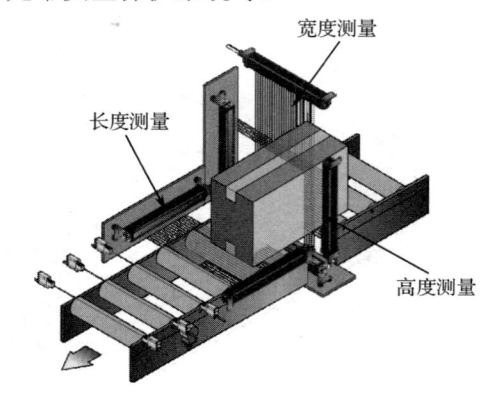　　图 2-51　光幕测量带材三维尺寸

任务 2-1-5　自动生产线中的物料分拣

【任务描述】

自动生产线中需要对不同颜色的物料进行分拣，本任务结合实训室 NPN/PNP 漫反射型光电式接近开关，动手比较不同反射物的反射效果。通过漫反射型光电式接近开关检测黑、白两种不同颜色和不同材质物料的反射效果，比较 NPN/PNP 漫反射型光电式接近开关连接不同负载时的接线区别。

【任务要求】

（1）掌握 NPN/PNP 漫反射型光电式接近开关接线区别。
（2）掌握漫反射型光电式接近开关如何检测不同被测物状态。
（3）掌握漫反射型光电式接近开关如何连接不同负载接线。
（4）理解 NPN/PNP 漫反射型光电式接近开关在物料分拣中的应用。

【相关知识】

1. 资讯

光电式接近开关是一种无触点行程开关。检测距离从几毫米至几十米，即光电式接近开关与被测量物体无须直接接触，非接触式检测避免了因摩擦、磨损等问题对光电式接近开关寿命的影响，同时也降低了光电式接近开关的维护成本。当被测量物体与光电式接近开关接近到设定距离时，就可以发出"动作"信号。

本实验使用的光电式接近开关为漫反射型光电式接近开关，漫反射型光电式接近开关规格尺寸规格尺寸如图 2-52 所示，为了方便接线配备了底座，并将三根线引出到接线孔，漫反射型光电式接近开关为螺纹紧固型，直径为 18mm，固定时只要在设备外壳打一个 18mm 的圆孔就能轻松固定，长度约 75mm，背后有工作指示灯，当检测到物体时红色 LED 指示灯点亮，平时处于熄灭状态，引线长度为 1.2m。

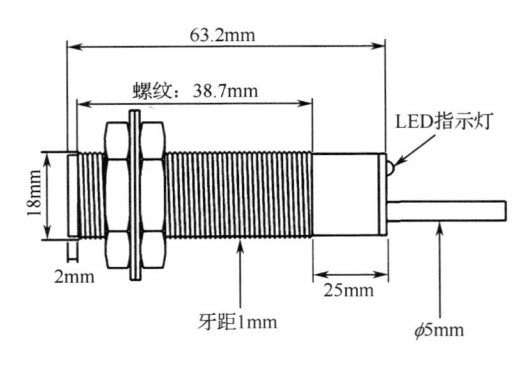

图 2-52 漫反射型光电式接近开关规格尺寸

漫反射型光电式接近开关技术指标：
产品名称：漫反射型光电式接近开关；
产品型号：ES18-D01NK；
产品功耗：≤200mA；
检测距离：10cm 可调；
被检测物最小直径：5mm；
指向角度：小于 5°；
工作电压：10～36V DC。

下面以 NPN 漫反射型光电式接近开关为例说明接线方法，NPN 漫反射型光电式接近开关内部线路和外部接线如图 2-53 所示，OUT 端与 GND 端的压降 U_{ces} 约为 0.3V，流过中间继电器 KA 的电流 $I_{KA}=\dfrac{V_{CC}-0.3}{R_{KA}}$。若 I_{KA} 大于 KA 的额定吸合电流，则 KA 能够可靠吸合。

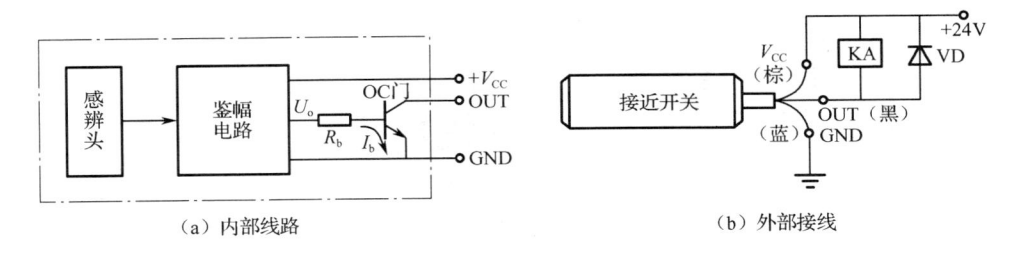

（a）内部线路　　　　　　　　　　（b）外部接线

图 2-53 NPN 漫反射型光电式接近开关内部线路和外部接线

管状塑料外壳依靠两只 M18 螺帽固定在支架上，"感辨头"前端部为红色透明塑料圆片，其右半圆的内部安装一只红外线 LED 发射管，在 40kHz 左右的调制电流激励下，发射出肉眼不可见的红外光。当被测物移动到 NPN 漫反射型光电式接近开关正前方时，被测物体接收到发射的红外光后将部分红外光漫反射回去。其中一部分恰好被反射回接近开关，并透过其左半圆的红色塑料片到达内部的红外光敏接收管上。红外光敏接收管将红外光转换为光电流，经放大和阈值比较后，使输出级 OC 门的输出端触发，OC 门的灌电流驱动能力较大，可直接驱动中间继电器 KA 工作。当反射物距离较远或反射平面角度偏离较大时，反射光强度达不到阈值比较器的要求，OC 门输出保持高阻态。

NPN/PNP 漫反射型光电式接近开关输出形式电气接线如图 2-54 所示。

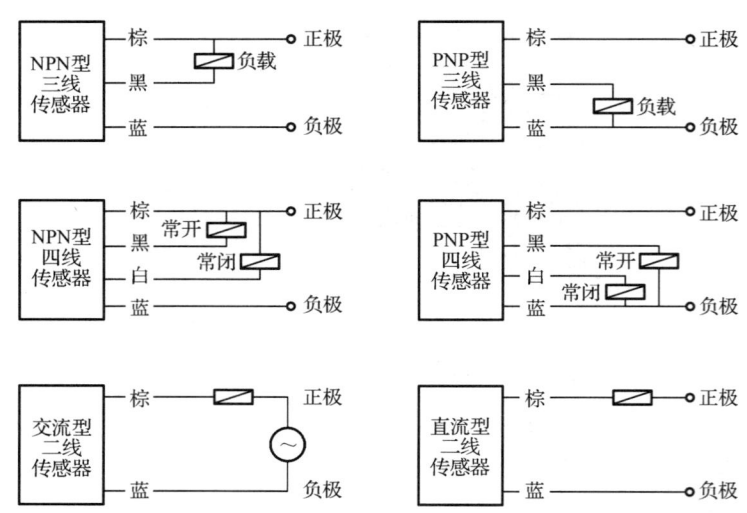

图 2-54 NPN/PNP 漫反射型光电式接近开关输出形式电气接线

2．实施过程

1）认识 NPN 与 PNP 漫反射型光电式接近开关的区别

观察分到的漫反射型光电式接近开关的铭牌参数，判断 NPN 和 PNP 区别。漫反射型光电式接近开关实物如图 2-55 所示。

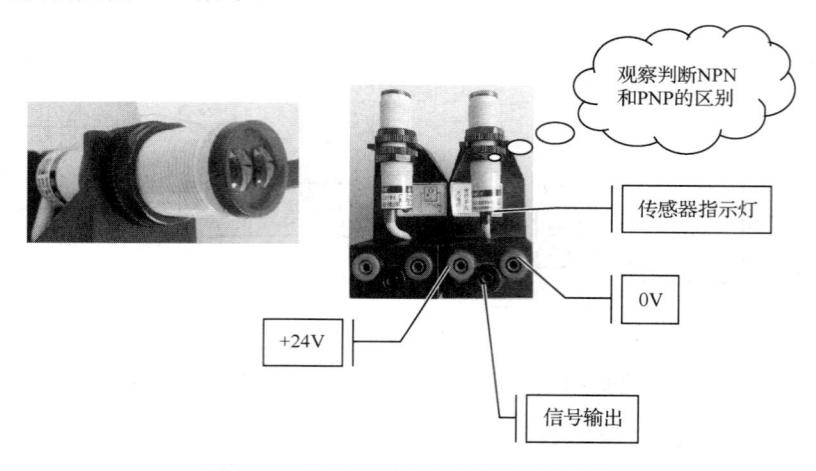

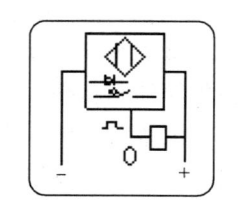

图 2-55 漫反射型光电式接近开关实物

图 2-56 NPN 漫反射型光电式接近开关铭牌

动手做：取 NPN 漫反射型光电式接近开关，NPN 漫反射型光电式接近开关铭牌如图 2-56 所示，按照铭牌接线，+24V 与 0V 分别接 24V 电源的正负端；+24V 电源与接近开关信号输出端再分别接电压表的正负端，用一目标检测工件放于接近开关前方，接近开关尾部指示灯亮表示有信号输出。根据现象填写表 2-1，再取 PNP 动手连接，观察接线区别。

表 2-1 接近开关指示灯状态及电压值

NPN□/PNP□漫反射型光电式接近开关	漫反射型光电式接近开关指示灯状态	电 压 值
未放置目标监测工件		
已放置检测工件		

2）理解 NPN/PNP 漫反射型光电式接近开关的使用

动手做：根据每个组分到的漫反射型光电式接近开关，先判断接近开关是 NPN 还是 PNP，并在下面的"□"中用"√"确认，再根据下面任务和接线图连接 NPN/PNP 漫反射型光电式接近开关（以下均以 NPN 为例进行说明）。

将信号输出端接面板上指示灯的负端，指示灯的正端接 24V 电源正极；将一被测工件放于漫反射型光电式接近开关前方，漫反射型光电式接近开关指示灯亮表示有信号输出，根据现象填写表 2-2。

表 2-2 接近开关面板指示灯状态

NPN□/PNP□漫反射型光电式接近开关	面板指示灯状态
未放置被测工件	
已放置被测工件	

从表 2-1 和表 2-2 可得出结论：你所选的 NPN□/PNP□漫反射型光电式接近开关信号输出为_____电平。

3）理解 NPN/PNP 漫反射型光电式接近开关的特殊性能

动手做：按上一步的接线连接 NPN/PNP 漫反射型光电式接近开关和面板指示灯，分别将黑色和白色两种被测工件放于接近开关前方，接近开关指示灯亮表示有信号输出，根据现象填写表 2-3。

表 2-3 接近开关测量状态记录

NPN□/PNP□漫反射型光电式接近开关	被测工件与感辨头的距离/cm	漫反射型光电式接近开关指示灯状态	24V 指示灯状态	可否颜色辨认
黑色工件	<1			
	1～4			
	4～10			
白色工件	<1			
	1～4			
	4～10			

仔细观察接近开关的铭牌，你所选择的漫反射型光电式接近开关铭牌上量程为____cm。由表 2-3 可以得出，你所选择的漫反射型光电式接近开关能否辨别黑色和白色两种工件颜色____（是/否），如果可以辨别黑色和白色两种工件颜色，在____cm 范围内可进行颜色辨认。

注：由于漫反射型光电式接近开关不是同一批次，量程各不一样，请根据量程修改表中范围。

4）理解 NPN/PNP 漫反射型光电式接近开关的基本特性

动手做：

① 将不同材料的被测工件沿基准轴靠近漫反射型光电式接近开关感辨头时，使漫反射型光电式接近开关动作，即漫反射型光电式接近开关输出状态为有效状态时，测得漫反射型光电式接近开关感辨头到被测工件检测面的空间距离为动作距离，并将数据记录于表 2-4 中。

② 将不同材料被测工件沿基准轴离开漫反射型光电式接近开关感辨头时，漫反射型光电式接近开关转为复位状态，即漫反射型光电式接近开关输出状态为无效状态时，测得漫反射型光电式接近开关感辨头到被检测物体检测面的空间距离为复位距离。复位距离与动作距离之差为动作滞差，并将数据记录于表 2-4 中。

③ 将被测工件换成大小不同的白纸及实验者的手掌，记录它们的数据。

④ 改变被测工件与漫反射型光电式接近开关感辨头端面的平行度、反射角度，观察接近开关指示灯状态。

表 2-4　接近开关动作滞差表

序号	材料	动作距离/cm	复位距离/cm	动作滞差/cm
1	白色工件			
2	黑色工件			
3	人手			

实验注意事项。

① 在漫反射型光电式接近开关的前方或侧面不应有大面积的阻挡物或反射物，以免影响其正常工作。

② 因外界的各种颜色对红外线的反射率不同，相应的动作距离也不一样。如我们站在漫反射型光电式接近开关的前方，身着浅色（白、灰、黄）衣服和身着深色（黑、蓝、紫）衣服时会造成动作距离的不同，属于正常现象。

③ 漫反射型光电式接近开关的动作距离与工作电压有关，电压越高动作距离越远。

④ 为了避免发生意外，在接通电源前检查接线是否正确，核定电压是否为额定值。

项目 2-2　液位检测中的电容传感器

本项目以液位检测为载体，重点讲述液位检测中用到的电容传感器，详细描述了电容传感器的原理与应用。

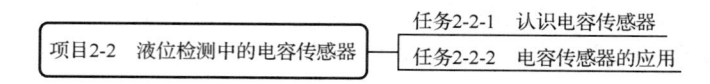

思维导图

项目 2-2　液位检测中的电容传感器
- 任务 2-2-1　认识电容传感器
- 任务 2-2-2　电容传感器的应用

任务 2-2-1　认识电容传感器

【任务描述】

如何用我们身边的文具组成一个电容器？组成的电容器如何用万用表测出电容大小？本任务分析了电容传感器检测的理论基础。描述了不同类型电容传感器的结构及原理、电容传感器特性及典型应用电路，使学生在工程实际中学会选择合适的电容传感器及分析电容传感器特性。

【任务要求】

（1）掌握电容传感器的工作原理。
（2）理解不同类型电容传感器结构及原理。
（3）学会分析电容传感器测量电路。

【相关知识】

电容传感器以各种类型的电容器作为传感元件，通过电容器将被测物理量的变化转换为电容量的变化，再经测量转换电路转换为电压、电流或频率信号，电容传感器实际上是一个具有可变参数的电容器。电容传感器被广泛用于位移、角度、振动、速度、压力、成分分析、介质特性等数据的测量。常用的电容传感器有平板式电容传感器、扇形角位移式电容传感器和圆筒式电容传感器。

电容传感器具有结构简单、动态响应好、温度稳定性好、灵敏度高等特点，可以实现非接触测量。电容传感器可以在高温、强辐射及强磁场等恶劣的环境中工作，也可以承受高温、高压、高冲击力的变化。因此在一些其他传感器无法使用的场合可利用电容传感器进行测量。

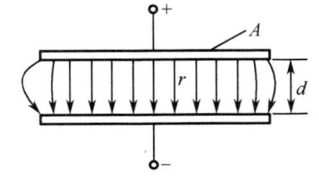

1. 电容传感器的工作原理

电容传感器的工作原理如图 2-57 所示，两个相互靠近的导体，中间夹一层不导电的绝缘介质，就构成了电容传感器。当在电容传感器的两个极板之间加上电压时，电容传感器就会储存电荷。电容传感器的电容量在数值上等于一个导电极板上的电荷量与两个极板之间的电压之比。即 $C = Q/U$，电容量的基本单位是法拉（F），一般情况下电容量较小，用纳法（nF）或皮法（pF）表示。

当忽略边缘效应时，平板电容传感器电容量为

$$C = \frac{\varepsilon A}{d} = \frac{\varepsilon_0 \varepsilon_r A}{d} \quad (2-3)$$

式中　ε——电容极板间介质的介电常数，$\varepsilon = \varepsilon_0 \varepsilon_r$；
　　　ε_0——真空介电常数，$\varepsilon_0 = 8.854 \times 10^{-12}$ F/m；
　　　ε_r——电容极板间介质相对介电常数；
　　　A——两电容极板所覆盖的面积，单位为 m^2；
　　　d——两电容极板之间的距离，单位为 m。

图 2-57　电容传感器的工作原理

公式中，在 A、d、ε 三个参数中，改变其中任意一个参数，均可使电容量 C 发生变化。

也就是说，电容传感器电容量 C 是关于 A、d、ε 的函数。固定三个参量中的任意两个，可以制成三种类型的电容传感器。

2．电容传感器的结构

（1）滚珠直径测量——变面积式电容传感器。

变面积式电容传感器的结构如图 2-58 所示，图 2-58（a）是平板式结构，其中极板 1 固定不动，称为定极板。极板 2 可以左右移动，一般与被测物绑定在一起，称为动极板。车床直线位移测量通常采用平板式结构。当两块极板对齐时，初始电容量为 C_0，当被测物移动时，带动动极板移动，两块极板覆盖的面积发生变化，导致电容量发生变化。设动极板相对定极板平移距离为 Δx，则移动后的电容量为

$$C = C_0 - \Delta C = \varepsilon_0 \varepsilon_r (a - \Delta x) b / d$$

得出

$$\frac{\Delta C}{C_0} = \frac{\Delta x}{a} \qquad (2-4)$$

从公式（2-4）可得，电容量的相对增量与位移 Δx 呈线性关系。如果测量出电容量的相对增量，就能得到被测位移的值。

图 2-58（b）是圆筒式结构。外圆筒 3 固定不动，为定极板，内圆筒 4 在外圆筒内作上、下直线运动，为动极板，图中 h_0 是内外极板的高度，R 是外极板的半径，r 是内极板的半径。滚珠直径测量通常采用圆筒式结构，测量被测滚珠直径的变化量，当两个极板对齐时，初始电容量为 C_0，当被测滚珠直径发生变化时，带动内圆筒移动，两圆筒覆盖的面积发生变化，导致电容发生变化。设被测滚珠直径的变化为 Δx，则动极板相对定极板平移距离为 Δx。

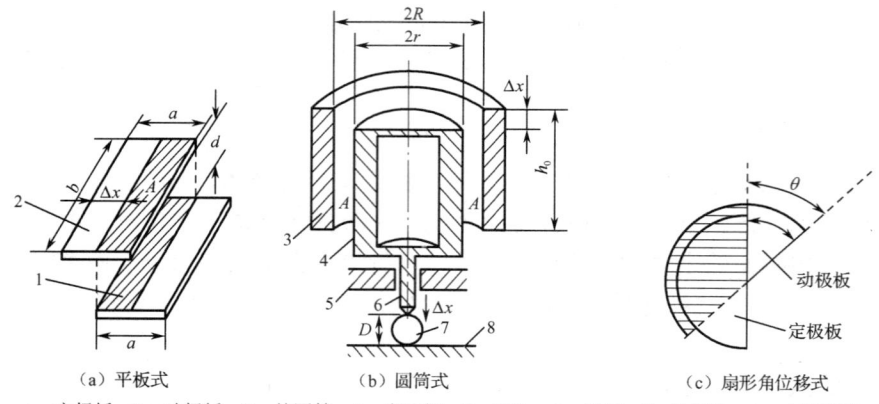

（a）平板式　　（b）圆筒式　　（c）扇形角位移式

1—定极板；2—动极板；3—外圆筒；4—内圆筒；5—导轨；6—测杆；7—被测物；8—水平基准

图 2-58　变面积式电容传感器的结构

电容器的初始电容为

$$C_0 = \frac{2\pi \varepsilon h_0}{\ln(R/r)}$$

移动后的电容量为

$$C = \frac{2\pi \varepsilon (h_0 - \Delta x)}{\ln(R/r)} = \frac{2\pi \varepsilon h_0 (1 - \Delta x / h_0)}{\ln(R/r)} = C_0 (1 - \Delta x / h_0)$$

得出

$$\frac{\Delta C}{C_0} = \frac{\Delta x}{h_0} \quad (2-5)$$

从公式（2-5）可得，电容量的相对增量与被测滚珠直径的变化量 Δx 呈线性关系。如果测量出了电容量的相对增量，即可得到被测滚珠直径的变化量。

圆筒式结构必须使用导轨使内外圆筒的间隙保持不变，内外圆筒的半径差越小，传感器的灵敏度就越高。在工程实际中，外圆筒必须接地，用于屏蔽外界电场干扰，减小周围人体和金属物体与圆筒产生的分布电容，以减小测量误差。

图 2-58（c）是扇形角位移式结构。动极板的轴由被测量物体带动旋转一个角位移 θ 时，两极板的遮盖面积 A 就减小，因而电容量也随之减小。设动极板相对定极板转动 θ 角度，则上下两块极板相互覆盖的面积为（扇形面积计算如图 2-59 所示）

$$A = A_0 \left(1 - \frac{\theta}{\pi}\right)$$

转动后的电容为

$$C = \varepsilon_0 \varepsilon_r A_0 \frac{\left(1 - \frac{\theta}{\pi}\right)}{d} = C_0 \left(1 - \frac{\theta}{\pi}\right) = C_0 - C_0 \frac{\theta}{\pi}$$

电容的变化量为

$$\Delta C = C - C_0 = C_0 \frac{\theta}{\pi}$$

得出

$$\frac{\Delta C}{C_0} = \frac{\theta}{\pi} \quad (2-6)$$

从公式（2-6）可得，电容量的相对增量与被测扇形转动的角位移 θ 呈线性关系。如果测量出电容量的相对增量，就能得到角位移的变化量 θ。在工程实际中，因为动极板与转轴连接，所以一般定极板接地，可以制成一个接地的金属屏蔽盒，将定极板屏蔽起来，减少与周围人体和金属物体产生的分布电容，从而减小测量误差。收音机调频示意如图 2-60 所示，当动极板转动一个角位移时，两极板的遮盖面积减小，输出的电容量随之减小，收音机的频率与电容传感器电容量成反比（具体分析见电容传感器的调频电路），收音机的频率变大。

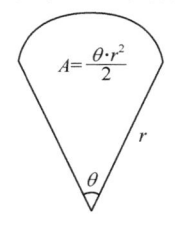

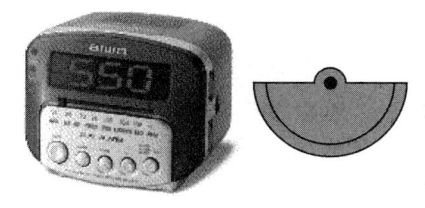

图 2-59　扇形面积计算　　图 2-60　收音机调频示意

变面积式电容传感器的输入、输出特性在一定的范围内为线性关系，灵敏度为常数，变面积式电容传感器一般用于测量直线位移、角位移、工件尺寸等。

（2）微位移测量——变极距式电容传感器。

变极距式电容传感器的结构和特性曲线如图 2-61 所示，测量时，变极距式电容传感器的一个极板固定，图中 1 为定极板，另一个极板与被测物相连；图中 2 为动极板，当动极板随被测物运动引起位移变化时，改变了两极板之间的距离 d，从而使电容量发生了变化。图中当两极板间距缩小 Δd 时，移动后的电容量为

$$C = C_0 + \Delta C = \frac{\varepsilon_0 \varepsilon_r A}{d - \Delta d} = \frac{C_0}{1 - \Delta d / d}$$

电容的变化量为

$$\Delta C = C_0 \frac{\Delta d}{d - \Delta d}$$

得出

$$\frac{\Delta C}{C_0} = \frac{\Delta d}{d - \Delta d} \tag{2-7}$$

变极距式电容传感器两极板之间距离的变化引起电容量的变化特性曲线如图 2-61（b）所示，从图中看出变极距式电容传感器输入输出特性曲线为非线性关系。如果两极板之间的距离改变很小，即 $\Delta d / d \ll 1$，公式（2-7）按照泰勒级数展开为

$$C = C_0 + \Delta C = C_0 \left[1 + \frac{\Delta d}{d} + \left(\frac{\Delta d}{d}\right)^2 + \left(\frac{\Delta d}{d}\right)^3 + \cdots \right]$$

作线性化处理，忽略高次的非线性，经整理得到

$$\frac{\Delta C}{C_0} \approx \frac{\Delta d}{d} \tag{2-8}$$

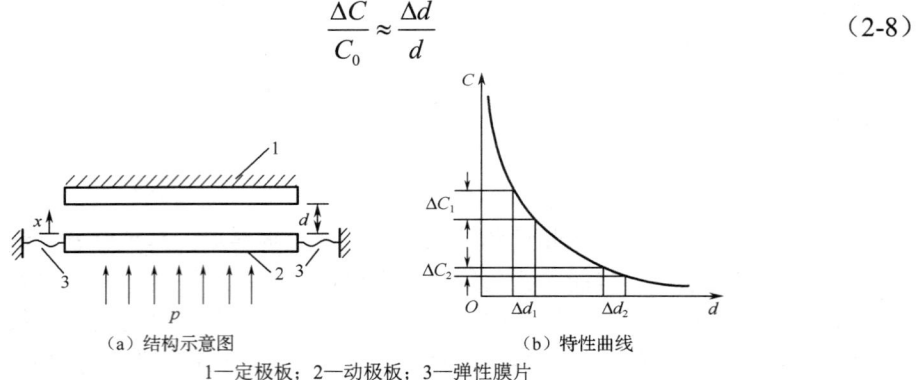

（a）结构示意图　　（b）特性曲线

1—定极板；2—动极板；3—弹性膜片

图 2-61　变极距式电容传感器的结构与特性曲线

当两平行板之间的初始极距 d_0 较小时，对于相同的位移变化 Δd，所引起的电容变化量比初始极距 d_0 较大时所引起的电容变化量 ΔC 大很多。所以在实际使用时，应尽量使初始极距 d_0 小些以提高灵敏度，但 d_0 过小时，容易引起电容器击穿或短路，因此，可在两极板间加入高介电常数的材料，如云母片，放置云母片的电容传感器结构如图 2-62 所示。

此时相当于空气介质与云母片介质的两种电容器串联起来，它们的电容量分别为：

云母片介质电容量

$$C_g = \frac{\varepsilon_0 \varepsilon_r A}{d_g}$$

空气介质电容量

$$C_0 = \frac{\varepsilon_0 \varepsilon_r A}{d_0} = \frac{\varepsilon_0 A}{d_0}$$

串联后电容量

$$C = \frac{C_g C_0}{C_g + C_0} = \frac{A}{\dfrac{d_g}{\varepsilon_0 \varepsilon_g} + \dfrac{d_0}{\varepsilon_0}} \tag{2-9}$$

云母片介质的相对介电常数约为空气介质的 7 倍,其击穿电压要远高于空气,此时极板间距可大大减小。一般极板间距在 25~200μm,而测量的最大位移量应小于极板间距的十分之一,因此变极距式电容传感器主要用于微位移测量。

为了提高电容传感器的灵敏度,减小非线性误差,变极距式电容传感器通常采用差动结构,差动变极距式电容传感器结构如图 2-63 所示。

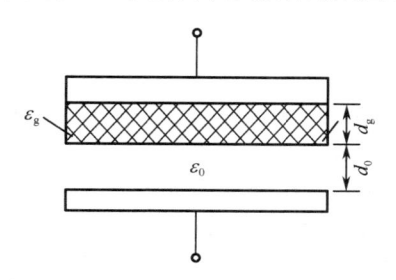

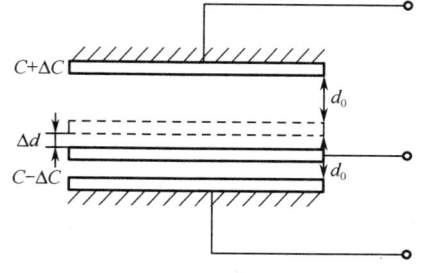

图 2-62 放置云母片的电容传感器结构　　图 2-63 差动变极距式电容传感器结构

中间为动极板,随被测物移动,上下两极板为定极板,当动极板向下移动 Δd 时,上极板与动极板间距变大为 $d_0 + \Delta d$,而下极板与动极板间距变小为 $d_0 - \Delta d$。差动结构使两个电容器的电容量一个增加、另一个减小,两个电容器形成差动变化,经过信号测量转换电路后,灵敏度提高了近一倍,线性度也得到了改善。

(3) 液位计——变相对介电常数式电容传感器。

由于各种介质的相对介电常数不同,当电容传感器中的介质改变时,相对介电常数变化,从而引起了电容器电容量发生变化。所以在电容器两极板间插入不同介质,电容器的电容量相应地发生变化。表 2-5 列出了常用的气体、液体和固体介质的相对介电常数。变相对介电常数式电容传感器的结构形式很多,通常用来测量液体的液位,也可以测量材质的厚度和颗粒状物体的含水量等。

表 2-5　几种介质的相对介电常数

介 质 名 称	相对介电常数 ε_r	介 质 名 称	相对介电常数 ε_r
真空	1	玻璃釉	3~5
空气	略大于 1	SiO_2	38
其他气体	1~1.2	云母	5~8
变压器油	2~4	干的纸	2~4
硅油	2~3.5	干的谷物	3~5
聚丙烯	2~2.2	环氧树脂	3~10
聚苯乙烯	2.4~2.6	高频陶瓷	10~160
聚四氟乙烯	2.0	低频陶瓷、压电陶瓷	1000~10000
聚偏二氟乙烯	3~5	纯净的水	80

注:相对介电常数的数值因该介质的成分和化学结构不同会有较大的区别。

变相对介电常数式电容传感器结构如图 2-64 所示,当介质厚度保持不变,相对介电常数改变时,如空气湿度变化、介质吸入潮气时($\varepsilon_水 = 80$),电容量将会发生较大的变化。因此变相对介电常数式电容传感器可作为相对介电常数的测量仪器,如测量空气相对湿度;若保持相对介电常数 ε_r 不变,变相对介电常数式电容传感器则可以作为测量介质厚度的传感器。

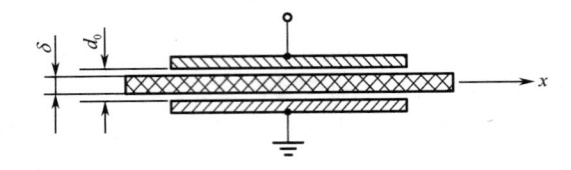

图 2-64　变相对介电常数式电容传感器结构

导电液体的电容式液位计原理如图 2-65 所示。液面的高低通过电容量的变化来测量。将一根金属棒插入盛液容器内,金属棒作为电容器的内电极,容器壁作为电容器的外电极。内外电极间的介质为被测液体和液面上的气体,由于被测液体的相对介电常数 ε_1 和液面上气体的相对介电常数(一般为空气)ε_2 不同,如 $\varepsilon_1 > \varepsilon_2$,当液位升高时,电容式液位计两电极间总的相对介电常数随着液位升高而增大,电容量也增大。当液位下降时,总的相对介电常数减小,电容量也减小,即通过内外电极间的电容量的变化来测量液位的高低。电容式液位计要保证 ε_1 和 ε_2 的恒定才能准确测量液位高低。因被测介质具有导电性,所以金属棒内电极要覆盖绝缘层。电容式液位计体积小,容易实现远程控制和调节,适用于具有腐蚀性和高压介质的液位测量。

水、酸、碱、盐等导电液体的液位检测一般用不锈钢或紫铜棒做内电极,外面套上聚四氟乙烯塑料绝缘管或涂搪瓷用来绝缘,被测导电液体为外电极。

非导电液体的电容式液位计原理如图 2-66 所示,不需要电极表面绝缘,可以用金属棒作为内电极,用开有液体流通孔的金属棒作为外电极,通过绝缘环装配成电容液位计。

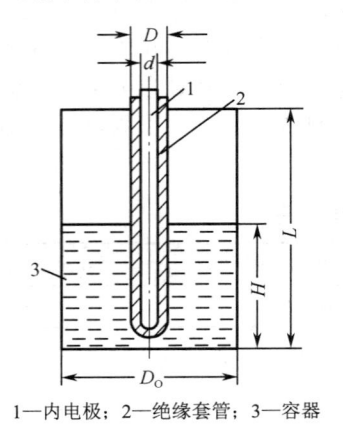

1—内电极;2—绝缘套管;3—容器

图 2-65　电容式液位计原理(导电液体)

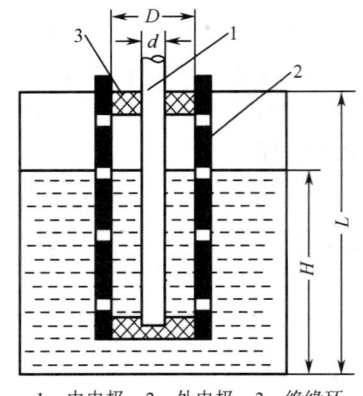

1—内电极;2—外电极;3—绝缘环

图 2-66　电容式液位计原理(非导电液体)

3. 电容传感器测量转换电路

电容传感器将被测物理量转换为电容变化量后,需要通过测量转换电路将电容变化量转换为电流、电压或频率等电信号。理论上,可将简单方便的交流电桥作为电容传感器的测量电路,但电容传感器输出电容量较小,电容变化量会更小,因此交流电桥不易实现。电容传感器测量转换电路一般采用调频电路和运算放大器测量电路。

（1）调频电路。调频电路是电容传感器和一个电感元件组合成振荡器谐振电路的一部分。电容传感器工作时，电容量 C_x 发生变化，导致振荡器频率 f 产生相应的变化，由于振荡器频率受电容传感器电容变化的调制，从而实现了 C/f 的转换。振荡器谐振电路如图 2-67 所示。振荡器谐振电路的电容包括传感器电容 C_x、振荡回路的微调电容 C_0 和传感器电缆分布电容 C_C。电容的变化导致调频振荡器输出调频波，通过测频电路（限幅器、鉴频器）将频率的变化转换为振幅的变化，经放大器放大检波后通过仪表显示。

调频振荡器的频率为

$$f = \frac{1}{2\pi\sqrt{L_0 C}} \tag{2-10}$$

式中　L_0——振荡回路的固定电感；
　　　C——振荡回路的电容。

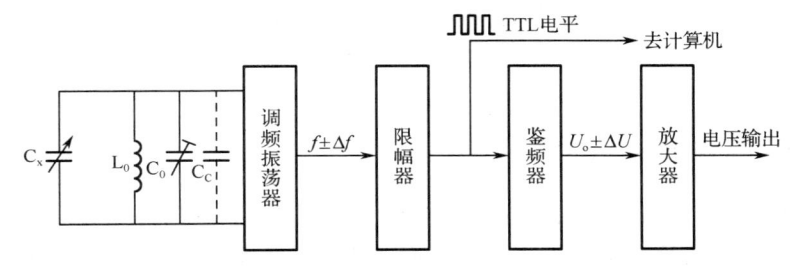

图 2-67　振荡器谐振电路

（2）运算放大器测量电路。运算放大器测量电路如图 2-68 所示。电容传感器接在高增益运算放大器的输入端与输出端之间。运算放大器的输入阻抗很高，因此可认为它是一个理想运算放大器，运算放大器输出电压为

$$u_0 = -u_i \frac{C_0}{C_x}$$

把 $C_x = \dfrac{\varepsilon A}{d}$ 代入上式可得

$$u_0 = -u_i \frac{C_0}{\varepsilon A} d \tag{2-11}$$

式中　u_0——运算放大器输出电压；
　　　u_i——信号源电压；
　　　C_x——可变电容器；
　　　C_0——固定电容器。

图 2-68　运算放大器测量电路

任务 2-2-2　电容传感器的应用

【任务描述】

本任务分析了电容传感器三个参量变化可以组成不同类型的电容传感器。分析了常用的

电容传感器在测量液位、压力、加速度等不同被测对象时的结构和测量过程，在工程实际中学会根据被测对象选择合适的电容传感器。

【任务要求】

（1）理解不同类型电容传感器的测量原理。
（2）学会分析电容传感器测液位、测压力、测加速度等工作过程。

【相关知识】

电容器的电容量与电容极板间介质的介电常数 ε、极板间相对面积 A、两极板之间的距离 d 相关，固定其中任意两个参量，电容量就是第三个参量的一元函数，将被测量转换成极板间距离、极板间相对面积和介电常数的变化，电容量相应地发生变化，所以可以通过测量电容量变化来达到测量被测量的目的。

电容传感器在工业生产中的应用有很多，改变极板间距离可以测量振动、压力；改变极板间相对面积可以测量直线位移和角位移；改变介电常数可以测量液位、物位和空气相对湿度等。

1. 使用电容传感器测液位

在石油、化工、电力、食品、水处理、冶金、水泥等的生产过程中，有许多的液位、料位需要测量，电容式液位计可用于测量导电和绝缘的液体或固体颗粒，也可用于测量高压、真空、高温、低温、强腐蚀液体、强振动等环境的液位、料位，因此越来越受到企业青睐。

电容式液位计测物位的探极长度可根据现场需要选择，棒式探极、缆式探极、同轴探极外形如图 2-69 所示。小于 2.5m 的物位测量选用棒式探极，超过 2.5m 的物位测量选用缆式探极，液体物料并且是非金属料仓或料槽选用同轴探极。

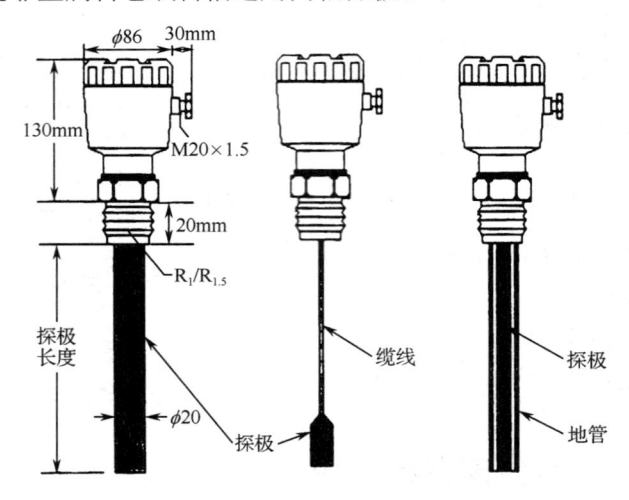

图 2-69 棒式探极、缆式探极、同轴探极外形

分段电容传感器测液位原理如图 2-70 所示。导电液面作为电容器动电极，玻璃连通器的外圆壁上等间隔地套着 n 个不锈钢圆环作为电容器定电极。当液面高度发生变化时，引起两

电极间不同介电常数介质（上半部分为空气，下半部分为液体）的变化，因而导致总电容量的变化，分段电容传感器内置微控制单元，利用算法控制，通过感应水进入容器的高度触发相应段位的电容器，精准感应到内部液体的变化，从而准确判断出被测液面高度。

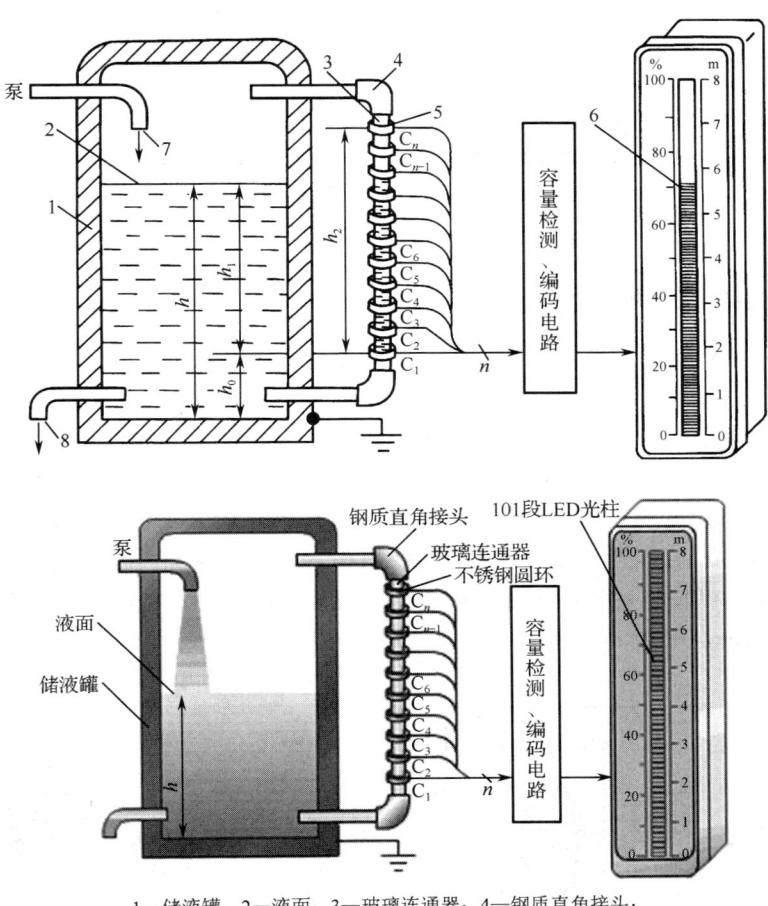

1—储液罐；2—液面；3—玻璃连通器；4—钢质直角接头；
5—不锈钢圆环；6—101段LED光柱；7—进水口；8—出水口

图2-70 分段电容传感器测液位原理

显示器采用101段LED光柱显示器替代仪表指针显示，用于反映工业过程控制的模拟量，方便远距离观察；同时芯片呈矩阵排列，便于线性化处理，精确度高；101段LED光柱可显示精度为1%，其中第一段光柱常亮，作为电源指示。

电容传感器测液位电极组成如图2-71所示。（a）当液罐外壁是导电金属时，可以将液罐外壁接地，并作为液位计的外电极。当被测介质是导电液体时，内电极应采用金属管外套聚四氟乙烯套管式电极，这时的外电极也不再是液罐外壁，而是被测导电液体介质本身，内、外电极的极距为聚四氟乙烯套管的壁厚。（b）图中被测液体为绝缘体，液面在两个同心圆金属管状电极间上下变化时，引起两电极间不同介电常数（上半部分一般为空气，下半部分为被测液体）的变化，从而导致总电容的变化。

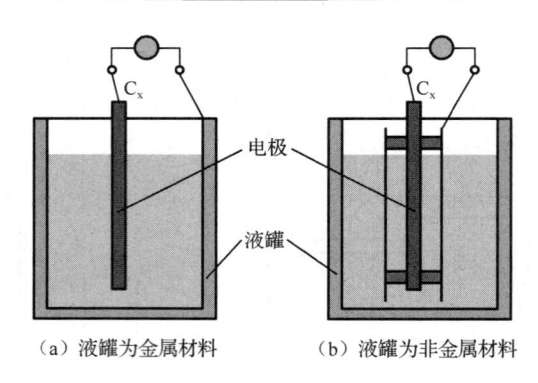

图 2-71　电容传感器测液位电极组成

2. 使用电容传感器测压力

由于变极距式电容传感器的温漂较大，线性度较差，工程中通常使用差动电容式压力传感器。差动电容式压力传感器的灵敏度比非差动式高一倍，线性度也得到了较大改善，温度、激励源电压、频率变化等外界的影响也基本上相互抵消。差动电容式压力传感器结构和实物如图 2-72 所示，它以热膨胀系数很小的两个凹形玻璃或绝缘陶瓷圆片上的凹形镀金薄膜作为两个定级板，两个凹形镀金薄膜与夹紧在它们中间的弹性膜片组成两个电容器 C_1 和 C_2。由于弹性膜片与两侧的凹形镀金薄膜之间的距离很小，约为 0.5mm，所以当弹性膜片有微小的位移变化时，就可以使电容量产生 100pF 以上的变化，测量转换电路相敏检波器将电容量的变化转换为 4～20mA 的标准电流信号，通过信号电缆线输出到二次仪表上进行显示。

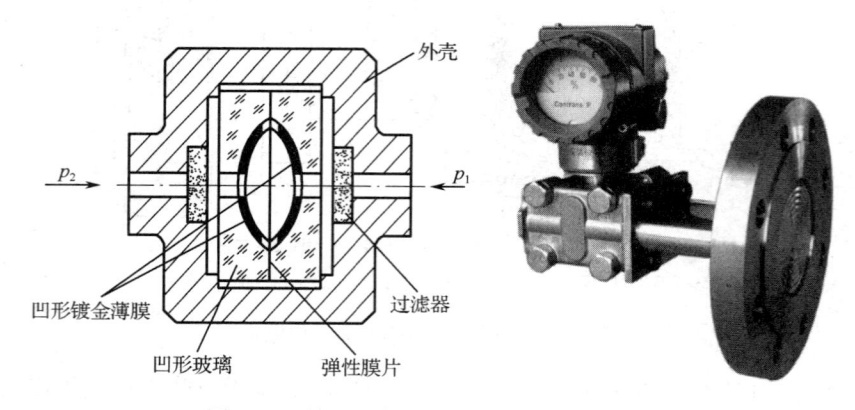

图 2-72　差动电容式压力传感器结构和实物

差动电容式压力传感器原理如图 2-73 所示。差动电容式压力传感器的核心部分是一个变极距差动电容传感器，两个凹形镀金薄膜与夹紧在它们中间的弹性膜片组成两个电容器 C_1 和 C_2。被测压力 p_1、p_2 由两侧的内螺纹压力接头进入各自的空腔，弹性膜片收到来自两侧的压力之差，弯向压力小的一侧。

若 $p_1 > p_2$，则 C_1 的极距增大了 Δd，电容减小了 ΔC_1，C_2 的极距减小了 Δd，电容增大了 ΔC_2，则差动电容式压力传感器总的电容变化量为：$\Delta C = \Delta C_2 - \Delta C_1$。

当 Δd 变化很小时，经化简后，差动电容式压力传感器总的电容变化量与极距的变化量成正比，即与差动电容式压力传感器两侧的压力差 Δp 成正比。

$$\Delta C \approx K_p \Delta p \quad (2\text{-}12)$$

式中　K_p——差动电容式压力传感器灵敏度。

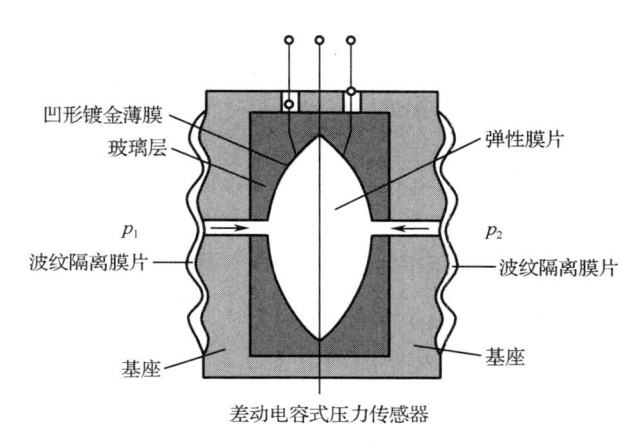

图 2-73　差动电容式压力传感器原理

3. 使用电容传感器测加速度

电容式加速度传感器既可以测量交变加速度，也可以测量惯性力或重力加速度，工作电压为 2.7～5V，电容式加速度传感器可以输出与加速度成正比的电压，也可以输出占空比正比于加速度的调制脉冲。

电容式加速度传感器结构如图 2-74 所示。利用微电子加工技术，可以将一块多晶硅加工成多层结构，在衬底上，制造出三个多晶硅电极，组成差动电容器 C_1 和 C_2。图中的底层多晶硅和顶层多晶硅为定极板。中间层多晶硅为动极板，是一个可以上下微动的振动片，振动片左端固定在衬底上，相当于悬臂梁。

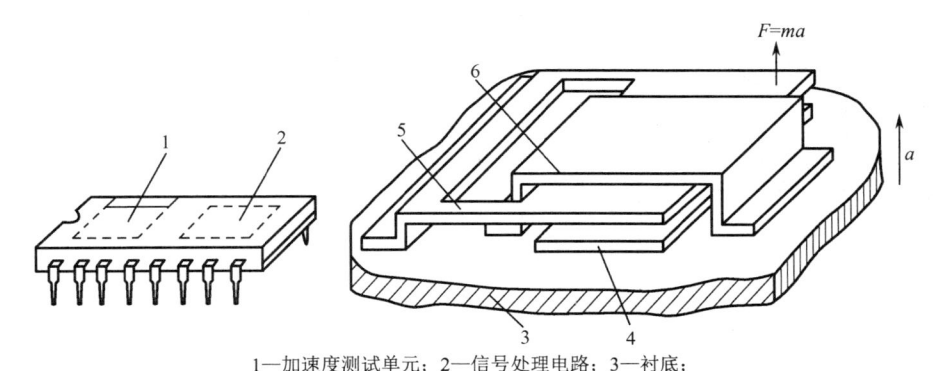

1—加速度测试单元；2—信号处理电路；3—衬底；
4—底层多晶硅（下电极）；5—中间层多晶硅（悬臂梁）；6—顶层多晶硅（上电极）

图 2-74　电容式加速度传感器结构

当振动片感受到上下振动时，电容值 C_1 和 C_2 呈差动变化。与加速度测试单元封装在同一壳体中的信号处理电路将 ΔC 转换成直流电压输出。激励源也做在同一壳体内，所以电容式加速度传感器集成度很高。因为硅的弹性滞后很小，且悬臂梁的质量很小，所以频率响应可达 1kHz 以上，允许加速度测量范围达到±100g。如果在壳体内三个相互垂直方向安装三个电容式加速度传感器,就可以测量三个维度的振动或加速度。

将电容加速度传感器安装在汽车上,可以作为汽车碰撞传感器,当测得的负加速度值超过设定值时,气囊电控单元据此判断发生了碰撞,启动轿车前部的折叠式安全气囊迅速充气而膨胀,托住驾驶员及前排乘员的胸部和头部。正常刹车和小的事故碰撞,加速度较小,传感器输出信号较小,无法启动安全气囊弹出。

4. 使用电容传感器测油量

电容式油量表工作原理如图 2-75 所示。当油箱无油时,同心圆筒式电容器的电容 C_{xmin} 为最小值,测量转换电路(电桥电路)输出电压 $u_{bd}=0$。调零时,先断开减速箱与电位器 RP 的机械连接,电位器 RP 的滑动臂调到零点,此时相邻两臂电阻相等($R_3=R_4$)。再调节电桥桥臂的可变电容 C_0,使 $C_0=C_{xmin}$,此时电桥满足条件 $\dfrac{R_4}{R_3}=\dfrac{C_0}{C_{xmin}}$,电桥电路输出 $u_{bd}=0$,油量表指针偏转角为零。

当油箱中注满油,液位上升至 h 处时,$C_x=C_{xmin}+\Delta C_x$,ΔC_x 与 h 成正比。电桥失去平衡,电桥电路输出电压 u_{bd} 经放大后驱动伺服电动机,再由减速箱减速后,带动指针顺时针偏转,同时带动电位器 RP 的滑动臂向 c 点移动,从而使电位器 RP 的阻值增大,桥臂 cd 的阻值 $R_{cd}=R_3+R_{RP}$ 也随之增大。当电位器 RP 阻值增大到一定值,使 $\dfrac{R_4}{R_3+R_{RP}}=\dfrac{C_0}{C_{xmin}+\Delta C_x}$,电桥再次达到新的平衡状态,电桥电路输出电压 $u_{bd}=0$,伺服电动机停止运转,指针停留在转角最大处 θ_{max},即油箱已满。

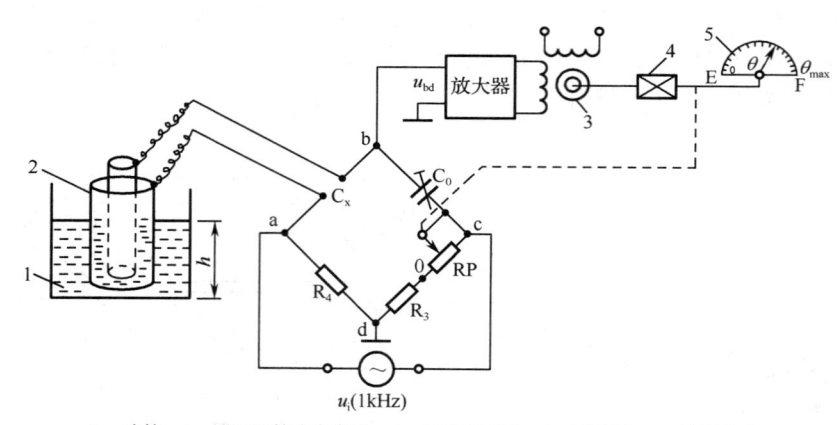

1—油箱;2—同心圆筒式电容器;3—伺服电动机;4—减速箱;5—油量表盘

图 2-75 电容式油量表工作原理

当油箱从箱满用掉一部分油后,油位降低,控制器输出信号控制伺服电动机反转,指针转角 θ 指示值减小,伺服电动机反转会带动电位器 RP 移动,电位器 RP 阻值减小,当电位器 RP 阻值减小到某一数值时,电桥再次达到新的平衡状态,伺服电动机停止运转,指针转角 θ 停在与该液位相对应的位置上。由于指针和电位器 RP 的电刷同时被伺服电动机驱动,电位器 RP 阻值的变化与油量表指针转角之间成一定的比例关系,根据前面的分析,电位器 RP 阻值变大,指针转角 θ 变大,油位升高,指针转角 θ 与电位器 RP 阻值成正比关系,而液位高

度 h 又与电位器 RP 阻值成正比关系，因此，指针转角 θ 与液位高度 h 成正比关系，也即可以从仪表盘上读出液位高度。

5. 电容式接近开关的应用

电容式接近开关的感应板由两个同心圆金属平面电极构成，组成两块电容器电极。电容式接近开关结构如图 2-76 所示。检测极板在接近开关的最前端，测量转换电路安装在接近开关壳体后部，并用介质损耗很小的环氧树脂填充。当有被测物靠近电容式接近开关时，电容上、下两个极板与被测物组成两个电容器 C_1 和 C_2，总电容量 C 为电容器 C_1 和 C_2 的串联电容值，$\frac{1}{C} = \frac{1}{C_1} + \frac{1}{C_2}$，当电容量 C 增大到设定数值时，测量转换电路工作，输出动作信号。电容式接近开关尾部有一个灵敏度调节电位器，用于调整被测对象的动作距离。当被测物的介电常数较小且导电性能较差时，可以顺时针旋转灵敏度调节电位器来降低测量转换电路中的基准电压，从而降低动作输出的翻转电压阈值，提高灵敏度。

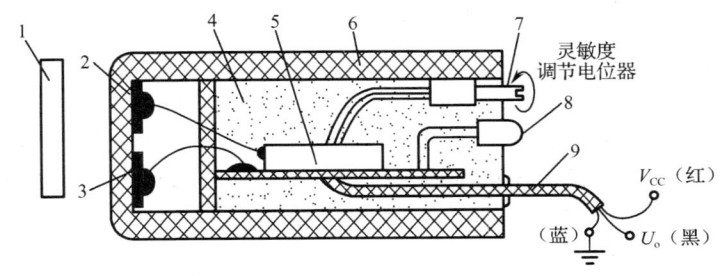

1—被测物；2—上检测极板；3—下检测极板；4—填充树脂；5—测量转换电路；
6—塑料外壳；7—灵敏度调节电位器；8—动作指示灯；9—电缆

图 2-76 电容式接近开关结构

电容式接近开关检测粮仓高度示意如图 2-77 所示。由于谷物中含有水分（水的介电常数为 80），其介电常数相对空气介电常数有较大的变化。当谷物高度达到能触发电容式接近开关动作，即电容式接近开关输出有效信号时触发警报器发出报警信号，同时控制器发出信号关闭粮食输送管道阀门。

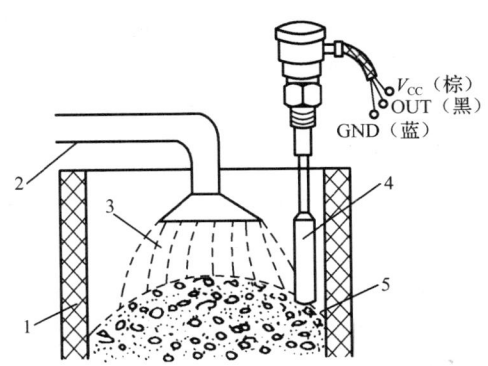

1—粮仓外壁；2—粮食输送管道；3—输送中的粮食；4—电容传感器探极；5—粮仓内粮食

图 2-77 电容式接近开关检测粮仓高度示意

项目 2-3　滚柱直径分选装置中的电感传感器

球、圆柱滚子、滚针、圆锥滚子、球面滚子等都是轴承中的滚动体，本项目以滚柱为载体，重点讲述滚柱直径分选装置中的电感传感器，详细描述了电感传感器的原理与应用。

思维导图

项目2-3　滚柱直径分选装置中的电感传感器
- 任务2-3-1　认识电感传感器
- 任务2-3-2　电感传感器的应用
- 任务2-3-3　自动生产线中物料计数及报警

任务 2-3-1　认识电感传感器

【任务描述】

本任务分析了电感传感器检测的理论基础。描述了不同类型电感传感器结构及原理、电感传感器特性及典型应用电路，目标是使学生在工程实际中学会选择合适的电感传感器，学会分析测量电路。

【任务要求】

（1）掌握电感传感器的工作原理。
（2）理解不同类型电感传感器结构及原理。
（3）学会分析电感传感器测量电路。

【相关知识】

电感传感器基于电磁感应原理，即利用电磁感应将被测非电量转换为电感量的变化，再通过信号转换调理电路，将电感量的变化转化为电压或者电流的电信号，从而实现对被测非电量的测量，电感传感器工作流程如图 2-78 所示。

被测非电量（位移、压力、振动、流量、比重）──电磁感应──线圈自感系数L/互感系数M──信号转换调理电路──电信号（电压或电流）

图 2-78　电感传感器工作流程

电感是指在通电导线或线圈中产生磁场时所具有的自感和互感。当电感传感器感受到物体位移、质量、压力等变化时，线圈也随之发生相应变化，从而改变线圈中的电感。通过测量线圈中电感变化的大小，就可以推算出被测物理量变化的大小。电感传感器由线圈、铁芯和弹性元件组成，弹性元件是连接被测物和传感器的部分，当受到被测物作用力时会产生形变，进而引起线圈电感的变化，从而实现被测物理量的测量与记录。

按照信号转换原理,电感传感器可分为自感式电感传感器、互感式(差动式)电感传感器等类型。电感传感器测量精度高、响应速度快、可靠性好,采用非接触测量方式,不会对被测物造成损伤。但电感传感器对外部磁场的干扰较为敏感,容易受到温度和湿度的影响。

1. 自感式电感传感器

自感式电感传感器通常由线圈、铁芯和衔铁三部分组成,自感式电感传感器工作原理如图 2-79 所示。铁芯和衔铁由导磁材料制成,在铁芯和衔铁之间有气隙,传感器的运动部分与衔铁相连。当衔铁移动时,气隙厚度 δ 发生改变,引起磁路中磁阻变化,从而导致电感线圈的电感变化,只要测出电感的变化,就能确定衔铁位移量的大小和方向。

线圈中电感是单位电流引起线圈的磁通量

$$L = \frac{\psi}{I} = \frac{n\varphi}{I}$$

根据磁路欧姆定律

$$\varphi = \frac{In}{R_m} \quad (2\text{-}13)$$

式中 R_m——磁路总磁阻。

自感式电感传感器气隙厚度 δ 较小,可以认为气隙中的磁场是均匀的。若忽略磁路磁损,则磁路总磁阻为 $R_m = \frac{L_1}{\mu_1 A_1} + \frac{L_2}{\mu_2 A_2} + \frac{2\delta}{\mu_0 A_0}$,通常气隙磁阻要远大于铁芯和衔铁的磁阻,即 $\left. \begin{array}{l} \frac{2\delta}{\mu_0 A_0} \gg \frac{L_1}{\mu_1 A_1} \\ \frac{2\delta}{\mu_0 A_0} \gg \frac{L_2}{\mu_2 A_2} \end{array} \right\}$,这时磁路总磁阻可简化为

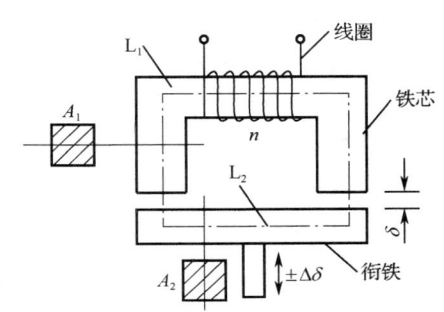

图 2-79 自感式电感传感器工作原理

$$R_m \approx \frac{2\delta}{\mu_0 A_0}$$

最终得出电感公式为

$$L = \frac{n^2}{R_m} \approx \frac{n^2 \mu_0 A_0}{2\delta} \quad (2\text{-}14)$$

式中 n——线圈匝数;
A_0——气隙有效截面积;
δ——气隙厚度;
u_0——真空磁导率,$u_0 = 4\pi \times 10^{-7}$ H/m,空气磁导率与真空磁导率相近。

上式表明,当线圈匝数为常数时,电感 L 仅是磁路总磁阻 R_m 的函数,改变气隙厚度 δ 或气隙有效截面积 A_0 均可导致电感量变化,按照磁路几何参数变化形式不同,自感式电感传感器可以分为变隙式电感传感器、变截面式电感传感器和螺线管式电感传感器。

变隙式电感传感器电感 L 与气隙厚度 δ 之间是非线性关系,变隙式电感传感器 $\delta-L$ 特性曲线如图 2-80 所示。

当衔铁处于初始位置时,真空磁导率初始电感量为

$$L = \frac{n^2}{R_m} \approx \frac{n^2 \mu_0 A_0}{2\delta}$$

当衔铁上移 $\Delta\delta$ 时，传感器气隙厚度减小 $\Delta\delta$，即 $\delta=\delta_0-\Delta\delta$，此时输出电感为 $L = L_0 + \Delta L = \frac{n^2 \mu_0 A_0}{2(\delta_0 - \Delta\delta)} = \frac{L_0}{1 - \frac{\Delta\delta}{\delta_0}}$，当 $\Delta\delta/\delta_0 \ll 1$ 时，经过泰勒级数展开后忽略高次项，可得

$$\frac{\Delta L}{L_0} \approx \frac{\Delta\delta}{\delta_0} \tag{2-15}$$

为了保证一定的线性度，变隙式电感传感器只能在很小的区域范围内工作，适用于测量微小位移的场合。

变截面式电感传感器电感 L 与气隙有效截面积 A_0 之间为线性关系，灵敏度为常数，但是由于漏感等原因，变截面式电感传感器线性区域很小，灵敏度较低。

螺线管式电感传感器结构如图 2-81 所示，由螺管线圈和与被测物相连的柱形衔铁构成，工作原理基于线圈磁力线泄漏路径上磁阻的变化。传感器工作时，螺管线圈的电感与衔铁进入螺管线圈的深度有关，柱形衔铁随被测物移动时改变了螺管线圈的电感量。单线圈螺线管结构简单、制作方便，但灵敏度较低，并且只有衔铁工作在螺管中部时，线圈内磁场强度才是均匀的，才能获得较好的线性关系，因此，螺线管式电感传感器适用于测量大位移量。

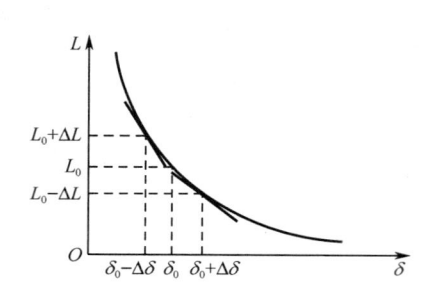

图 2-80　变隙式电感传感器 δ-L 特性曲线

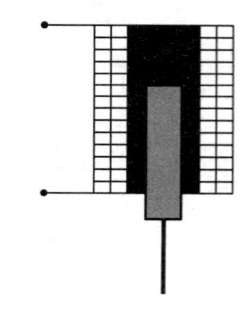

图 2-81　螺线管式电感传感器结构

通过对三种形式电感传感器的分析，可以得出以下几点结论。
① 变隙式电感传感器灵敏度较高，但非线性误差较大，且制作装配比较困难。
② 变截面式电感传感器线性较好，但灵敏度较低。
③ 螺线管式电感传感器灵敏度较低，但量程大且结构简单，易于制作和批量生产。

2. 差动式电感传感器

在实际使用中，为了提高传感器的灵敏度，减小非线性误差，常采用两个结构相同的线圈共用一个衔铁，构成差动式电感传感器。差动式电感传感器结构如图 2-82 所示。当差动式电感传感器衔铁随被测量物体移动而偏离中间位置时，两个线圈的电感量一个增加，一个减小，从而形成差动形式。

差动式电感传感器的结构要求两个导磁体的几何尺寸、电气参数和材料应完全相同。差动式电感传感器的线性较好，灵敏度约为非差动式电感传感器的两倍。差动式电感传感器与外界影响，如温度的变化、电源频率的变化等基本可以互相抵消，衔铁承受的电磁吸力也较

小，因此减小了测量误差。

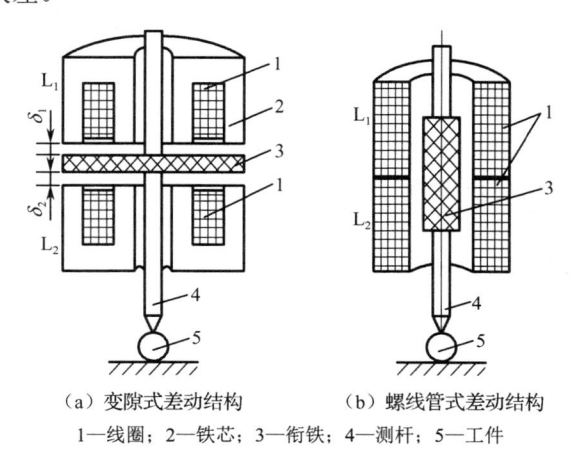

（a）变隙式差动结构　　　（b）螺线管式差动结构

1—线圈；2—铁芯；3—衔铁；4—测杆；5—工件

图 2-82　差动式电感传感器结构

3. 测量转换电路

测量转换电路的作用是将电感量的变化转换成电压或电流的变化，以便用仪表显示出来。

（1）电桥电路。电桥电路是电感传感器的主要测量转换电路。差动式电感传感器可以提高灵敏度，改善线性度，所以电桥电路也多采用双臂工作方式。通常将传感器作为电桥的两个工作臂，纯电阻作为电桥的平衡臂，工作臂也可以是变压器的二次侧绕组或耦合电感线圈。差动式电感传感器电桥电路如图 2-83 所示。

（a）交流电桥电路　　　（b）变压器电桥电路

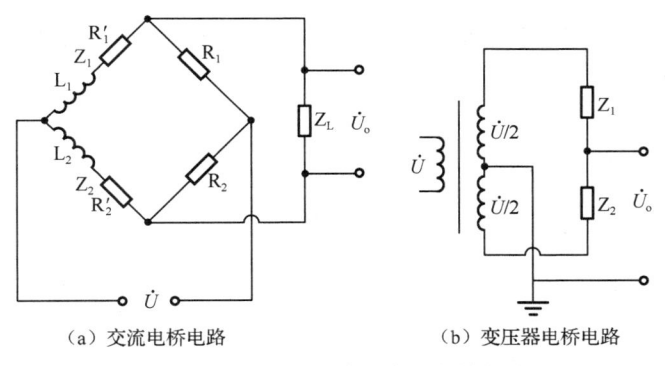

图 2-83　差动式电感传感器电桥电路

交流电桥电路如图 2-83（a）所示，图中桥臂 Z_1 和 Z_2 是差动式电感传感器两个桥臂阻抗，另外两个相邻的桥臂用纯电阻 R_1、R_2。当电桥平衡时，即 $Z_1R_2=Z_2R_1$，电桥输出电压 $\dot{U}_0=0$。当桥臂阻抗发生变化时，引起电桥不平衡，$\dot{U}_0$ 不再为 0，通过 $\dot{U}_0$ 的变化，可以确定桥臂阻抗的变化。

差动式结构 $L_1=L_2=L$，则有 $Z_1=Z_2=Z=R+jwL$，另有 $R_1=R_2=R$。由于电桥电路工作臂是差动形式，在工作时，$Z_1=Z+\Delta Z$，$Z_2=Z-\Delta Z$，当输出阻抗 $Z_L \rightarrow \infty$ 时，电桥电路的输出电压为

$$\dot{U}_0 = \frac{Z_1}{Z_1+Z_2}\dot{U} - \frac{R_1}{R_1+R_2}\dot{U} = \frac{Z_1 \times 2R - R(Z_1+Z_2)}{(Z_1+Z_2)\times 2R}\dot{U} = \frac{\dot{U}}{2}\frac{\Delta Z}{Z}$$

当 $wL \gg R$ 时，上式可近似为

$$\dot{U}_0 \approx \frac{\dot{U}}{2}\frac{\Delta L}{L} \tag{2-16}$$

由上式可以看出，交流电桥电路的输出电压与传感器线圈电感的相对变化量成正比。

变压器电桥电路如图 2-83（b）所示，它的平衡臂为变压器的两个二次侧绕组，当衔铁处于中间位置时，由于绕组完全对称，$L_1 = L_2 = L$，$Z_1 = Z_2 = Z$，此时电桥处于平衡状态，输出电压 $\dot{U}_0 = 0$。当负载阻抗无穷大时，输出电压为

$$\dot{U}_0 = Z_2\dot{I} - \frac{\dot{U}}{2} = \frac{\dot{U}}{Z_1+Z_2}Z_2 - \frac{\dot{U}}{2} = \frac{\dot{U}}{2}\frac{Z_2-Z_1}{Z_1+Z_2} \tag{2-17}$$

由于电感传感器是双臂工作形式，当衔铁向下移动时，下绕组感抗增加，上绕组感抗减小，即 $Z_1 = Z - \Delta Z$，$Z_2 = Z + \Delta Z$，输出电压绝对值增大

$$\dot{U}_0 = \frac{\dot{U}}{2}\frac{\Delta Z}{Z} \tag{2-18}$$

输出电压的相位与激励源同相。同理，当衔铁向上移动时，输出电压的相位与激励源反相，其大小为

$$\dot{U}_0 = -\frac{\dot{U}}{2}\frac{\Delta Z}{Z} \tag{2-19}$$

输出电压反映了传感器线圈阻抗的变化，由于是交流信号，还需要经过相敏检波处理才能判别衔铁位移移动的大小及方向。

（2）相敏检波电桥电路。相敏检波电桥电路如图 2-84 所示，整流指能将交流输入转换成直流输出的电路。差动式电感传感器的两个线圈作为交流电桥相邻的两个工作臂，指示仪表是中心为零刻度的直流电压表或数字电压表。

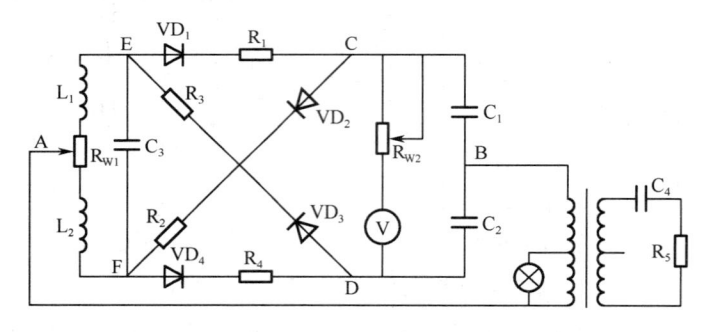

图 2-84 相敏检波电桥电路

设差动式电感传感器的线圈阻抗分别为 Z_1 和 Z_2。当衔铁处于中间位置时，$Z_1 = Z_2 = Z$，电桥处于平衡状态，C 点电位等于 D 点电位，电表指示为零。

当衔铁上移，上部线圈阻抗增大，$Z_1 = Z + \Delta Z$，下部线圈阻抗减少，$Z_2 = Z - \Delta Z$。如果输入交流电压为正半周，则 A 点电位为正，B 点电位为负，二极管 VD_1、VD_4 导通，VD_2、VD_3 截止。在 A-E-C-B 支路中，C 点电位由于 Z_1 增大而比平衡时的 C 点电位降低；而在 A-F-D-B 支路中，D 点电位由于 Z_2 的降低而比平衡时 D 点的电位增高，所以 D 点电位高于 C 点电位，

直流电压表正向偏转。

如果输入交流电压为负半周，A 点电位为负，B 点电位为正，二极管 VD_2、VD_3 导通，VD_1、VD_4 截止，则在 A-F-C-B 支路中，C 点电位由于 Z_2 减少而比平衡时降低（平衡时，输入电压若为负半周，即 B 点电位为正，A 点电位为负，C 点相对于 B 点为负电位，Z_2 减少时，C 点电位为负）；而在 A-E-D-B 支路中，D 点电位由于 Z_1 的增加而比平衡时的电位增高，所以仍然是 D 点电位高于 C 点电位，直流电压表正向偏转。

同样可以得出结果：当衔铁下移时，电压表总是反向偏转，输出为负。

可见当采用相敏检波电桥电路时，输出信号既能反映位移大小又能反映位移的方向。

任务 2-3-2 电感传感器的应用

【任务描述】

本任务分析了根据电感传感器不同参量变化如何组成不同类型的电感传感器。分析了常用的电感传感器在微位移测量、微压力测量等被测对象不同时的机构组成及测量过程，使学生能够在工程实际中学会根据被测对象选择合适的电感传感器。

【任务要求】

（1）理解不同类型电感传感器的测量原理。
（2）学会分析电感传感器微位移、微压力测量过程。

【相关知识】

电感传感器将位移、振动、压力等微小的机械量导致的长度、内径、外径、不平行度、不垂直度、椭圆度等非电物理量的几何变化转换为电感信号的变化，通过测量转换电路将其转换为电信号进行测量。电感传感器具有灵敏度高、结构简单可靠、输出功率大、抗阻抗能力强、对工作环境要求不高、稳定性好等优点。

1. 电感传感器在直径分选装置中的应用

轴承滚针、滚柱、滚子等不同直径尺寸滚动体的分选装置通常会用到电感传感器，电感传感器直径分选装置如图 2-85 所示，主要由气缸、气缸活塞、推杆、落料管、电感测微器、钨钢测头、限位挡板、电磁翻板和料仓等组成。从振动料斗输送来的被测滚柱按照顺序进入落料管，推杆将被测滚柱推入电感测微器正下方，电感测微器是电感传感器直径分选装置的关键部件，采用差动式螺线管结构，测量时钨钢测头或金刚石测头接触被测滚柱，被测滚柱的微小变化将使衔铁在差动绕组中产生位移，从而使差动绕组的电感发生变化，通过相敏检波电路输出电压信号，电压的大小反映了被测滚柱的尺寸变化。测量时一般测量被测滚柱的相对位移量，将标准工件作为基准值调整电感测微器，使电感变化量 ΔL 为零，被测滚柱的直径决定了衔铁上下移动的位移量，电感传感器的输出信号经相敏检波后送到计算机，计算机发出信号控制气缸的推力大小及打开料仓的翻板，根据被测滚柱测量偏差值推送到对应的料仓。测量时根据被测滚柱的精度要求选择不同的量程挡位，分辨率最高可达到 0.1μm，准确度为 0.1% 左右。

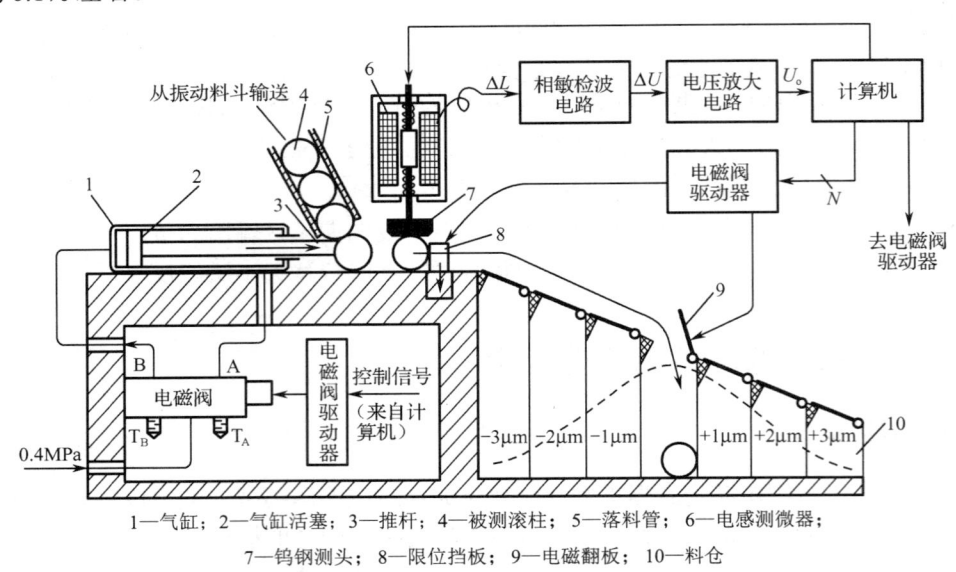

1—气缸；2—气缸活塞；3—推杆；4—被测滚柱；5—落料管；6—电感测微器；
7—钨钢测头；8—限位挡板；9—电磁翻板；10—料仓

图 2-85　电感传感器直径分选装置

测量时，气缸活塞伸出，将被测滚柱推至限位挡板，钨钢测头与电感测微器衔铁随动，测量被测滚柱的直径，通过相敏检波电路、电压放大电路将放大后的电压信号传输至计算机，计算机根据被测滚柱的尺寸大小发出信号给电磁阀驱动器，电磁阀驱动器驱动限位挡板压下，对应尺寸的电磁翻板打开。同时计算机根据被测滚柱的尺寸大小发出信号给电磁阀驱动器，电磁阀驱动器根据被测滚柱的尺寸调整气压，通过推杆推出工件至对应的料仓中，与此同时，推杆和限位挡板复位。

2. 电感传感器在微压力测量中的应用

电感传感器测量微压力一般用螺线管式差动结构，测量转换电路采用差动变压器。电感传感器测微压力结构如图 2-86 所示，图中将压力转换为位移的弹性敏感元件称为膜盒，膜盒是将两个膜片周边焊接在一起，形成的一个封闭整体，膜盒中心的位移量是单个膜片的两倍，大大提高了电感传感器测量灵敏度。当压力进入膜盒后，膜片将弯向压力低的一侧，从而产生位移变化，膜盒通过测杆带动衔铁将位移变化转换为电感信号，经差动变压器输出电压信号。由于组成膜盒的膜片非常柔软，多用于测量较小压力。

当没有压力进入膜盒时，膜盒没有位移量变化，衔铁处于差动变压器的中间位置，差动变压器输出电压为零。当被测压力从压力输入口导入膜盒时，膜盒在压力作用下产生一定的形变，形变的位移量与被测压力成正比，衔铁上的测杆与膜盒相连，通过测杆带动衔铁向上移动，在差动

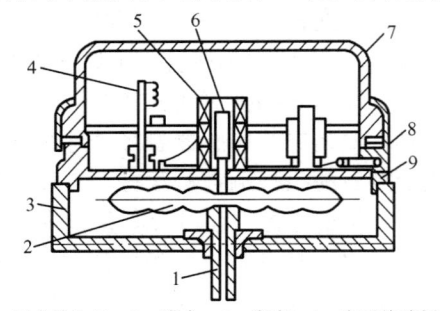

1—压力输入口；2—膜盒；3—底座；4—电子线路板；
5—差动变压器；6—衔铁；7—罩壳；8—插头；9—通孔

图 2-86　电感传感器测微压力结构

变压器的二次绕组产生电压输出,该电压经电子线路板处理后,再输送给仪表显示。

3. 电感传感器在仿形机床中的应用

在加工复杂机械零件时,采用仿形加工是一种简单和经济的方式,仿形机床采用闭环控制方式,电感传感器在仿形机床中的应用如图2-87所示。假设被加工的零件为凸轮,机床的左边转轴上固定一只已经加工好的标准凸轮,毛坯固定在右边的转轴上,左右两轴同步旋转,铣刀和电感测微器安装在由伺服电动机驱动的龙门框架上,电感测微器的测端采用硬质合金材质与标准凸轮外轮廓接触,当衔铁不处于电感传感器的中心位置时,电感测微器有电感输出,经测量转换电路后输出电压经伺服放大器放大,驱动伺服电动机旋转,带动龙门框架上下移动,直至电感测微器的衔铁恢复到电感传感器的中间位置为止。龙门框架的上下位置决定了铣刀的加工切削深度,当标准凸轮转过一个微小的角度时,衔铁会上升或下降,电感测微器相应有输出,伺服电动机转动,使铣刀上升或下降,从而减小或增加切削深度。

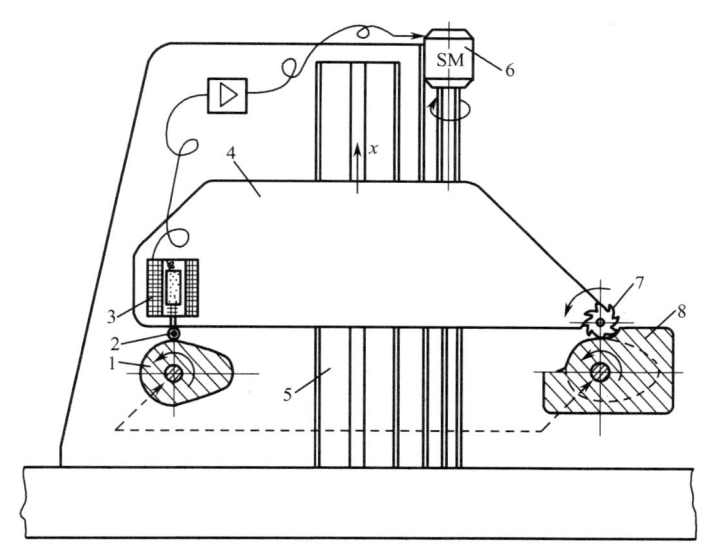

1—标准靠模样板;2—测端;3—电感测微器;4—龙门框架;5—立柱;6—伺服电动机;7—铣刀;8—毛坯

图2-87 电感传感器在仿形机床中的应用

4. 电感传感器在转速测量中的应用

电感传感器测量转轴转速时一般采用电感式接近开关。电感式接近开关对被测转轴的转速发生装置要求很低,被测转轴齿轮数可以很少,被测转轴可以是一个很小的孔眼、一个凸键、一个凹键。测量时既能响应零转速,也能响应高转速。电感式接近开关测转速示意如图2-88所示,在被测转轴上装一个齿轮(正、斜齿轮或安装一个带槽圆盘),将传感器安装在支架上,调整传感器与齿顶之间间隙为1mm左右。测量时,当被测转轴转动时,电感式接近开关与被测转轴之间的距离发生周期性改变,输出电压也发生周期性变化,将该脉冲电压经放大变换后,用频率计测出变化的频率,即可求出被测转轴的转速。

图2-88(a)为带凹槽转轴,被测转轴每转一圈,电感式接近开关就产生一个脉冲。同理,图2-88(b)为带齿轮转轴,被测转轴上齿数为8个,被测转轴每转一圈,接近开关就产生8

个脉冲。若被测转轴上开 z 个齿或槽时，被测转轴每转动一圈，接近开关就产生 z 个脉冲，则被测转轴转速 n 的计算公式为

$$n = 60\frac{f}{z} \tag{2-20}$$

式中　　n ——被测转轴转速，单位：r/min（转/分）；
　　　　f ——频率，单位：Hz；
　　　　z ——齿轮齿数或槽数。

电感传感器测转速，通常选用 ϕ3mm、ϕ4mm、ϕ5mm、ϕ8mm、ϕ10mm 的探头。转速测量频率响应为 0~10kHz。一般作转速测量的电感传感器有一体化型和分体型两种结构。一体化型电感式转速传感器由转速传感器和信号处理电路组合成一个整体，安装方便，适用于在温度-20℃~100℃的环境下工作，适用于小型仪器设备转速测量。分体型电感式转速传感器分为转速传感器和信号处理电路两部分，适用于高速旋转机械设备的转速测量，适合在温度-50℃~250℃的环境下工作。

（a）带凹槽转轴　　（b）带齿轮转轴
1—电感式接近开关；2—被测转轴

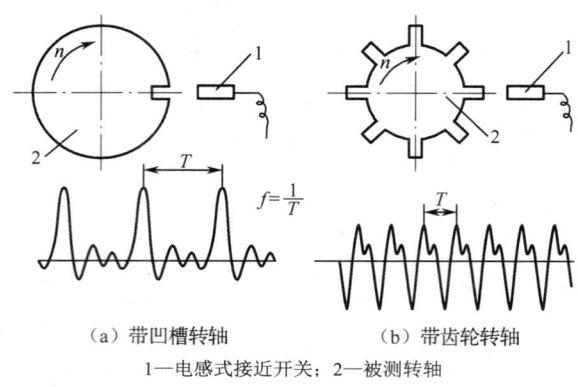

图 2-88　电感式接近开关测转速示意

任务 2-3-3　自动生产线中物料计数及报警

【任务描述】

一箱可乐 24 瓶，自动流水线如何实现一边生产罐装一边计数打包？本任务结合实训室 NPN/PNP 电感式接近开关，动手比较检测不同材质物体电感式接近开关输出状态，动手使用 NPN/PNP 电感式接近开关进行产品自动计数，并实现计数满自动报警和计数满自动复位功能。

【任务要求】

（1）掌握 NPN/PNP 电感式接近开关接线区别。
（2）掌握电感式接近开关与计数器连接方式。
（3）理解电感式接近开关在自动流水线上的应用（计数满自动复位和计数满自动报警）。

【相关知识】

电感式接近开关利用电涡流探头辨别金属导体的靠近，电感式接近开关由 LC 高频振荡

器、开关电路和放大处理电路组成。金属物体在接近能产生电磁场的电感式接近开关感辨头时，使金属物体内部产生电涡流。电涡流反作用于电感式接近开关，使电感式接近开关振荡能力衰减，内部电路的参数发生变化，由此识别出有无金属物体靠近，进而控制电感式接近开关的输出。电感式接近开关只能检测金属物体，无法检测塑料、木料、纸及陶瓷等材质的物体，因此可以隔着不透明的塑料来检测金属物体，这种检测方式光电传感器无法实现。

电涡流效应是指当金属物体处于一个交变的磁场中时，在金属内部会产生交变的电涡流，该涡流又会反作用于产生它的磁场。电涡流效应工作原理如图 2-89 所示，一线圈置于金属导体附近，当线圈中通有交变电流 I_1 时，线圈周围就会产生一个交变磁场 H_1。置于这一磁场中的金属导体就会产生电涡流 I_2，电涡流也将产生一个新磁场 H_2，H_2 与 H_1 方向相反，因而抵消部分原磁场，使通电线圈的有效阻抗发生变化。利用这一原理，以高频振荡器中的电感线圈作为检测元件，当被测金属物体接近电感线圈时产生了电涡流效应，引起振荡器振幅或频率的变化，经信号调理电路将该变化转换成开关量输出，从而达到检测的目的。

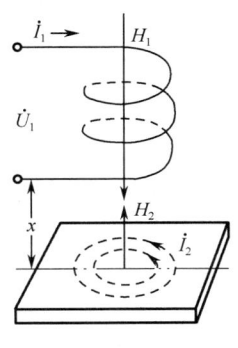

图 2-89 电涡流效应工作原理

1．电感式接近开关特性

电感式接近开关的检测距离一般设定为额定工作距离的 80% 以内为最佳，从而减小工作环境的温湿度和电压等的影响。当电感式接近开关检测运动物体的频率或检测其他高速运动物体时，电感式接近开关的动作距离应设置在 1/2 额定工作距离处，在此位置可获得最大的动作频率。电感式接近开关检测距离与被检测物体尺寸关系如图 2-90 所示，从图中可以看出电感式接近开关对铁材质物体有较好的感测性，被检测物体的长度尺寸变大时，铁材质物体检测距离随之变大（在量程范围内），不锈钢、黄铜和铝材质物体在短暂上升后最终都趋于不变状态。从图 2-90（b）中可以看出，额定工作距离为 5mm 的电感式接近开关在被检测物体厚度在 0.01mm 以内时具有良好感测性，当金属物体厚度超过 1mm 时将无法被检测到。

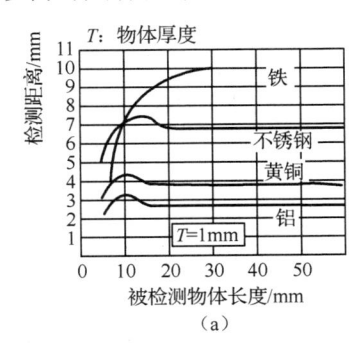

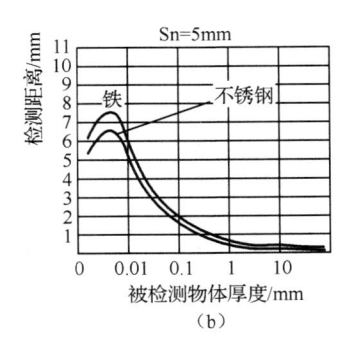

图 2-90 电感式接近开关检测距离与被检测物体尺寸关系

2．实施过程

步骤 1：掌握 NPN/PNP 电感式接近开关性能。

NPN/PNP 电感式接近开关铭牌如图 2-91 和图 2-92 所示，从铭牌中可知传感器为三线制接法，每个小组根据分到的传感器，先判断传感器属于 NPN 还是 PNP，并在下表中的"□"用"√"表示所选择的传感器类型，再根据铭牌上的电路图完成下一步骤。

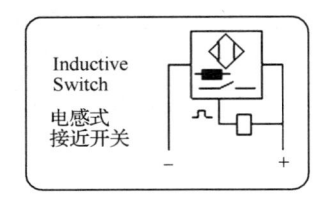

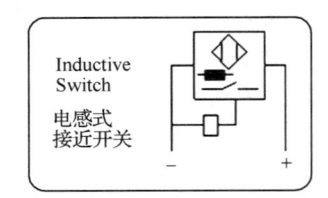

图 2-91　NPN 电感式接近开关铭牌　　　　图 2-92　PNP 电感式接近开关铭牌

根据接线图连接 NPN/PNP 电感式接近开关输出负载为电压表、指示灯、蜂鸣器，负载可串联或并联，将不同目标检测工件（金属和非金属）放于传感器前方，观察电压表的数值、指示灯的明亮程度、蜂鸣器警报声大小。根据现象填写表 2-6。

表 2-6　电感式接近开关状态记录表

NPN□/PNP□ 电感式接近开关	被测物与探头的距离	传感器指示灯状态	蜂鸣器状态	电 压 值
放金属目标监测工件	<4mm			
放金属目标监测工件	4～10mm			
放金属目标监测工件	>1cm			
放非金属目标检测工件				

根据上表总结：该电感式接近开关量程为 _____。

几个负载串联，电感式接近开关负载输出状态变化_____。

几个负载并联，电感式接近开关负载输出状态变化_____。

步骤 2：理解 NPN/PNP 电感式接近开关计数功能。

① 自动生产线中的产品计数功能。以接线图连接 NPN/PNP 电感式接近开关输出负载为计数器，实现产品自动计数功能，并调节计数器按钮设置计数设定值。

② 自动生产线中的产品计数，计数器满自动复位功能。根据接线图连接 NPN/PNP 电感式接近开关与计数器、指示灯和蜂鸣器，实现计数器满自动复位功能，在自动化生产线中可以实现不间断地进行计数打包封装，当计数值达到设定值时，计数器内继电器触点动作，实现自动复位，重新开始计数。

③ 自动生产线中的产品计数，计数器满自动声光报警。根据接线图连接 NPN/PNP 电感式接近开关与计数器、指示灯和蜂鸣器，实现计数器满自动声光报警。在生产线中针对单台设备无法实现全自动化打包封装，可借助声光报警实现人工封装。当然，自动生产线中也可与皮带机或包装机等设备连锁控制，当计数器达到设定值时，计数器内继电器触点动作可以控制皮带机的自动停止，用户可以自行设置输出延迟时间。

根据上述实验，再结合对 NPN/PNP 电感式接近开关实验中答疑和解惑过程，进一步掌握 NPN/PNP 电感式接近开关的原理、使用及其特殊功能，画出 NPN/PNP 电感式接近开关实现计数器满自动声光报警功能和计数器满自动复位功能的电路图。

项目 2-4　材料属性识别装置

本项目是企业生产线的微缩版，以金属和非金属材质物料为载体，重点分析了材料属性识别装置与用到的各种接近开关，详细描述了接近开关在装置中的作用。

思维导图

```
                                   ┌── 任务2-4-1  材料属性识别装置结构
  项目2-4  材料属性识别装置 ────┤
                                   └── 任务2-4-2  材料属性识别装置控制系统
```

任务 2-4-1　材料属性识别装置结构

【任务描述】

本任务分析了材料属性识别装置的结构。描述了材料属性识别装置中用到的各种传感器、气动元件和电动机等，并分析了它们的功能，通过传送带将被测物料传输到对应的料槽中，构建了自动化生产线中材料属性识别装置微缩版。

【任务要求】

（1）了解材料属性识别装置的组成。
（2）了解材料属性识别装置中传感器的功能。
（3）理解材料属性识别装置中气动元件的作用。

【相关知识】

材料属性识别在工业生产中的应用非常广泛，材料属性识别装置是典型工业生产的微缩版，该装置由光电传感器、电感传感器、电容传感器、磁性传感器、二位五通带手控开关的单控电磁阀、笔型气缸、减压阀、三相交流减速电机、皮带、安装支架、端子排组成。系统采用西门子 PLC 控制技术实现物料的输送、分拣功能，模拟工业自动生产线中的供料、检测、输送、分拣过程。材料属性识别装置从选材、工艺、流程、结构、控制等各方面都从实际工作现场出发，有机融合了机械、电气、气动、传感器、交流电机变频调速、PLC 控制等多种技术，适合开展任务驱动的项目教学。整体结构采用开放式和拆装式，具有动手拆装实训功能，可以拆装各零部件甚至每颗细小的螺丝。

1. 系统组成及功能

材料属性识别装置由光电传感器、电感传感器、电容传感器、磁性传感器、减压阀、端子排等组成，主要用来完成物料的检测、输送、分拣，材料属性识别装置如图 2-93 所示。其中部分组成装置介绍如下。

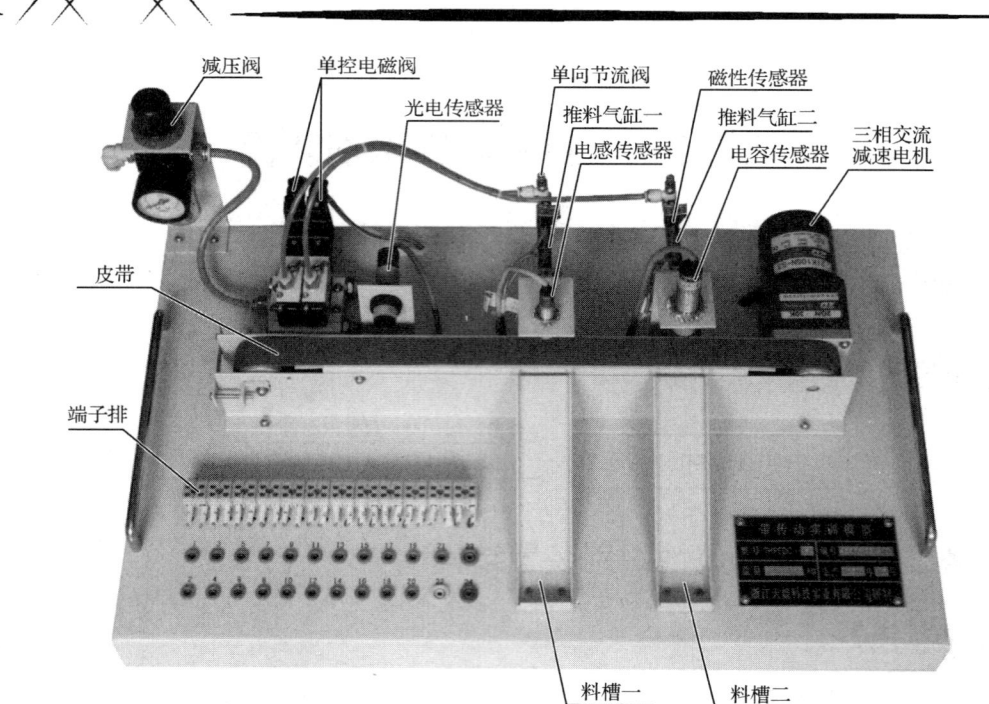

图 2-93 材料属性识别装置

（1）光电传感器。光电传感器用于检测传输带上是否有物料。当光电传感器检测到传输带入料区有物料时，光电传感器将检测结果传送给 PLC 控制系统作为 PLC 控制系统的输入信号。物料的检测距离由光电传感器尾部的灵敏度旋钮调节，调节检测范围≥5cm。为了防止外界干扰，需将检测距离调节到最小。

（2）电感传感器。电感传感器用于检测金属物料。检测距离为 4mm±20%，安装时应注意电感传感器与物料之间的距离。当有金属物料输送到电感传感器下方时，电感传感器检测到金属物料并将输出信号输入给 PLC 控制系统作为推料气缸一的启动信号。

（3）电容传感器。电容传感器用于检测非金属物料。当有非金属物料输送到电容传感器下方时，电容传感器检测到非金属物料并将输出信号输入给 PLC 控制系统作为推料气缸二的启动信号。物料的检测距离可由电容传感器尾部的灵敏度旋钮调节。

（4）磁性传感器。磁性传感器用于气缸的定位检测。当检测到气缸准确到位后给 PLC 控制系统发出一个到位信号。

（5）单控电磁阀。推料气缸一、推料气缸二均采用二位五通带手控开关的单控电磁阀控制，两个单控电磁阀集中安装在带有消声器的汇流板上。当 PLC 控制系统给单控电磁阀发出信号时，单控电磁阀动作，驱动对应气缸动作。

（6）推料气缸一。推料气缸一由单控电磁阀控制，当气动电磁阀得电，气缸伸出，将物料推入料槽一。

（7）推料气缸二。推料气缸二由单控电磁阀控制，当气动电磁阀得电，气缸伸出，将物料推入料槽二。

（8）单向节流阀。单向节流阀用于控制气缸的运动速度，调节单向节流阀旋钮，使气缸运动速度适中。

（9）减压阀。减压阀的作用是将较高的压缩空气的入口压力调节并降低到符合使用要求的出口压力，并保证调节后出口压力的稳定，将材料属性识别装置气缸压力设置为 0.4～0.6MPa。减压阀还包括压力表、油雾分离器。调节气压时先将旋钮拔出，调整气压后再按下。

（10）三相交流减速电机。三相交流减速电机用于带动传输带转动，额定电压为 380V，减速比为 1∶30。

（11）端子排。为方便维护、维修、保养，将各传感器、单控电磁阀、三相交流减速电机的电气引线全部接到端子排上，端子排的另一端与护套座相连。

2．气动原理

材料属性识别装置气动原理如图 2-94 所示，采用二位五通带手控开关的单控电磁阀控制推料气缸进行推料，借助弹簧力复位，通过单向节流阀调节推料速度和压力缓冲作用。

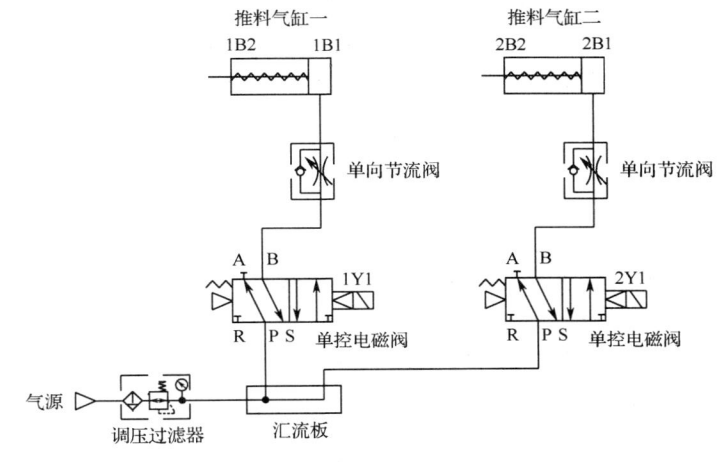

图 2-94　材料属性识别装置气动原理

3．注意事项

（1）使用时先将材料属性识别装置上的气管接入气泵，再将气泵打开。

（2）接线完毕且检查无误后才可通电，严禁带电插拔。

（3）实训过程中，材料属性识别装置上要保持整洁，不可随意放置杂物，特别是导电的工具和多余的导线等，以免发生短路等故障。

（4）实训完毕，应及时关闭电源开关，并清理实训板面，整理好连接导线并放至规定的位置。

（5）需要更改实训功能时，应根据要求重新排列各传感器的安装位置。

（6）若要改变变频器的运行频率，则需同步修改 PLC 程序中变频器的加速、减速时间。

任务 2-4-2　材料属性识别装置控制系统

【任务描述】

本任务分析了材料属性识别装置控制系统。描述了材料属性识别装置中用到的 PLC 控制器，控制带传送速度的变频器技术，并分析了它们的接线方式，通过传送带将物料传输到对应的料槽中，实现自动化生产线中材料属性识别。

【任务要求】

（1）理解气动技术、传感器技术、位置控制技术。
（2）掌握 PLC 控制系统与传感器和气动元件的连接方式。
（3）掌握变频器参数设置。

【相关知识】

1. 控制要求

系统启动，将物料放到传输带上，当光电传感器检测到有物料时，即给 PLC 控制系统发出信号，PLC 控制系统输出信号触发变频器启动，三相交流电机带动传输带转动，当物料为金属时，电感传感器检测到信号，传输带停止，推料气缸一动作，将金属物料推入第一个料槽。当物料为非金属时，电容传感器检测到信号，传输带停止，推料气缸二动作，将非金属物料推入第二个料槽。

2. 端子排布

材料属性识别装置中光电式接近开关、电容式接近开关和电感式接近开关均采用 NPN 三线制，检测气缸伸缩位置的磁性开关采用 NPN 二线制，学生根据材料属性识别装置上各类接近开关的铭牌，完成与 PLC 控制系统接线，材料属性识别装置端子接线示意如图 2-95 所示。

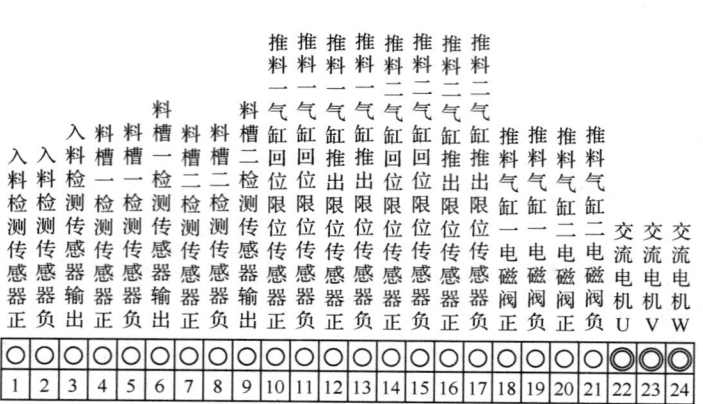

图 2-95 材料属性识别装置端子接线示意

3. 控制系统

材料属性识别装置控制系统可以配置西门子、三菱、欧姆龙等品牌设备，现就常用的西门子和三菱的 PLC 和变频器做简单介绍。

如果采用西门子 PLC 作为控制单元，其电气控制原理如图 2-96 所示。

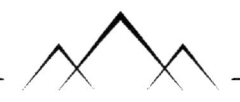

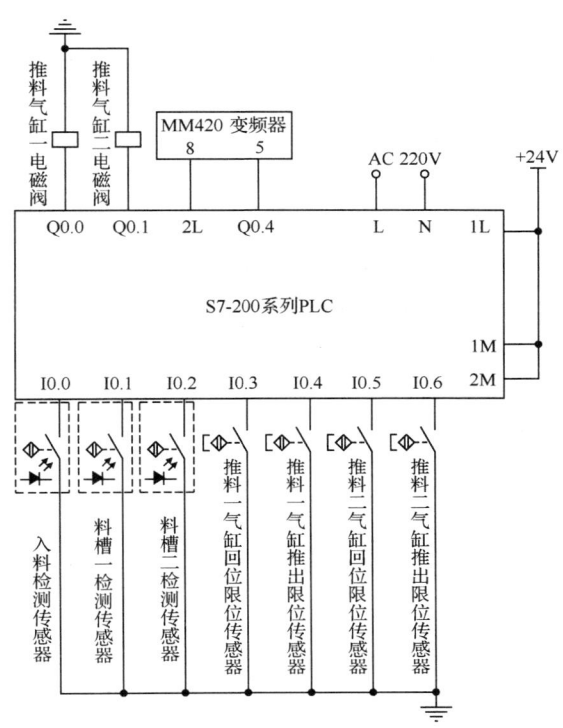

图 2-96 材料属性识别装置西门子 PLC 电气控制原理

西门子 MM420 变频器参数设置如表 2-7 所示。

表 2-7 西门子 MM420 变频器参数设置

序 号	参数代号	设 置 值	说 明
1	P0010	30	调出出厂设置参数
2	P0970	1	恢复出厂值
3	P0003	3	参数访问级
4	P0004	0	参数过滤器
5	P0010	1	快速调试
6	P0100	0	工频选择
7	P0304	380	电机的额定电压
8	P0305	0.17	电机的额定电流
9	P0307	0.03	电机的额定功率
10	P0310	50	电机的额定频率
11	P0311	1500	电机的额定速度
12	P0700	2	选择命令源（外部端子控制）
13	P1000	1	选择频率设定值
14	P1080	0	电机最小频率
15	P1082	50.00	电机最大频率
16	P1120	1.00	斜坡上升时间

续表

序 号	参数代号	设置值	说 明
17	P1121	0.5	斜坡下降时间
18	P3900	1	结束快速调试
19	P0003	3	检查 P0003 是否为 3
20	P1040	30	频率设定

如果采用三菱 PLC 作为控制单元，其电气控制原理如图 2-97 所示。

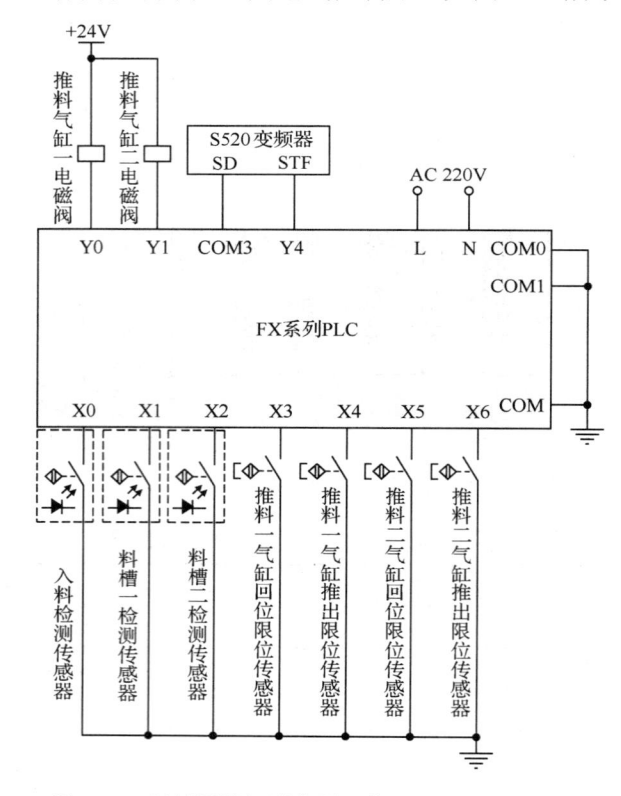

图 2-97 材料属性识别装置三菱 PLC 电气控制原理

三菱 S520 变频器参数设置如表 2-8 所示。

表 2-8 三菱 S520 变频器参数设置

序 号	参数代号	初始值	设置值	功能说明
1	P1	120	50	上限频率（Hz）
2	P2	0	0	下限频率（Hz）
3	P3	50	50	电机额定频率
4	P7	5	1	加速时间
5	P8	5	0.5	减速时间
7	P79	0	3	运行模式选择

旋转频率设定旋钮，将运行频率设定为30Hz。

实训室中材料属性识别装置选用西门子系统 S7-200 系列 PLC 和三菱 S520 变频器。

知识拓展

气缸中的磁性接近开关

磁性接近开关是一种利用磁场信号来控制线路通断的开关器件，简称磁性开关。常用的磁性开关有单触点和双触点两种。工业中经常遇到运动部件处于金属壳体内部的情况，在这种情况下就无法使用光电式接近开关、电感式接近开关等常用接近开关了，但可以选用磁性开关。

磁性开关结构和外部接线如图 2-98 所示，干簧管是在充满惰性气体的玻璃管内封装了两只由导电材料制成的舌簧开关，舌簧开关触点部分镀金。当有外部磁场接近干簧管时，干簧管舌簧受到外部磁场吸力，磁力克服舌簧开关的弹力，使舌簧开关触点动作。当外部磁场离开干簧管时，舌簧开关触点复位。干簧管磁性开关体积小、重量轻，易于安装在狭小的空间，且舌簧开关密封在惰性气体中，不与外界环境接触，大大减少了舌簧开关触点在通断过程中由于触点火花而引起的氧化和碳化。舌簧开关细而短，有较高的固有频率，这大大提高了舌簧开关触点的通断速度，同时也导致干簧管磁性开关不能用于电压或电流过大的场合，大电流过热会导致舌簧开关失去弹性。

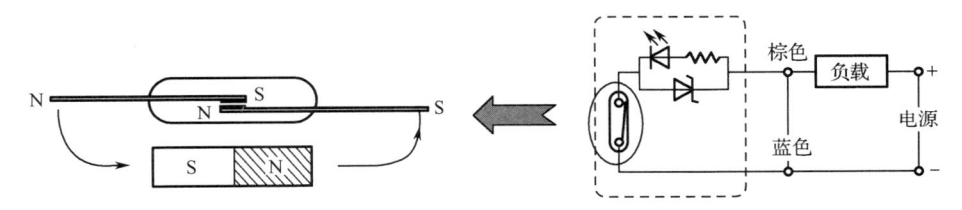

图 2-98 磁性开关结构和外部接线

磁性开关可以作为传感器用于计数、限位等，同时还被广泛应用于自动控制系统中需要进行精密控制的场合，如汽车空调温度控制器、机器人精确定位等。在工业生产中，磁性开关常用来检测气缸活塞位置，带磁性开关气缸结构和工作原理如图 2-99 所示。在气缸外壁根据定位需要安装多点位或一点位的磁性开关，气缸活塞上套有磁环。当随气缸活塞移动的磁环靠近磁性开关时，磁性开关的舌簧开关触点动作，产生信号，当磁环离开磁性开关后，舌簧开关失去磁性，触点复位，这样就可以检测气缸的活塞位置从而控制相应的电磁阀动作。磁性开关检测活塞的运动行程，反馈气缸活塞杆伸出的位置，利用此反馈信号可以控制其他元件的动作，也可以控制气缸的行程。

在选购磁性开关时，需要根据气缸直径大小和行程选择匹配的磁性开关，磁性开关的工作电压和继电器的电压也需要与气缸相匹配。磁性开关的安装位置一般选择最靠近气缸端部的位置，以便能及时地检测到气缸的运动状态。此外，磁性开关需要与气缸对应位置进行精确的安装，并保证两者之间的距离符合要求，气缸中各种磁性开关的外形和安装方式如图 2-100 所示。

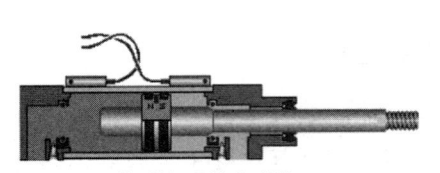

(a) 带磁性开关气缸结构

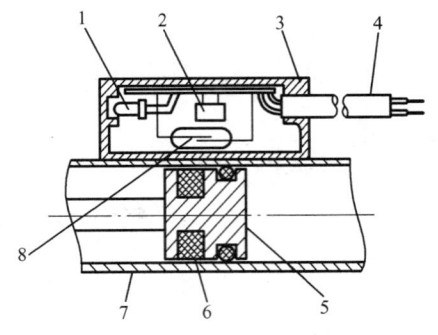

(b) 带磁性开关气缸工作原理

1—动作指示灯；2—保护电路；3—开关外壳；4—导线；
5—活塞；6—磁环（永久磁铁）；7—缸筒；8—舌簧开关

图 2-99 带磁性开关气缸结构和工作原理

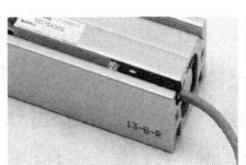

(a) 磁性开关外形　　(b) 薄型气缸磁性开关　　(c) 圆筒气缸磁性开关　　(d) 拉杆气缸磁性开关

图 2-100 气缸中各种磁性开关的外形和安装方式

【课后习题】

一、选择题

1．人的视觉对（　　）光最敏感。
A．红外　　　　　　B．红色　　　　　　C．绿色　　　　　　D．紫色

2．照度的单位是（　　），光通量的单位是（　　）。
A．lm　　　　　　　B．cd　　　　　　　C．lx　　　　　　　D．cd/m^2

3．晒太阳取暖利用了（　　），人造卫星的光电池板利用了（　　），植物的生长利用了（　　）。
A．光电效应　　　　B．光化学效应　　　C．光热效应　　　　D．感光效应

4．蓝光的波长比红光（　　），单个光子的蓝光能量比红光（　　）。
A．长　　　　　　　B．短　　　　　　　C．强　　　　　　　D．弱

5．光敏二极管属于（　　），光电池属于（　　）。
A．外光电效应　　　B．内光电效应　　　C．光生伏特效应　　D．光生电流效应

6．光敏二极管在测光电路中应处于（　　）偏置状态，而光电池在测光电路中处于（　　）偏置状态。
A．正向　　　　　　B．反向　　　　　　C．零　　　　　　　D．正

7．温度上升，光敏电阻、光敏二极管、光敏晶体管的暗电流（　　）。

A．增加　　　　　　B．减小　　　　　　C．不变　　　　　　D．无法确定

8．普通硅光电池的峰值波长约为（　　），落在（　　）区域。
A．0.8m　　　　　　B．8mm　　　　　　C．0.8μm　　　　　　D．0.8nm
E．可见光　　　　　　F．近红外光　　　　　　G．紫外光　　　　　　H．远红外光

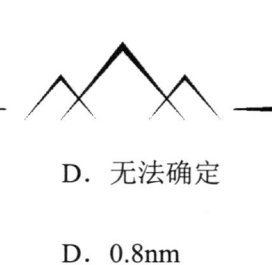

9．欲精密测量光的照度，光电池应配接（　　）。
A．电压放大器　　　　B．D-A 转换器　　　　C．电荷放大器　　　　D．$I\text{-}U$ 转换器

10．欲利用光电池为手机充电，需要将数片光电池（　　）起来，以提高输出电压，再将几组光电池（　　）起来，以提高输出电流。
A．并联　　　　　　B．串联　　　　　　C．短路　　　　　　D．开路

11．欲利用光电池在灯光（约 300lx）下驱动液晶计算器（1.5V）工作，必须将（　　）光电池串联起来才能正常工作。
A．2 片　　　　　　B．5 片　　　　　　C．10 片　　　　　　D．20 片

12．超市收银台用激光扫描器检测商品的条形码是利用了（　　）的原理。用光电传感器检测复印机走纸故障，判断是否因两张纸重叠导致纸张过厚，是（　　）的原理。电梯的轿厢门口有人时，电梯的轿厢门不会关闭，是利用了（　　）的原理。洗手间红外反射式干手机利用了（　　）的原理。
A．光源本身是被测物　　　　　　　　B．被测物吸收光通量
C．被测物反射部分光　　　　　　　　D．被测物遮挡光通量

13．在两片间隙为 1mm 的平行极板的间隙中插入（　　），可测得最大的电容量。
A．塑料薄膜　　　　B．干的纸　　　　C．湿的纸　　　　D．玻璃薄片

14．电子卡尺的分辨率可达 0.01mm，行程可达 200mm，它的内部所采用的电容传感器是（　　）。
A．变极距式　　　　B．变面积式　　　　C．变相对介电常数式

15．电容传感器中，若采用调频法测量转换电路，则电路中（　　）。
A．电容和电感均为变量　　　　　　　B．电容是变量，电感保持不变
C．电容保持常数，电感为变量　　　　D．电容和电感均保持不变

16．湿敏电容可以测量（　　）。
A．空气的绝对湿度　　B．空气的相对湿度　　C．空气的温度　　D．纸张的含水量

17．电容式接近开关对（　　）的灵敏度最高。
A．玻璃　　　　　　B．塑料　　　　　　C．纸　　　　　　D．鸡饲料

18．电容式液位计测液位，针对小于 2.5m 的液位，测量一般选用（　　）的探极长度。
A．棒式探极　　　　B．缆式探极　　　　C．同轴探极　　　　D．非同轴探极

19．自来水公司检测每户家庭中自来水表数据，得到的是（　　）。
A．瞬时流量，单位为 t/h　　　　　　B．累积流量，单位为 t 或 m³
C．瞬时流量，单位为 k/g　　　　　　D．累积流量，单位为 kg

20．管道中流体的流速越快，压力（　　）。
A．越大　　　　　　B．越小　　　　　　C．不变

21．欲测量极微小的位移，应选择（　　）自感传感器。希望线性好、灵敏度高、量程为 1mm 左右、分辨力为 1μm 左右，应选择（　　）自感传感器。

A．变隙式   B．变面积式   C．螺线管式

22．希望线性范围为±1mm,应选择绕组骨架长度为（　　）左右的螺线管式自感传感器或差动变压器。

A．2mm   B．20mm   C．400mm   D．1mm

23．螺线管式自感传感器采用差动结构是为了（　　）。

A．加长绕组的长度从而增加线性范围   B．提高灵敏度，减小温漂
C．降低成本   D．增加绕组对衔铁的吸引力

24．自感传感器或差动变压器采用相敏检波电路最主要的目的是（　　）。

A．提高灵敏度
B．将输出的交流信号转换成直流信号
C．使检波后的直流电压能反映检波前交流信号的相位和幅度

25．希望远距离传送信号，应选用具有（　　）输出的标准变送器。

A．0～2V   B．1～5V   C．0～10mA   D．4～20mA

二、分析、计算题

1．光电式路灯控制电路及施密特反相器输入/输出特性如图 2-101 所示，光敏二极管 VD_1 的光电特性如图 2-102 所示，分析电路图并回答下面问题。

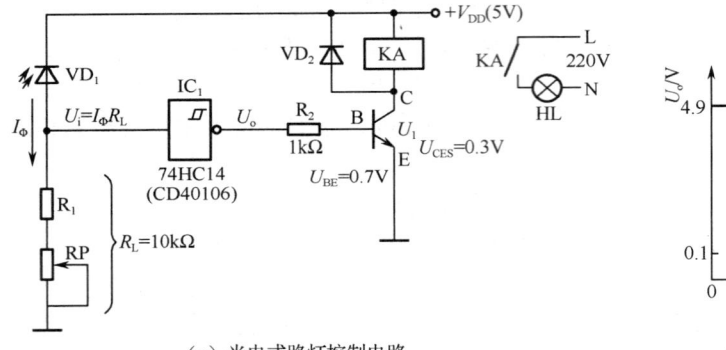

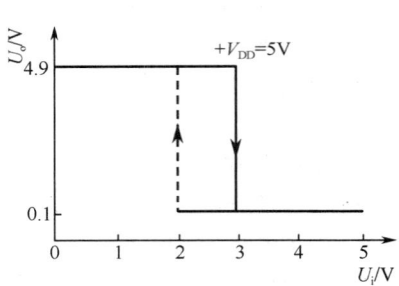

（a）光电式路灯控制电路　　　　　　（b）施密特反相器输入/输出特性

图 2-101　光电式路灯控制电路及施密特反相器输入/输出特性

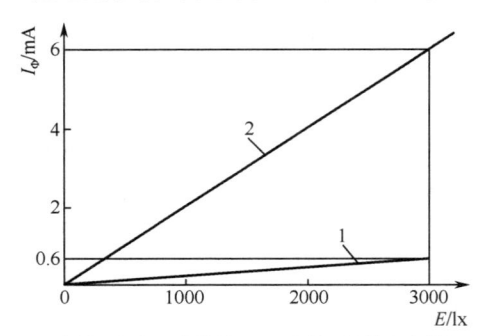

1—光敏二极管光电特性；2—光敏晶体管光电特性

图 2-102　光敏二极管 VD_1 的光电特性

（1）晚上无光照时，光敏二极管 VD_1（　　）（导通/截止），流经光敏二极管电流 I_Φ 为（　　）（约为0/较大），施密特反相器输入电压 U_i 为（　　）（0/5V），施密特反相器输出电压 U_o 为（　　）电平，大约为（　　）（0/0.1V/4.9V/5V）。

（2）当施密特反相器输入电压 U_i 为 4.9V 时，三极管 V_1 的基极电流 I_B 为（　　）（0/较大），三极管 V_1 处于（　　）（截止/饱和），继电器 KA（　　）（得电吸合/失电释放），路灯 HL（　　）（点亮/熄灭）。

（3）白天光照度逐渐增强，从图 2-101（b）可以看出，当施密特反相器输入电压 U_i（　　）（大/小）于（　　）（0/3V/5V）时，施密特反相器翻转，施密特反相器输出电压 U_o 跳变为（　　）（0.1V/4.9V），继电器 KA（　　）（得电吸合/失电释放），路灯 HL（　　）（点亮/熄灭）。

（4）若希望节约用电，希望在清晨和傍晚照度较小的情况下继电器 KA 也能够失电，图 2-101（a）电路中 R_L 应（　　）（变大/变小），此时应将电位器 RP 往（　　）（上/下）调。RP 称为微调（　　）（电流/灵敏度）电位器。

（5）设光敏二极管电流 I_Φ 达到 0.6mA 时，在图 2-102 中，用作图法得到此时的照度 E=（　　）（1500lx/3000lx）。

（6）若此时由于小块云朵的遮蔽，照度 E 发生了±100lx 的变化，则施密特反相器输出电压 U_o（　　）（跳变/不变），继电器 KA（　　）（得电吸合/失电释放）。由于设置了施密特特性的反相器，所以允许照度 E 有一定的误差范围。因此施密特反相器在电路中也起（　　）（提高灵敏度/抗光照干扰）的作用。

（7）当傍晚太阳光减弱，施密特反相器再次翻转，跳变为（　　）（0.1V/4.9V），继电器 KA 再次（　　）（得电吸合/失电释放），路灯 HL 又（　　）（点亮/熄灭）。

2．某硅光电池的有效受光面积为 $2mm^2$，硅光电池的光电特性如图 2-103 所示，光电池短路电流测量电路如图 2-104 所示，试求：

（1）当照度为 2000lx 时，用作图法求出光电池输出的光电流约为多少微安？

（2）当照度为 2000lx 时，若第一级运算放大器的反馈电阻 R_f=100kΩ 时，第二级运算放大器的输入端电压为多少毫伏？

（3）若要求第二级运算放大器的输出电压为 3.8V，则第二级运算放大器的放大倍数是多少？

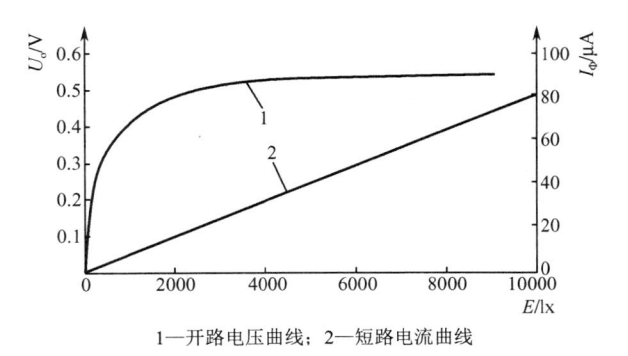

1—开路电压曲线；2—短路电流曲线

图 2-103　某系列硅光电池的光电特性

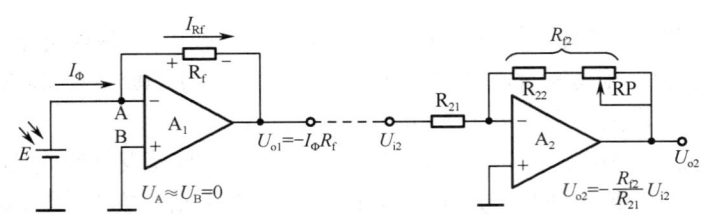

图 2-104 光电池短路电流测量电路

3．分段电容传感器测液位原理如图 2-105 所示，玻璃连通器 3 的外圆壁上等间隔地套着 n 个不锈钢圆环，显示器采用 101 段 LED 光柱，光柱分段显示电容传感器测得的液位。第一线常亮，作为电源指示。

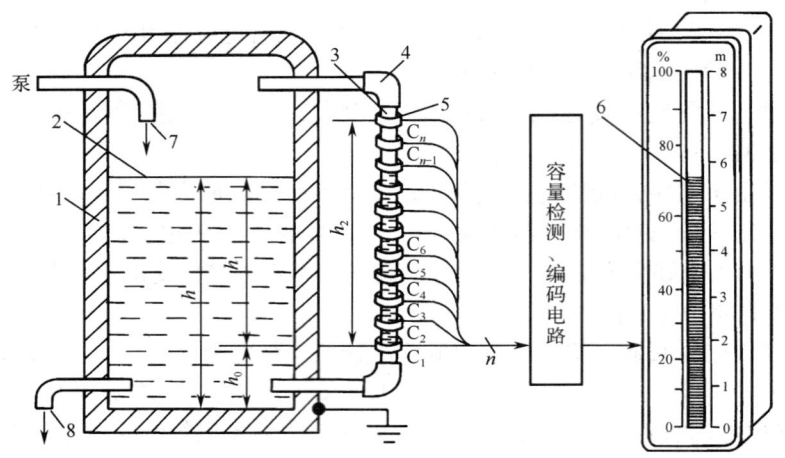

1—储液罐；2—液面；3—玻璃连通器；4—钢质直角接头；5—不锈钢圆环；
6—101 段 LED 光柱；7—进水口；8—出水口

图 2-105 分段电容传感器测液位原理

（1）分段电容传感器测液位采用了电容传感器中变极距式、变面积式、变相对介电常数式电容传感器中的哪一种？

（2）被测液体为导电液体还是绝缘体？

（3）设 $n=32$，$h_2=8m$，求该液位计的分辨力（h_2/n），说明如何提高该液位计的分辨力。

（4）设当液体上升到第 32 个不锈钢圆环的高度时，101 段 LED 光柱全亮，则当液体上升到第 10 个不锈钢圆环的高度时，共有多少段 LED 光柱被点亮？

（5）如果第 8 线亮，其他都不亮，能说明 $h_2=2m$ 吗？

模块 3

温度检测系统的构建

温度是反映物体冷热状态的物理参数，实质上反映的是物体内部分子无规则运动的剧烈程度，是与人类生活息息相关的物理量。目前，测温的方法很多，相应的温度传感器也种类繁多。温度传感器作为实现温度检测和控制的重要器件，是应用最广、发展最快的传感器之一。

项目 3-1　模具测温

本项目以模具温度为检测对象，详细介绍温度检测系统的构建及调试过程。

思维导图

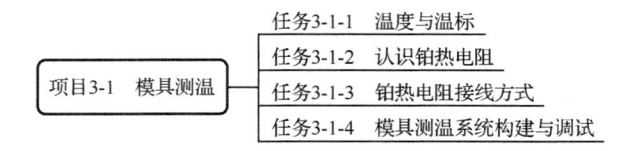

项目3-1　模具测温
- 任务3-1-1　温度与温标
- 任务3-1-2　认识铂热电阻
- 任务3-1-3　铂热电阻接线方式
- 任务3-1-4　模具测温系统构建与调试

任务 3-1-1　温度与温标

【任务描述】

温度（Temperature）是衡量物体冷热程度的物理量，微观上说，它代表着物体内部分子无规则运动的剧烈程度。本任务将深入学习温度测量的基本概念。

【任务要求】

（1）了解温度的基本概念。
（2）掌握温标的分类方法。

【相关知识】

1. 温度

从热平衡角度来说,温度是描述热平衡系统冷热程度的物理量;从分子物理学角度来说,温度反映物体内部分子无规则运动的剧烈程度;从能量角度来说,温度是描述系统不同自由度间能量分配状况的物理量。温度与人类生产生活息息相关,如在炼铁高炉中,有多达上百个温度测量点,温度是保证高炉正常生产最重要的测量参数之一。在测量温度时,既要选择正确的测量点,又要选择精度高的测量仪器。

2000 多年以前,人类已经开始为检测温度而努力。伽利略在公元 1603 年研制出气体温度计,酒精温度计和水温度计也在 100 年后问世。随着现代工业技术发展,金属丝电阻、温差电动式元件、双金属式温度传感器被相继研制成功。PTC 热敏电阻于 1950 年出现,随后在 1954 年出现了以钛酸钡为主要材料的 PTC 热敏电阻。

2. 温标

温标是温度的数值表示方法,它规定了温度读数的起点(零点)及温度的基本单位。各类温度计的刻度均由温标确定。国际上规定的温标有以下几种。

(1)摄氏温标。摄氏温标又称百分温标。规定在标准大气压下,冰的熔点为 0℃,水的沸点为 100℃,将这两点之间划分为 100 等份,每份为 1℃,符号为 t,单位为℃。

(2)华氏温标。规定在标准大气压下,冰的熔点为 32℉,水的沸点为 212℉,将这两点之间划分为 180 等份,每份为 1℉,符号为 θ,单位为℉。华式温标和摄氏温标的关系为

$$\theta/℉ = 9/5 \times t/℃ + 32 \qquad (3\text{-}1)$$

式中　θ——华氏温标;

　　　t——摄氏温标。

例:30℃时的华氏温度 $\theta=(1.8\times30+32)℉=86℉$。华氏温标在西方国家日常生活中被普遍使用。

(3)热力学温标。热力学温标又叫绝对温标或开尔文温标,它是建立在热力学第二定律基础上的最科学的温标,是由开尔文提出的。它规定分子运动停止时的温度为绝对零度,规定水的三相点(气、液、固三态同时存在且进入平衡状态时)的温度为 273.16K,将绝对零度到水的三相点之间的温度均匀分为 273.16 格,每格为 1K,符号为 T,单位为 K。热力学温标是一个理想温标,是无法实现的。

由于以前曾规定水的冰点为 273.15K,所以现在沿用这个规定,开氏温标和摄氏温标的换算如下

$$t/℃ = T/K - 273.15 \qquad (3\text{-}2)$$

$$或\ T/K = t/℃ + 273.15 \qquad (3\text{-}3)$$

式中　t——摄氏温标;

　　　T——热力学温标。

例:30℃时的热力学温度 $T=(30+273.15)K=303.15K$。

(4)国际温标。以热力学温标为基础的国际温标(ITS-90)于 1990 年实施,它规定以热

力学温度为基本温度,符号为 T,单位为 K。定义 1K 等于水的三相点热力学温度的 1/273.16。

温度计的分类方法很多,根据用途可分为基准温度计和工业温度计;根据测量方法可分为接触式和非接触式;根据工作原理可分为膨胀式、电阻式、热电式、辐射式等;根据输出方法可分为自发电型、非电测型等。

任务 3-1-2 认识铂热电阻

【任务描述】

本任务要求了解金属热电阻的工作原理,掌握金属热电阻的性能特点,了解铂热电阻的结构与分类,从而学会在工程实际中选择合适的铂热电阻。

【任务要求】

(1) 了解铂热电阻的工作原理。
(2) 掌握铂热电阻的性能特点。

【相关知识】

1. 铂热电阻工作原理

热电阻主要用于中、低温区的温度测量,其主要特性是准确度高、性能稳定。但在使用热电阻时需要稳定的激励电源。铂热电阻和铜热电阻是目前应用最多的热电阻,前者比后者的测量准确度高,但价格较贵。由于铂热电阻的物理化学性能稳定,因此铂是目前最好的热电阻制造材料。

取一只 100W/220V 钨丝灯泡,用万用表测量其电阻值,其冷态阻值只有几十欧,如图 3-1 所示。而计算得到的额定热态阻值应为 484Ω。由此可见,金属丝在不同温度下的电阻值是不相同的。

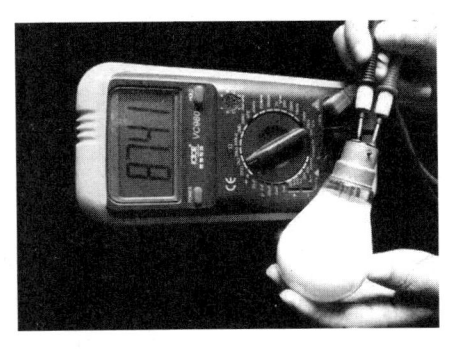

图 3-1 钨丝灯泡冷态阻值

当温度升高时,金属内部自由电子的动能增加,因而在一定的电场作用下,这些杂乱无章的电子做定向运动时会遭遇更大的阻力,宏观上表现为金属的电阻值随温度的升高而增加。实践证明,大多数金属的温度系数为正温度系数,即电阻值与温度的变化趋势相同。

金属的电阻值随温度升高而增大,可以利用这一特性来测量温度。目前铂和铜是被广泛应用的热电阻材料，它们的电阻温度系数在 $3\times10^{-3}/℃\sim5\times10^{-3}/℃$。热电阻材料通常具有电阻温度系数大、性能稳定、线性好、测量温度范围宽、容易加工等特点。热电阻的主要技术性能如表 3-1 所示。铂热电阻的性能稳定，测量温度范围为-200℃～+850℃；铜热电阻价格低廉，线性较好，但温度超过 100℃时易氧化，只适用于测量精度要求不高且温度较低为-50℃～+150℃的环境。

表 3-1　热电阻的主要技术性能

材　料　特　性	铂热电阻（WZP）	铜热电阻（WZC）
使用温度范围/℃	−200～+850	−50～+150
电阻率/（Ω·m×10⁻⁶）	0.098～0.106	0.017
0～100℃电阻温度系数 α（平均值）/℃	0.00385	0.00428
化学稳定性	在氧化性介质中较稳定，不能在还原性介质中使用，尤其不能在高温情况下使用	超过 100℃易氧化
特性	温度与电阻值有确定关系，性能稳定，准确度高	线性较好、价格低廉、体积大
应用	适用于较高温度的测量，可作标准测温装置	适用于测量温度较低、无水分、无腐蚀性的介质的温度

在工业中，测温上限由热电阻的保护套管的最高承受温度决定。

目前我国全面施行 1990 国际温标，按照 ITS-90 标准，工业上用的铂热电阻在 0℃时的阻值 R_0 有 25Ω、100Ω、1000Ω 等，分度号分别表示为 Pt10、Pt100、Pt1000 等。铜热电阻在 0℃时的阻值 R_0 有 50Ω、100Ω，分度号分别为 Cu50、Cu100。

热电阻的阻值 R_t 与温度 t 的关系表达式为 $R_t=R_0(1+At+Bt^2+Ct^3+Dt^4)$。

式中　R_t——热电阻在 t℃时的电阻值；

　　　R_0——热电阻在 0℃时的电阻值；

　　　A、B、C、D——温度系数。

在工程中，若不考虑线性度误差的影响，有时也可以利用温度系数 α 来近似计算热电阻的阻值 R_t，即

$$R_t=R_0(1+\alpha t) \tag{3-4}$$

式中　R_t——热电阻在 t℃时的电阻值；

　　　R_0——热电阻在 0℃时的电阻值；

　　　α——温度系数。

热电阻的阻值 R_t 与 t 之间并不呈线性关系。根据国际电工委员会（IEC）颁布的分度表数值，在规定的测温范围内，列出每隔 1℃的 R_t 电阻值，这种表格称为热电阻分度表，见附录 D。根据附录 D，查 Pt100 分度表训练如表 3-2 所示，根据已知温度及电阻值，查出对应的电阻值及温度。

表 3-2　查 Pt100 分度表训练

温度/℃	−150		−50	0		150	
电阻值/Ω		60.26			138.51		175.86

除了铂热电阻和铜热电阻，镍、铁的电阻温度系数大，电阻率高，也可制成体积大、灵敏度高的热电阻。但是由于镍、铁制成的热电阻存在易氧化、化学稳定性差、不易提纯、重复性和线性度差等缺点，目前应用还不广泛。

近年来，在工业上对低温测量和超低温测量也有迫切的要求，铟热电阻、锰热电阻等新型热电阻相继出现。铟热电阻是高精度低温热电阻，铟的熔点是150℃，在4.2K～15K，其灵敏度比铂的灵敏度高10倍，可用于低温环境。铟热电阻的缺点是材料软、复制性差。在2K～63K，锰热电阻灵敏度高，受磁场的影响不大。锰热电阻的缺点是脆性很大、难拉成丝。

2．铂热电阻的结构

热电阻主要由电阻体、绝缘套管、接线盒等组成。电阻体由电阻丝、引出线、骨架等构成。铂热电阻的结构如图3-2所示。为避免电感分量，采用双线无感绕法将电阻丝绕在具有一定形状的骨架上，采用1mm的银丝或镀银铜丝作引出线，引出线与接线盒柱相接，以便与外接线路相连而显示温度。

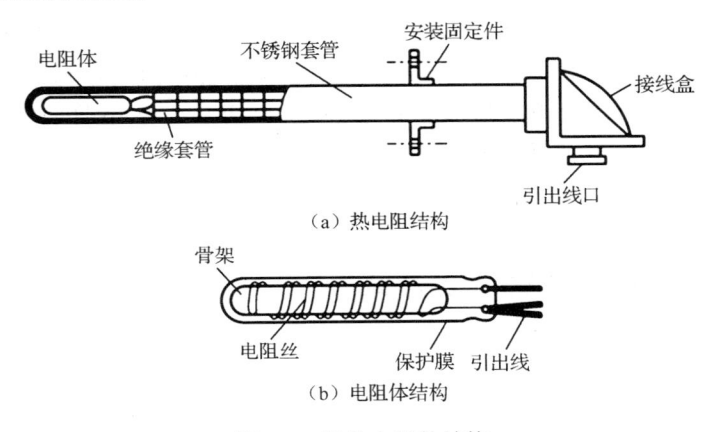

图3-2 铂热电阻的结构

根据结构类型分类，铂热电阻有装配式（普通型）、铠装式和薄膜式等。

装配式铂热电阻由金属电阻丝（感温元件）、骨架、引出线、保护套管、接线盒等组成，其外形如图3-3所示。

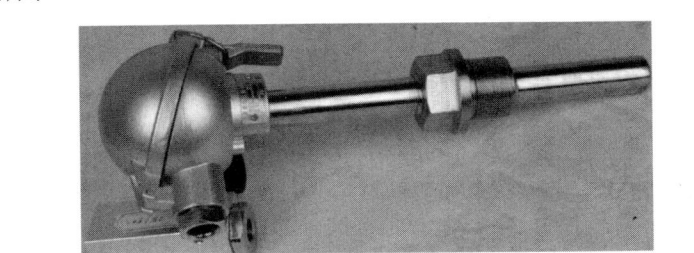

图3-3 装配式铂热电阻

铠装式铂热电阻的外形如图3-4所示，柔性外套管可达百米，其具有柔软细长、易弯曲、抗冲击、易安装、寿命长等优点。

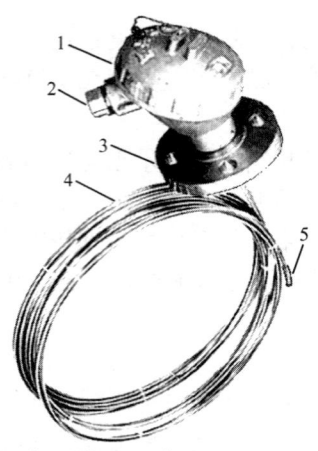

1—接线盒；2—引出线密封管；3—法兰盘；4—柔性外套管；5—测温端

图 3-4 铠装式铂热电阻

在真空清洁室中，利用真空镀膜法或用糊浆印刷烧结法把铂金属薄膜附在耐高温基底上，制作薄膜式铂热电阻，其尺寸可以小到几平方毫米，使用时可将其粘贴在被测高温物体上测量局部温度。薄膜式铂热电阻热容量小且反应速度快，其响应时间只需几秒。薄膜式热电阻适用于表面、区域狭小、要求快速测温等高阻值元件的场合。Pt1000 薄膜式铂热电阻在 0℃时的电阻为 1kΩ，最大工作电流小于 0.3mA。

任务 3-1-3 铂热电阻接线方式

【任务描述】

本任务要求掌握铂热电阻的接线方式。怎样将生产现场热电阻所测量的温度引进控制室？热电阻的校验有哪些步骤？安装和使用热电阻传感器时应注意哪些问题？

【任务要求】

（1）掌握铂热电阻的接线方式。
（2）掌握铂热电阻的校验方法。
（3）了解热电阻传感器的安装与使用方法。

【相关知识】

1. 铂热电阻接线方式

铂热电阻两线制电桥测量电路如图 3-5 所示，测量电路是电桥电路，R_1 为铂热电阻，R_2、R_3、R_4 为锰铜精密电阻（固定电阻）。电桥在 0℃的情况下进行调零，铂热电阻 R_t 被安装在测温点上，用连接引线将 R_t 与电桥的接线端子连接。引线电阻 r_{1a}、r_{1b} 阻值随长度和温度的变化而变化，而环境温度并非处处相等且时时有变，从而会造成测量误差。工业热电阻安装在生产现场，指示或记录仪表安装在控制室。接在热电阻两端的两根引线本身的阻值势必和热电阻的

阻值相加造成测量误差,且误差很难被修正。所以,工业热电阻测温不宜使用两线制连接法。

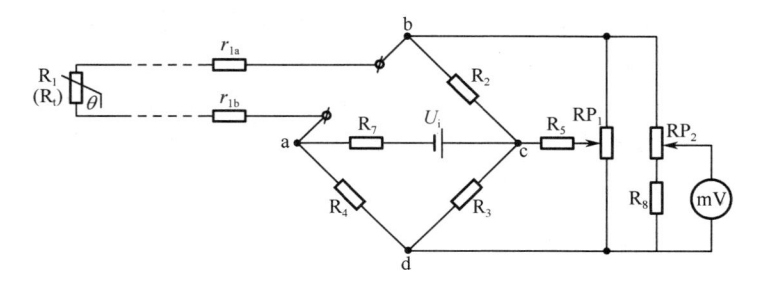

图 3-5 铂热电阻两线制电桥测量电路

工业热电阻多采用三线制连接法来避免或减小引线电阻对测温结果的影响。铂热电阻三线制电桥测量电路如图 3-6 所示,从铂热电阻引出三根引线,三根引线粗细相同、长度相等、阻值相等。当铂热电阻与测量电桥连接时,其中一根引线串联在电桥的电源上,不影响电桥的平衡,两根引线分别串联在电桥的相邻两臂中。这两根引线的内阻(r_1、r_4)分别串入测量电桥相邻两臂的 R_1、R_4 上,$(R_1+r_1)/R_2=(R_4+r_4)/R_3$,随着温度变化,相邻两臂的阻值变化相同,两者变化量与测量的影响相互抵消。引线的长度变化不影响电桥的平衡,因此可避免由连接引线电阻受环境影响而引起的测量误差。

四线制连接法一般用于精密测温场合,此处不再展开。

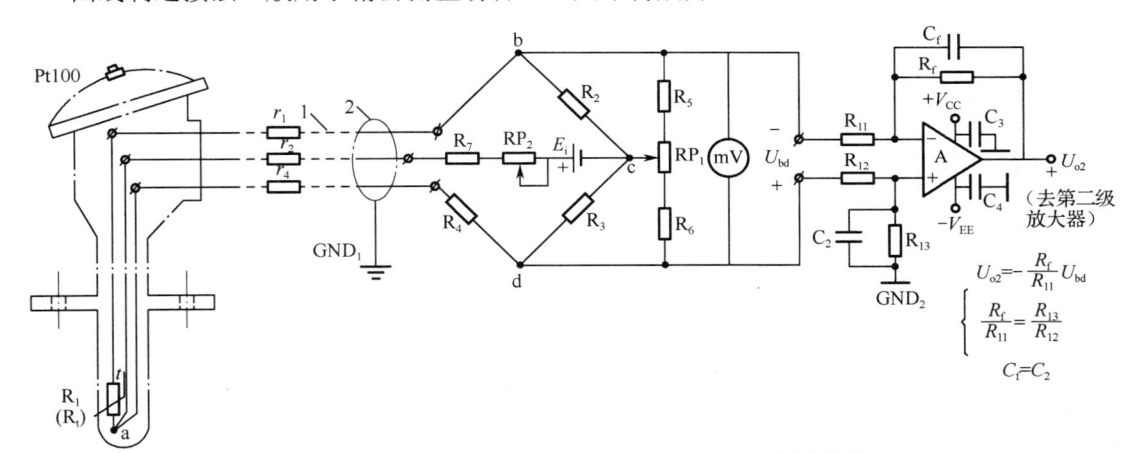

1—连接电缆;2—屏蔽层;RP_1—调零电位器;RP_2—调满度电位器

图 3-6 铂热电阻三线制电桥测量电路

2. 铂热电阻的校验

铂热电阻的校验步骤一般分成两步。

(1) 0℃电阻值校验。在盛有冰水混合物的冰点槽内插入标准铂热电阻温度计和被检热电阻,30 分钟后,依次测出标准铂热电阻温度计、标准电阻、被检铂热电阻的电压降,测量完毕后再依次按照被检热电阻、标准电阻、标准铂热电阻温度计的顺序测量电压降,从而完成一个读数循环。每次测量至少完成三个读数循环,将结果求平均值。

(2) 100℃电阻值校验。在水沸点槽或恒温油槽内插入标准铂热电阻温度计和被检铂热电阻，30 分钟后，依次测出标准铂热电阻温度计、标准电阻、被检铂热电阻的电压降，测完之后，再依次按照被检铂热电阻、标准电阻、标准铂热电阻温度计的顺序测量电压降，从而完成一个读数循环。每次测量至少完成三个读数循环，将结果求平均值，计算在水沸点槽或恒温油槽（温度 t_b）的被检铂热电阻阻值，以标准铂热电阻温度计的三次读数平均值确定 t_b。由温度 t_b 时对应的电阻值 R_b 求出在 100℃时被检铂热电阻阻值 R_{100}。测温范围内的 10%、50%、90% 的温度点也可作为校验点进行校验。

2．热电阻传感器的安装与使用

（1）热电阻传感器应尽量垂直安装在管道上，热电阻传感器应配备保护套管，便于检修和更换。

（2）在进行管道内温度测量时，保护套管的插入深度应为管径的一半。

（3）在高温区使用时，应选择耐高温电缆或耐高温补偿线。

（4）不同的温度应选择不同的测温元件。当被测温度大于 100℃时，一般选择热电偶；当被测温度小于 100℃时，一般选择热电阻。

（5）当配用温度动圈仪表时，动圈仪表开孔尺寸要合适，安装时应确保美观大方。

（6）接线要美观合理，表针指示要确保准确。

（7）在使用前需对热电阻传感器进行校准，以确保检测结果准确。

（8）热电阻传感器需要定期检查与维护，以确保检测结果准确和稳定。

任务 3-1-4　模具测温系统构建与调试

【任务描述】

模具温度是注塑成型中的重要条件，所以对模温的测量与控制尤为重要，模温的测量与控制将直接影响产品的质量和生产率。本任务结合实训室 Pt100 热电阻传感器、被测铝块、24V 电源模块、加热器、散热器、温度数字显示仪表、万用表等实验器件搭建模拟模具测温系统，使学生掌握测温系统组成、接线与调试，并理解 Pt100 热电阻传感器的测温特性。

【任务要求】

（1）掌握测温系统组成。

（2）掌握测温系统接线。

（3）掌握测温系统调试。

【相关知识】

1．资讯

铂热电阻是利用铂丝的电阻值随着温度的变化而变化这一基本原理设计和制作而成的，按 0℃时的电阻值 R_0 的大小分为 10Ω（分度号为 Pt10）和 100Ω（分度号为 Pt100）两种，测温范围均为-200℃～850℃。10Ω 铂热电阻的感温元件由较粗的铂丝绕制而成，耐温性能明显优于 100Ω 的铂热电阻，适用于 650℃以上温区；100Ω 铂热电阻主要用于 650℃以下温区，虽也可用于650℃以上温区，但在650℃以上温区不允许有 A 级误差。100Ω 铂热电阻的分辨率比 10Ω 铂热电阻的分辨率大 10 倍，对二次仪表的要求相应低一个数量级，因此在 650℃以下温区测温应尽量选用 100Ω 铂热电阻。

感温元件骨架的材质也是决定铂热电阻使用温区的主要因素，常见的感温元件有陶瓷元件、玻璃元件、云母元件，它们由铂丝分别绕在陶瓷骨架、玻璃骨架、云母骨架上，再经过复杂的工艺加工而成。由于骨架材料本身的性能不同，陶瓷元件适用于 850℃以下温区，玻璃元件适用于 550℃以下温区。就结构而言，铂热电阻还可以分为工业铂热电阻和铠装铂热电阻。工业铂热电阻也叫装配铂热电阻，是将铂热电阻感温元件焊上引线，组装在一端封闭的金属管或陶瓷管内，再安装上接线盒制作而成；铠装铂热电阻是将铂热电阻元件、过渡引线、绝缘粉组装在不锈钢管内再经模具拉实的整体，具有坚实、抗震、可绕、线径小、使用安装方便等优点。

注：为避免意外发生，请在接通电源前检查接线是否正确，核定电压是否为额定值。

2．实施过程

所用设备：Pt100 热电阻传感器、被测铝块、24V 电源模块、加热系统［加热电阻丝（～220V 供电）］、散热系统［风扇和散热片（直流 24V 供电）］、温度智能显示仪表、万用表等。实验中的 Pt100 热电阻传感器型号为 XC-T-PT-ZG，是一种使用陶瓷管封装的铂热电阻，封装方式为将铂热电阻封装在陶瓷管中，然后引出线，该型号的热电阻传感器具有非常出色的绝缘性能和耐腐蚀性能，测量范围是-200℃～850℃，允许最大绝对误差值为±0.30℃，热响应时间<30s，初始电阻漂移≤0.04%。Pt100 热电阻传感器与温度智能显示仪表如图 3-7 所示。

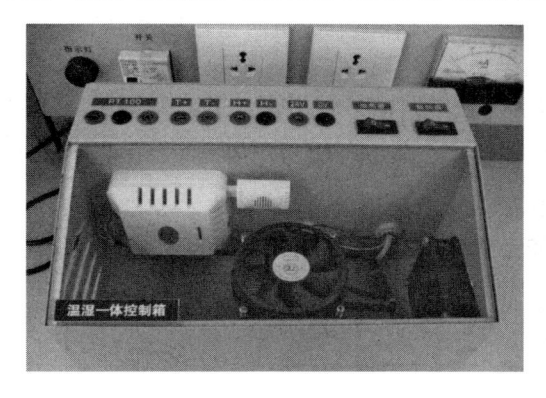

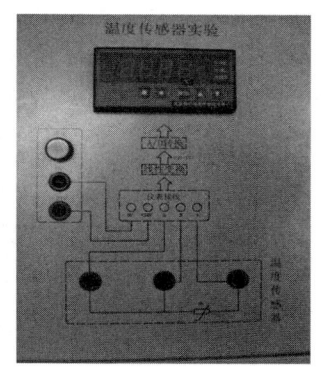

图 3-7　Pt100 热电阻传感器与温度智能显示仪表

步骤 1：熟悉 XSCH 系列温度智能显示仪表显示功能及各参数含义。

动手调试：实验中采用的智能显示仪表为北京昆仑海岸的 XSCH 系列温度显示仪表。XSCH 系列数显仪与各类模拟量输出的传感器、变送器配合，可完成温度、压力等物理量的测量、变换、显示和控制。XSCH 系列数显仪如图 3-8 所示。

该实验被测对象为箱体内铝块的温度。模拟注塑机中检测模具的温度，使用的传感器为 Pt100 热电阻传感器，

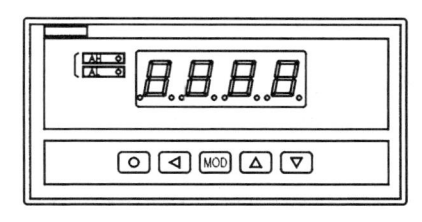

图 3-8　XSCH 系列数显仪

测温范围为 0~300℃。

（1）先进入仪表，长按第一个按钮 3 秒左右，出现 OA，OA 是进入系统的密码，这里将密码设置为 4 个 1。

（2）按左箭头进入参数，通过上下箭头配合左箭头移位录入 4 个 1，确认 4 个 1 后，按下 MOD 键确认，再长按第一个按钮 6 秒左右进入参数设置界面。

（3）进入系统后，出现参数 incH，incH 是输入信号选择，这里采集的是 Pt100 热传感器检测的铝块温度信号，输入到显示仪表中是 Pt100 电阻信号。

（4）按左箭头进入参数设置，通过上下箭头调出 P100 信号，确认 P100 信号后，按下 MOD 键确认。

（5）设置第二个参数 in-d，in-d 小数点位置根据被测量的量程调节，本实验中测量范围为 0~300℃，因此设置小数点为 000.0；按左箭头进入参数设置，通过上下箭头配合左箭头进行移位设置，确认为 000.0 后，按下 MOD 键确认。

（6）设置第三个参数 u-r，本实验中 u-r 测量量程下限为 0℃，按左箭头进入参数设置，通过上下箭头配合左箭头进行加位、减位和移位设置，确认参数为 000.0 后，按下 MOD 键确认。

（7）设置第四个参数 F-r，本实验中 F-r 测量量程上限为 300℃，按左箭头进入参数设置，通过上下箭头配合左箭头进行加位、减位和移位设置，确认参数为 300.0 后，按下 MOD 键确认。

（8）调整好 4 个主要参数后，再长按第 1 个按钮 3 秒左右，退出参数设置界面，进入信号采集界面。

（9）如果不出现信号采集模块，可一直长按第一个按钮，参数设置界面和信号采集界面交替出现。需要注意的是，incH 输入信号选择是显示仪表最重要的一个参数，一定要根据选用的传感器型号、显示仪表型号及传感器是否进行信号转换输入等信息选择合适的输入信号，常用的输入信号选择参数如表 3-3 所示，在进入系统后可通过上下箭头调出对应的参数。

表 3-3 （incH）——输入信号选择参数

顺 序 号	显示符号	输入信号	顺 序 号	显示符号	输入信号
0	P100	Pt100	10	...n	N
1	c100	Cu100	11	...E	E
2	cu50	Cu50	12	...J	J
3	bA1	BA1	13	...t	T
4	bA2	BA2	14	4-20	4mA~20mA
5	G53	G53	15	0-10	0mA~10mA
6	...K	K	16	0-20	0mA~20mA
7	...S	S	17	1-5u	1V~5V
8	...r	R	18	0-5u	0V~5V
9	...b	B	19	..nu	mV

设定值应与仪表型号及实际输入信号一致。

根据数码显示仪表的使用说明书,设定相关参数并填写表3-4。

表3-4 相关参数表

参 数	设 定 值	备 注
incH（incH）输入信号选择		
in-d（in-d）小数点位置		
u-r（u-r）测量量程下限		
F-r（F-r）测量量程上限		
in-S（in-S）零点修正设定值		
Fi（Fi）量程修正设定值		
FLtr（FLtr）数字滤波时间常数设定值		
Li（Li）冷端补偿修正系数设定值		

步骤2：熟悉Pt100热电阻传感器测温原理。

动手做：Pt100热电阻的外部接线如图3-9所示,将Pt100热电阻与显示仪表相连接。

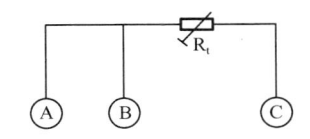

图3-9 Pt100热电阻的外部接线

动手做：开启加热装置,测量不同温度（铝块温度）下对应的电阻值,填写表3-5,并与Pt100分度表对比,比较两者之间的误差。思考铂热电阻阻值与温度是否为线性关系。

表3-5 不同温度下对应电阻值

被测温度/℃	测量值 A_x/Ω	真值 A_0/Ω	绝对误差/Ω
30			
40			
50			
60			
70			

实验中会采用数字万用表,必须在关掉电源的情况下测量电阻,否则会损坏数字万用表和测温电路。

3．练习与思考

（1）用万用表测量100W/220V灯泡的电阻值,可以发现其冷态阻值只有几十欧,而计算得到的额定热态阻值应为_____,导致这种现象的原因是_____。

（2）分别测量温度为40℃和50℃时Pt100热电阻的阻值为_____和_____,其相应的分度表阻值为_____和_____,其产生的绝对误差分别为_____和_____。

项目 3-2 空调测温

本项目以空调温度为检测对象,详细描述了温度检测系统构建和调试过程。

思维导图

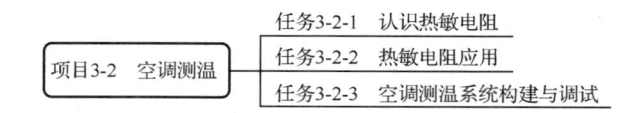

项目3-2 空调测温 —— 任务3-2-1 认识热敏电阻
　　　　　　　　—— 任务3-2-2 热敏电阻应用
　　　　　　　　—— 任务3-2-3 空调测温系统构建与调试

任务 3-2-1 认识热敏电阻

【任务描述】

热敏电阻是一种半导体敏感元件,其特点是电阻大小随温度变化而变化。本任务要求掌握热敏电阻传感器的测温原理,熟悉热敏电阻的类型及特性,从而掌握热敏电阻的选型方法。

【任务要求】

(1) 掌握热敏电阻传感器的测温原理。
(2) 熟悉热敏电阻的类型及特性。
(3) 掌握热敏电阻的选型方法。

【相关知识】

热敏电阻是一种半导体测温元件,其利用半导体的电阻大小随温度显著变化的特性而制成。热敏电阻是家用电器中最常用的测温和控温元件,被广泛应用。热敏电阻的灵敏度比金属热电阻的灵敏度要高几十倍,且体积小、反应快。

1. 热敏电阻的结构与符号

热敏电阻一般是按一定比例将各种氧化物混合,并高温烧制而成。根据使用要求,由各种形状的探头被封装加工而成,如圆片型、柱型、珠型、铠装型、厚膜型、贴片型等,热敏电阻的结构及图形符号如图 3-10 所示,热敏电阻外形示例如图 3-11 所示。

2. 热敏电阻的类型及特性

按照温度系数不同,可将热敏电阻分为正温度系数热敏电阻(PTC)和负温度系数热敏电阻(NTC)。正温度系数热敏电阻的电阻值随温度的升高而增大,负温度系数热敏电阻的电阻值随温度的升高而减小。负温度系数热敏电阻可分为两类,第一类为负指数型,电阻值与温度呈严格的负指数关系;第二类为突变型(CTR),当温度上升到某临界点时,电阻值会突然下降。各类热敏电阻的阻值与温度的特性曲线如图 3-12 所示。温度升高时,负温度系数热敏电阻的电阻值下降，且灵敏度同时下降，这在一定程度上限制了其在高温下的使用。

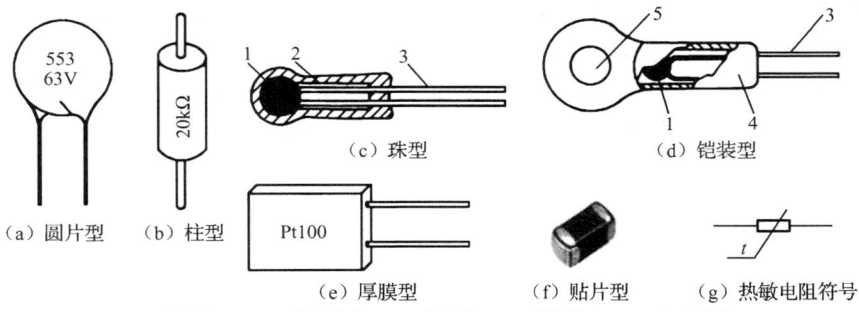

(a) 圆片型　(b) 柱型　(c) 珠型　(d) 铠装型　(e) 厚膜型　(f) 贴片型　(g) 热敏电阻符号

1—热敏电阻；2—玻璃外壳；3—引出线；4—紫铜外壳；5—热安装孔

图 3-10　热敏电阻的结构及图形符号

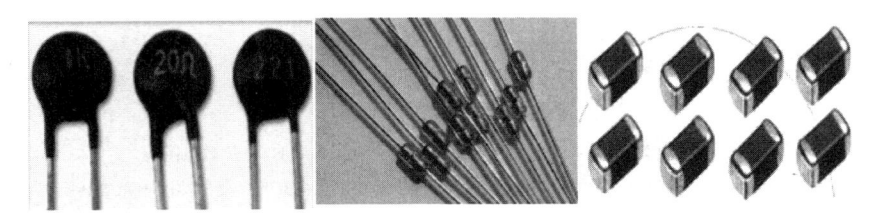

图 3-11　热敏电阻外形示例

(1) NTC 热敏电阻。

NTC 热敏电阻研制较早，比较成熟。最常见的 NTC 热敏电阻是由多种金属氧化物混合烧结而成，如锰、钴、镍和铜等金属的氧化物，视氧化物比例而定，其 25℃时的标称阻值可以在 0.1Ω 至 1MΩ 内选择。

负指数型的 NTC 热敏电阻，其电阻值与温度之间呈严格的负指数关系，如图 3-12 中的曲线 2 所示，关系式为

$$R_t = R_0 e^{-B\left(\frac{1}{T}-\frac{1}{T_0}\right)} \tag{3-5}$$

式中　R_t——在热力学温度为 T 时的 NTC 热敏电阻阻值；

R_0——在热力学温度为 T_0 时的 NTC 热敏电阻阻值，T_0 设定为 298K（25℃）；

B——NTC 热敏电阻的温度常数。

负指数型 NTC 热敏电阻的 B 值由制造工艺、氧化物含量等因素决定。B 值的范围为 1000～10000，B 值的准确性和一致性能达到 0.1%。NTC 热敏电阻具有离散性较小、测量准确度较高等特点，用户可根据自身需要进行选择。例如，在 25℃时某系列 NTC 热敏电阻的标称阻值为 10.0kΩ，在-30℃时阻值却高达 130kΩ；在 100℃时，其阻值只有 8000Ω，电阻值相差两个数量级，这种热敏电阻在 0～100℃可以做测温元件，用于空调、热水器等测温场合。

负突变型 NTC 热敏电阻如图 3-12 中的曲线 1 所示，当被测温度上升到某临界温度 T_k 时，其电阻值会突然下降，这种 NTC 热敏电阻可抑制各种电子电路的浪涌电流。例如，将一只突变型 NTC 热敏电阻串联在整流回路中，上电时的冲击电流会减小。

(2) PTC 热敏电阻。

典型的 PTC 热敏电阻是将其他金属离子掺入到钛酸钡中，从而改变其温度系数和临界温

度的电阻,其温度—电阻特性曲线呈非线性,如图 3-12 中曲线 4 所示。在电子线路中它具有限电流、短路保护的作用。当流过 PTC 热敏电阻的电流超过一定限度或其感受到的温度达到材料的居里点(临界温度转折点)时,其阻值会陡然增大,可用来制作自恢复熔断器。在电热暖风机中可以用到大功率的 PTC 陶瓷热敏电阻。当温度达到设定值时,PTC 热敏电阻阻值会陡然上升,流过 PTC 热敏电阻的电流就会减小,从而使暖风机的温度恒定于设定值上,提高了安全性。

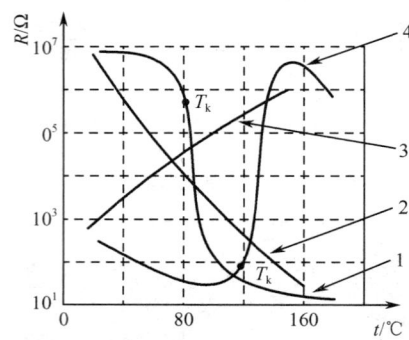

曲线 1—负突变型 NTC 热敏电阻;曲线 2—负指数型 NTC 热敏电阻;
曲线 3—线性型 PTC 热敏电阻;曲线 4—正突变型 PTC 热敏电阻;T_k—突变型热敏电阻的转折温度

图 3-12 各类热敏电阻的阻值与温度的特性曲线

近年来,科研人员还研制出掺有大量杂质的 Si 单晶的线性型 PTC 热敏电阻,其阻值变化接近线性,如图 3-12 中的曲线 3 所示,其工作温度上限为 140℃左右。

3. 热敏电阻的主要参数

(1)标称阻值 R_0。标称阻值一般是指当环境温度为 25℃时热敏电阻的阻值。在直标法中,在热敏电阻上直接印上阻值,如 20kΩ 等,如图 3-10(b);另一种用三位数字来表示,前两位是有效数字,后一位为零的个数,如 553 表示 55×10³Ω,如图 3-10(a)所示。

(2)B 值。B 值反映了 NTC 热敏电阻阻值随温度变化而变化的灵敏度,量纲为 1。B 值越大,NTC 热敏电阻的灵敏度就越高。

(3)居里温度 T_k。将 PTC 热电阻阻值陡然增高时的温度定义为居里温度。在居里温度时 PTC 热敏电阻 $R_{TK}=2R_{min}$,R_{min} 为 PTC 热敏电阻最小阻值。

(4)电阻温度系数 α。电阻温度系数表示温度每变化 1℃时阻值的变化率,单位为%/℃。

(5)时间常数 τ。时间常数是描述热敏电阻热惯性的参数。初始温度为 t_0 的热敏电阻突然被置于温度为 t 的介质中,当热敏电阻达到稳定值的 63.2%时,所需时间为 τ。τ 越小,热敏电阻的热惯性就越小。

(6)最大工作电流 I_M。最大工作电流为低阻态时允许的最大电流值。当电流超过 I_M 时,可能会引起电阻自热,严重时会烧毁电阻。

(7)额定功率 P_M。额定功率指当热敏电阻被长期、连续接到电源上时,所允许的消耗功率。

任务 3-2-2　热敏电阻应用

【任务描述】

热敏电阻具有灵敏度高、体积小、反应快、制作简单、稳定、易于维护、寿命长、动态特性好等特点，因此被广泛应用，尤其应用在远距离测量和控制中。本任务要求熟悉热敏电阻的应用场合。

【任务要求】

熟悉各种热敏电阻的应用，如测量温度等。

【相关知识】

热敏电阻具有很多优点，因此被广泛应用，多用于测量温度、温度补偿等方面。

1．测量温度

在对精度要求不高的场合，可用 NTC 热敏电阻进行测温和控温。NTC 热敏电阻具有价格低廉、输出变化大、测量电路简单等优点。热敏电阻若无外保护层，则只能应用在干燥的地方；热敏电阻若密封，则可应用在潮湿的环境。由于热敏电阻的阻值较大，故可以忽略其连接导线的电阻及接触电阻，因此在长达几千米的远距离中可用热敏电阻来测温。测量电路大多采用桥路或分压电路。热敏电阻体温表原理如图 3-13 所示。

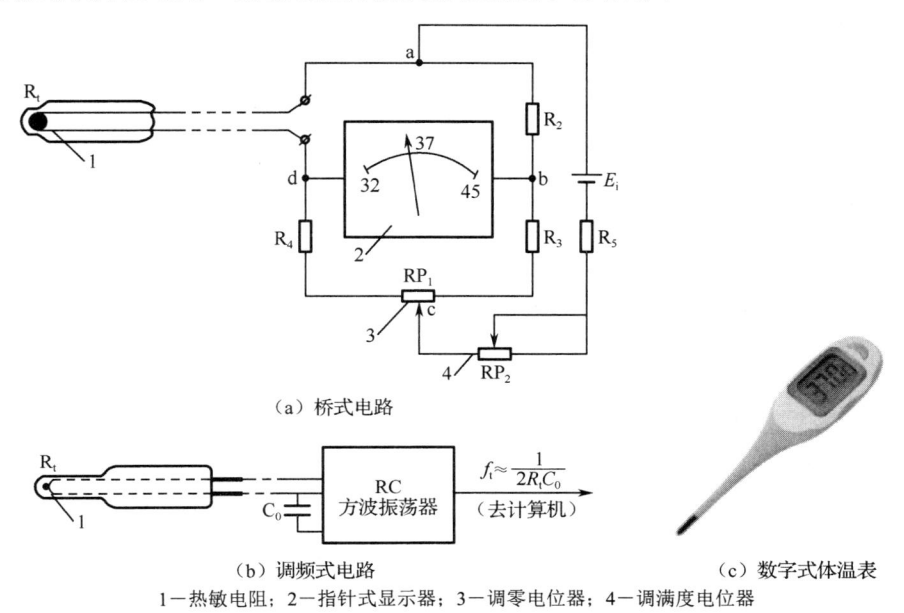

（a）桥式电路

（b）调频式电路　　$f_1 \approx \dfrac{1}{2R_tC_0}$（去计算机）

（c）数字式体温表

1—热敏电阻；2—指针式显示器；3—调零电位器；4—调满度电位器

图 3-13　热敏电阻体温表原理

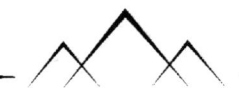

在调试热敏电阻体温表时,必须先调零再调满,最后验证温度范围内其他各刻度的准确性,看其误差是否小于最大允许绝对误差,上述过程被称为标定。具体调试步骤是将准确度高两级的数字式温度计置于水中来监测水温,同时将密封的外壳绝缘的热敏电阻置于初始温度为32℃的温水中,32℃为表头的零位,待热量平衡,调节 RP_1 使其指针指向32℃;再加入热水,使水温缓慢上升到45℃,45℃为表头的满位,待热量平衡,调节 RP_2 使其指针指向45℃;最后再加冷水,逐步降温,检查32℃~45℃每个刻度的准确性。若误差大于最大允许绝对误差,可采取下列措施:对模拟仪表重新设计刻度线;若温度计带有微处理器,则可用软件来修正非线性误差。

目前热敏电阻体温表均已实现数字化,调试过程已实现自动化,如图 3-13(c)所示。但作为检测技术人员,上述的"调零""标定"的基本原理是必须掌握的基本技能。

2. 温度补偿

在一定的温度范围内可用热敏电阻对某些元件实现温度补偿。例如,在动圈仪表里由铜线绕制而成的动圈。在环境温度上升时,动圈阻值增大,从而使表头的指针偏转角度减小。可将由负温度系数 NTC 热敏电阻组成的电阻网络串入到动圈回路中,如图 3-14 所示,从而可抵消由温度变化引起的误差。只需仔细调整 R_1、R_t 的阻值,就能整定流过电流表的电流 I_{DQ},同时也会减小动圈电阻 R_{DQ} 温漂造成的影响。

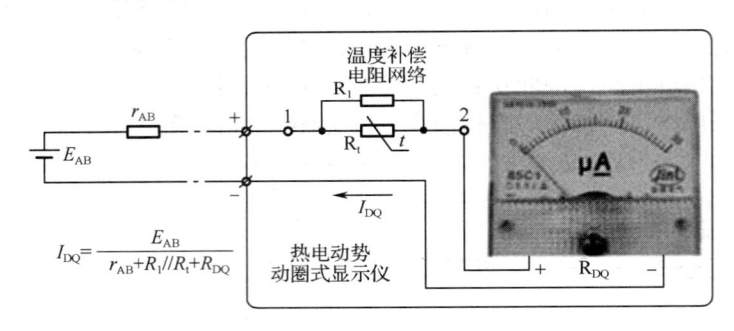

$$I_{DQ} = \frac{E_{AB}}{r_{AB} + R_1 // R_t + R_{DQ}}$$

图 3-14 动圈仪表表头的温度补偿

如图 3-15 所示,根据晶体管特性,环境温度上升,其集电极电流 I_c 也上升,等效于晶体管等效电阻下降,从而使 U_{sc} 增大。若使 U_{sc} 保持不变,需提高基极 b 点电位,减小晶体管电流。此时应选择负温度系数的热敏电阻 R_t,提高基极电位,达到温度补偿目的。

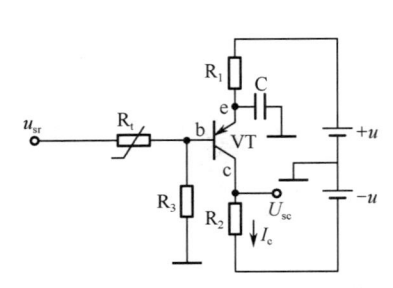

图 3-15 热敏电阻用于晶体管的温度补偿

3. 过热保护

过热保护分为直接保护和间接保护。在小电流场合把热敏电阻直接串入负载中,以防过热损坏,从而达到保护器件的目的。在大电流场合,可用于对继电器、晶体管电路等的保护。在电动机的定子绕组中嵌入正温度突变型热敏电阻,并与继电器串联。当电动机过载时,定子电流增大引起电阻发热。当温度大于突变点时,电流由几十毫安突变为十分之几毫安,继电器会复位,触发电动机保护电路,从而实现过热保护的目的。继电器保护实例如图 3-16 所示。

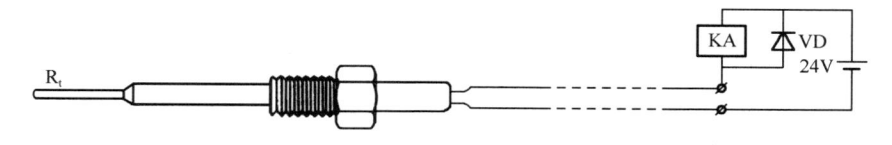

图 3-16 继电器保护实例

无论哪种情况,热敏电阻与被保护器件都应紧密结合,二者之间应充分进行热交换,一旦过热,热敏电阻将会立即对电路起到过热保护作用。

4. 可恢复熔丝

可恢复熔丝外形如图 3-17 所示。在熔丝本体中,导电氧化物周围均匀分布着聚合树脂。在正常电流下,PTC 热敏电阻内部的导电粒子构成了链状导电通路,使其呈现低阻状态。当电路发生短路或过载时,PTC 热敏电阻产生较大的热量使聚合树脂熔化,体积迅速增大,导电粒子构成的链状导电通路被切断,此时 PTC 热敏电阻呈现高阻状态,从而使流过 PTC 热敏电阻的电流迅速减小,达到短路保护的作用。当 PTC 热敏电阻温度下降后,聚合树脂重新冷却结晶,体积减小,导电粒子重新形成链状导电通路,PTC 热敏电阻又呈现低阻状态。可恢复熔丝可以承受多次过电流。可恢复熔丝的额定电流在 50mA~50A,动作时间在 10~100ms。

5. NTC 热敏电阻在汽车油箱油位判断中的应用

NTC 热敏电阻在汽车油箱油位判断中的应用如图 3-18 所示。其工作原理是在检测电路中施加 12V 电压,使置于汽车油箱中某个高度位置的 NTC 热敏电阻 R_t 流过微小电流,从而产生微热。当油位高于报警下限时,电阻 R_t 的热量被燃油带走,从而使电阻温度变低,阻值变大。反之,当油位降低到报警下限时,电阻 R_t 暴露在空气中,热量散发比在液体中慢,因此温度上升,阻值下降。当 R_t 阻值下降到一定值时,与 R_t 串联的红色 LED 灯亮,从而产生报警信号以提示油位过低。R_1 的作用是限流,当测量装置发生短路时,流过短路点的电流不会超过 15mA,这样能有效避免电火花引发的燃油燃烧。NTC 热敏电阻还可用于汽车中冷却水温的测量等。

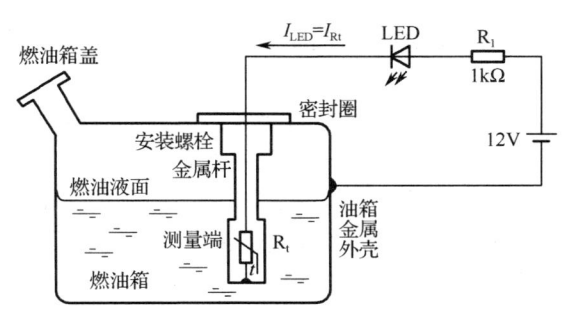

图 3-17 可恢复熔丝外形　　图 3-18 NTC 热敏电阻在汽车油箱油位判断中的应用

任务 3-2-3　空调测温系统构建与调试

【任务描述】

在空调系统中，温度传感器是非常重要的组成部分，可以实时监测室内外环境的温度变化，以便控制空调设备的制冷或制热效果。本任务结合实训室 SRS-S01 传感器综合实验台实训装置、温度传感器实验模块、温度变送器、温度数字显示仪表、24V 电源模块、加热器、散热器等实验器件，搭建模拟空调测温系统，使学生能够掌握测温系统组成、接线与调试，从而理解热敏电阻的测温特性。

【任务要求】

（1）理解热敏电阻的测温工作原理。
（2）理解温度变送器在自动检测系统中的作用和特性。
（3）熟悉测温热敏电阻在工程中的实际应用。
（4）熟悉模拟空调测温系统工艺流程。

【相关知识】

1. 资讯

热敏电阻在空调中主要有两个作用，一是实现空调舒适度的自动控制；二是起到保护作用。热敏电阻在空调中的具体作用有：①室内环境热敏电阻。大多放置在空调内机的空气吸入口，采集空气温度的数值交由 CPU 处理，从而决定空调运转的模式或是否停止工作。若采用智能化霜，需与管温进行比较来决定化霜与否。②室内管温热敏电阻。作为室内管温电阻有多重作用，除了实现舒适性，也起到一定的保护作用。当空调处于制热模式时，如内风机失速、过滤网过脏及室内温度过高，会导致室内机压力过高，室内冷凝温度也过高，这种情况非常危险。当 CPU 采集的室内管温过高时会切断室外机运行，直至切断压缩机（随机型不同有异）以起到保护作用。③室外管温热敏电阻。主要检测室外机冷凝器的温度，以决定是否开始化霜或结束化霜。④室外环境热敏电阻。现在常见的空调大多为变频机及部分定频机。对于变频机来说，室外环境热敏电阻主要决定室内压缩机的高运行频率（当制热时，若室外温度较高，高频率就需控制）。正常情况下当排气管温度超过 120℃时，排气管热敏电阻阻值降低产生电信号，微电脑检测到该电信号后即发出指令使保护电路工作，切断室内、外机工作电源以停止工作。但当排气管热敏电阻短（断）路时，也会产生故障。因此，在检修此类故障时要判断故障原因是排气管温度过高还是排气管热敏电阻短（断）路。

箱体温度检测系统模拟空调室内环境温度检测，空调温度传感器通常安装在室内机热交换器的出风口处，主要作用是在制冷或制热期间检测室内的温度，控制压缩机的运行时间，在自动运行模式下控制工作状态及控制室内风扇的转速。

温度变送器工作原理如图 3-19 所示。

即温度变化→热电阻→阻值变化→温度变送器→4~20mA 信号

注：为了避免意外发生，在接通电源前应检查接线是否正确，核定电压是否为额定值。

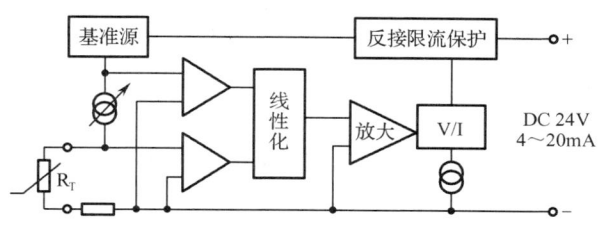

图 3-19 温度变送器工作原理

2. 实施过程

所用设备：SRS-S01 传感器综合实验台实训装置、温度传感器实验模块、温度变送器、温度数字显示仪表、24V 电源模块。

加热系统：加热电阻丝（～220V 供电）。

散热系统：风扇和散热片（直流 24V 供电）、导线等。

温度传感器实验模块与温度数字显示仪表如图 3-20 所示。

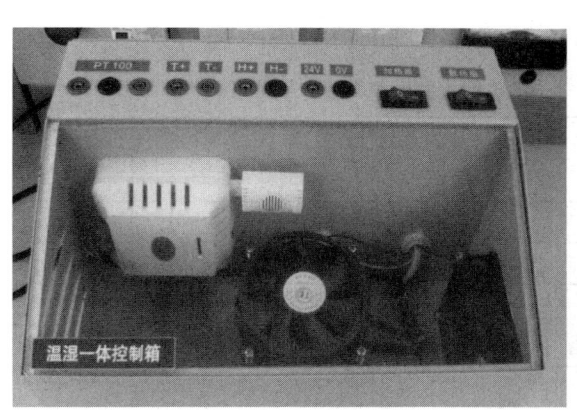

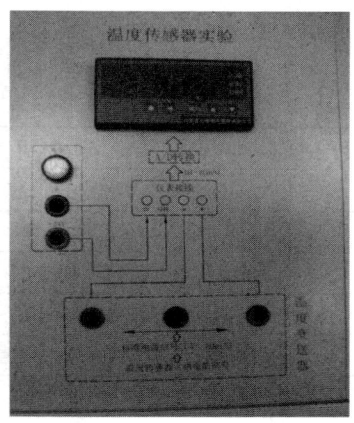

图 3-20 温度传感器实验模块与温度数字显示仪表

步骤 1：熟悉 XSCH 系列数显仪温度显示仪表功能及各参数含义。

动手调试：

该实验被测对象为箱体的温度。模拟空调机中检测空调的温度。使用的传感器为 NTC 热敏电阻，型号为 NTC16D-20，测温范围为 0～50℃。

① 先进入仪表，长按第一个按钮 3 秒左右，出现 OA，OA 是进入系统的密码，这里设置为 4 个 1。

② 按左箭头进入参数，通过上下箭头配合左箭头移位录入 4 个 1，确认 4 个 1 后，按下 MOD 键确认，再长按第一个按钮 6 秒左右进入参数设置界面。

③ 进入系统后，出现参数 incH，incH 是输入信号选择，这里采集的是 NTC 热敏电阻传感器检测的箱体温度信号，输入到显示仪表中是 4～20mA 电流信号。

④ 按左箭头进入参数设置，通过上下箭头调出 4～20mA 信号，确认 4～20mA 信号后，按下 MOD 键确认。

⑤ 调整第二个参数 in-d，in-d 小数点位置根据被测量的量程调节，本实验中测量范围为

0～50℃，因此设置小数点是 00.00；按左箭头进入参数设置，通过上下箭头配合左箭头进行移位设置，确认为 00.00 后，按下 MOD 键确认。

⑥ 调整第三个参数 u-r，本实验中 u-r 测量量程下限为 0℃；按左箭头进入参数设置，通过上下箭头配合左箭头进行加位、减位和移位设置，确认参数为 00.00 后，按下 MOD 键确认。

⑦ 调整第四个参数 F-r，本实验中 F-r 测量量程上限为 50℃，按左箭头进入参数设置，通过上下箭头配合左箭头进行加位、减位和移位设置，确认参数为 50.00 后，按下 MOD 键确认。

⑧ 调整好 4 个主要参数后，再长按第 1 个按钮 3 秒左右，退出参数调整界面，进入信号采集界面。

注意：如果不出现信号采集模块，可一直长按第一个按钮，参数调整界面和信号采集界面交替出现。需要注意的是，incH 输入信号选择是显示仪表最重要的一个参数，一定要根据选用的传感器型号、显示仪表型号及传感器是否进行信号转换输入等信息选择合适的信号，在进入系统后可通过上下箭头调出对应的参数。

根据数码显示仪表的使用说明书，设定相关参数并填写表 3-6。

表 3-6 相关参数表

参　　数	设　定　值	备　　注
incH（incH）输入信号选择		
in-d（in-d）小数点位置		
u-r（u-r）测量量程下限		
F-r（F-r）测量量程上限		
in-S（in-S）零点修正设定值		
Fi（Fi）量程修正设定值		
FLtr（FLtr）数字滤波时间常数设定值		
Li（Li）冷端补偿修正系数设定值		

步骤 2：热敏温度传感器与温度变送器的功用。

动手做：热敏温度传感器与温度变送器接线如图 3-21 所示。

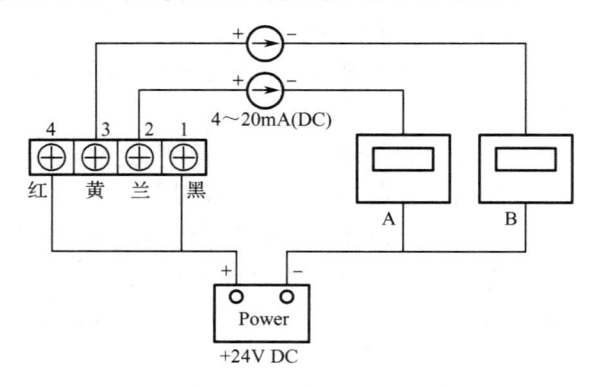

图 3-21 热敏温度传感器与温度变送器接线

实验要求：测量初始的室内温度并记录，然后开启加热装置，每2分钟记录一次室内温度，当温度超过45℃或已经加热10分钟时关闭加热装置，并同时开启散热装置，每2分钟记录一次室内温度，当温度接近初始的室内温度或散热时间超过20分钟时关闭散热装置，观察并记录温度的变化，最后将记录数据绘成曲线图，横坐标为时间，纵坐标为温度。

项目3-3　电炉测温

本项目以电炉温度为检测对象，详细描述了温度检测系统的构建和调试过程。

思维导图

项目3-3　电炉测温
- 任务3-3-1　认识热电偶
- 任务3-3-2　热电偶结构与安装
- 任务3-3-3　热电偶温度补偿与计算
- 任务3-3-4　热电偶的应用

任务3-3-1　认识热电偶

【任务描述】

热电偶传感器是一种自发电型传感器。它可将温度信号转换为电动势。在众多测温传感器中，热电偶传感器已经形成系列化、标准化体系。本任务要求学生掌握热电偶传感器的工作原理、基本定律及热电偶传感器的选型方法。

【任务要求】

（1）掌握热电偶的工作原理和基本定律。
（2）掌握热电偶选型的方法。

【相关知识】

热电偶传感器（以下简称"热电偶"）在工业中被普遍应用，它是接触式传感器，能将温度信号转换为电动势输出。热电偶具有结构简单、精度高、使用方便、热惯性小、可测局部温度、便于远程传送等优点，已经形成系列化、标准化体系。由不同材质制成的热电偶，可以在-200℃～3000℃测量温度。

1．热电偶的基本工作原理

（1）热电效应。

热电偶的测温原理基于热电效应。1821年，德国的物理学家赛贝克用两种不同的金属组成一个闭合回路，并用酒精灯加热其中一个接触点（称为结点），放在回路中的指南针发生偏转，说明有电流产生，热电效应示意如图3-22所示。如果用两盏酒精灯同时加热两个结点，指南针的偏转反而减小,说明电流消失。指南针的偏转说明闭合回路中产生电动势并有电流流动,且电流的大小与两个结点的温差有关。由此赛贝克发现,由两种不同材料的金属 A 和 B 组成的闭合回路,当两个结点温度不同时,回路中有电动势产生而形成电流,此物理现象称为"热电效应"。将两种不同材料的导体 A、B 的两端连接在一起组成闭合回路,称为热电偶,A 和 B 称为热电极,温度高的结点称为热端(测量端或工作端),温度低的结点称为冷端(参考端或自由端)。

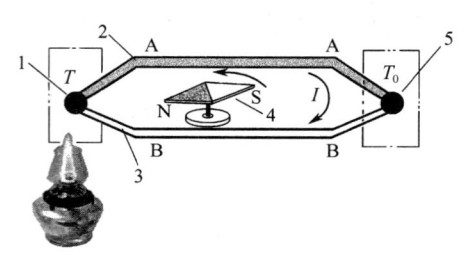

1—热端;2—热电极 A;3—热电极 B;4—指南针;5—冷端

图 3-22 热电效应示意

通过理论分析证明,图 3-22 所示的热电偶回路中所产生的总热电动势由两种导体的接触电动势和单一导体的温差电动势两部分组成。

(2)接触电动势。

当两种不同的金属 A、B 相互接触时,不同金属内部自由电子的密度不同,在两金属 A、B 的接触点处会产生自由电子扩散现象。自由电子会从密度大的金属 A 扩散至密度小的金属 B,金属 A 会因失去电子而带正电,金属 B 会因得到电子而带负电,从而有热电动势产生,如图 3-23 所示。这种在两种不同金属 A、B 的结点处产生的热电动势被称为帕尔贴(Peltier)电动势,又称为接触电动势。其大小可以表示为 $e_{AB}(T)$。

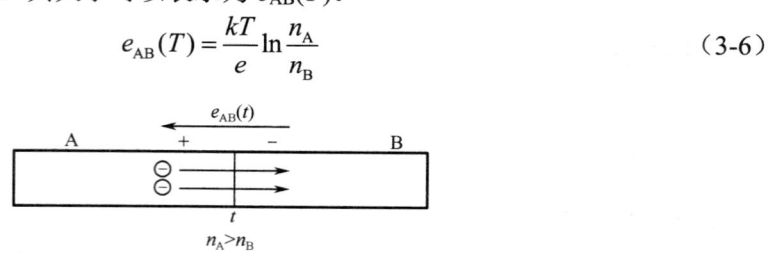

$$e_{AB}(T) = \frac{kT}{e} \ln \frac{n_A}{n_B} \tag{3-6}$$

图 3-23 接触电动势

式中 $e_{AB}(T)$——A、B 两种材料在温度为 T 时的接触电动势;

T——接触处的热力学温度;

k——玻尔兹曼常数($k=1.38\times10^{-23}$J/K);

e——电子电荷($e=1.6\times10^{-19}$C);

n_A、n_B——热电极材料 A、B 的自由电子密度。

由上式可知,接触电动势的大小只取决于两种导体 A、B 的自由电子密度和 A、B 接触点的温度,与导体的形状与尺寸无关。

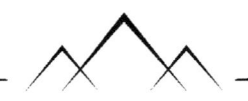

(2) 温差电动势。

在单一导体中，若两端温度不同，则两端间会产生电动势，即单一导体的温差电动势。这是因为在导体内部，高温端的自由电子具有较大的动能，会扩散到低温端，高温端会因失去电子而带正电，低温端则因得到电子而带负电，从而形成了一个静电场。该静电场会阻碍电子的进一步扩散，当形成动态平衡时，在导体的两端便产生一个相应的电位差，如图 3-24 所示，该电位差被称为温差电动势。

温差电动势的大小可表示为

$$e_A(T, T_0) = \int_{T_0}^{T} \sigma dT \tag{3-7}$$

式中　$e_A(T, T_0)$——导体 A 两端温度分别为 T、T_0 时形成的温差电动势；

σ——汤姆逊系数，表示单一导体两端温度差为 1℃时所产生的温差电动势，其数值与材料性质和两端温度有关，单位为 V。

(3) 热电偶回路电动势。由导体 A、B 组成一个热电偶闭合回路，当温度 $T>T_0$，$n_A>n_B$ 时，此闭合回路总的热电动势为 $E_{AB}(T, T_0)$，如图 3-25 所示。

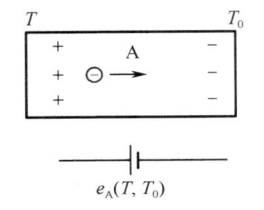

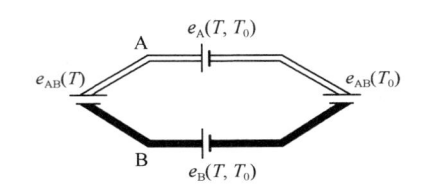

图 3-24　温差电动势　　　　图 3-25　回路总电动势

由于热电偶的两个结点都存在帕尔贴电动势，热电偶产生的总的热电动势是两个结点的温差（$T-T_0$）的函数，即

$$E_{AB}(T, T_0) = [e_{AB}(T) - e_{AB}(T_0)] + [-e_A(T, T_0) - e_B(T, T_0)] \tag{3-8}$$

由上式可得出以下结论：

① 若热电偶的两结点温差为零，则回路总热电动势必然等于零。温差越大，热电动势越大。

② 若热电偶两电极为相同材料，即使两端温差不为零，但总输出热电动势仍等于零。因此两电极必须为两种不同材料，才能构成热电偶。

③ 式中没有包含与热电偶尺寸、形状有关的参数，故热电动势的大小只与材料性质和结点两端温度有关，热电偶的内阻大小却与其尺寸、形状有关。热电偶越细长，内阻越大。

经实践证明：在金属导体中因为自由电子数目很多以至于温度不能显著改变其自由电子密度，故在同一金属导体内，温差电动势极小，可以忽略。因此，在热电偶回路中起决定作用的是接触电动势。

故上式可以简化为

$$E_{AB}(T, T_0) = [e_{AB}(T) - e_{AB}(T_0)] \tag{3-9}$$

由上式可以看出，回路的总电动势是随 T 与 T_0 而变化的，即总电动势为 T 和 T_0 的函数差，这在使用中很不方便，因此，在标定热电偶时 T_0 为常数。

即

$$e_{AB}(T_0) = f(T_0) = c \qquad (3\text{-}10)$$

则式（3-9）可以改写为

$$E_{AB}(T, T_0) = e_{AB}(T) - f(T_0) = f(T) - c \qquad (3\text{-}11)$$

该式表示，当使热电偶回路的一个端点温度保持不变时，热电动势只随另一端点的温度变化而变化。两个端点温差越大，回路总电动势就越大。这样，回路中总电动势就可以看作温度 T 的单值函数，这给在工程中用热电偶进行温度测量带来极大的方便。

2．热电偶的基本定律

（1）均质导体定律。两种均质导体组成的热电偶，其回路中热电动势的大小只与两材料性质及两结点温度有关，与均质导体的尺寸、形状及沿电极各处的温度分布都无关。即若只有一种均质导体组成的闭合回路，任何截面和长度的导体都不会产生热电动势。反之，如果回路中有电动势产生，则材料为非均质。故组成热电偶的两种导体材料都必须为均质，否则温度梯度会使其产生附加电动势。

（2）中间导体定律。若有"中间导体"（A、B 热电极之外的其他导体）插入在热电偶回路中，只要保证中间导体两端的温度相同，则对热电偶回路的总热电动势没有影响，这就是中间导体定律。如果多种导体（如 D、E、F 等）插入在热电偶回路中，如图 3-26 中的 HNi、QSn、Sn、NiMn、Cu 等，只要能保证插入的每一种导体的两端温度相同，则对热电偶回路的热电动势毫无影响。

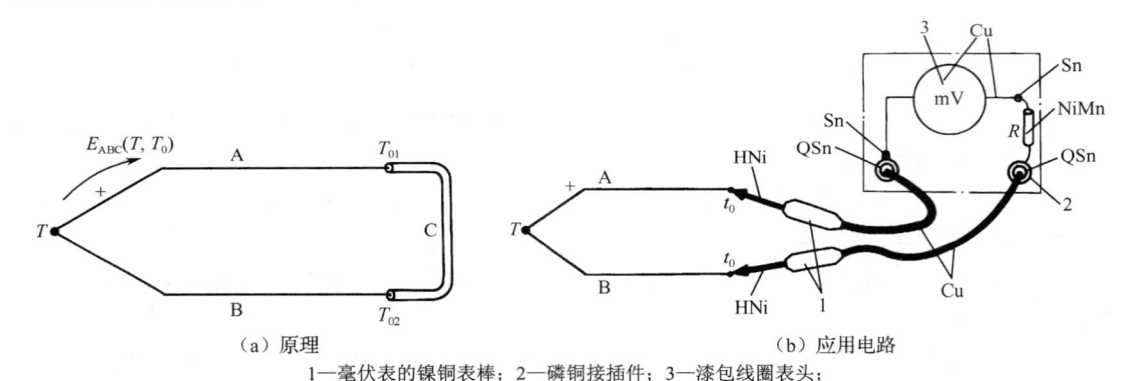

（a）原理　　　　　　　　　　　　（b）应用电路

1—毫伏表的镍铜表棒；2—磷铜接插件；3—漆包线圈表头；

HNi—镍黄铜；QSn—锡磷青铜；Sn—焊锡；NiMn—镍锰铜热电阻丝；Cu—纯铜导线

图 3-26　中间导体定律

实际利用热电偶测温时，像连接导线、显示仪表、接插件等都可被看作中间导体，只需保证每一种中间导体两端的温度相同，则对热电偶回路的热电动势毫无影响。在热电偶的实际应用中，中间导体定律有十分重要的意义。

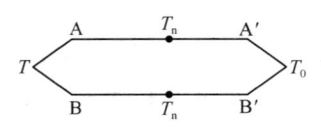

图 3-27　用连接导线连接热电偶回路

（3）连接导体定律和中间温度定律。在热电偶回路中，若热电偶 A、B 分别与 A′、B′相连，接触点温度分别为 T、T_n、T_0，那么回路的热电动势将等于热电动势 $E_{AB}(T, T_n)$ 与连接导线 A′、B′在温度 T、T_0 时热电势 $E_{A'B'}(T_n, T_0)$ 的代数和，如图 3-27 所示。

即

$$E_{ABA'B'}(T,T_n,T_0) = E_{AB}(T,T_n) - E_{A'B'}(T_n,T_0) \quad (3\text{-}12)$$

由该式可得出重要结论：当 A 与 A′、B 与 B′材料分别相同，且接触点温度为 T、T_n、T_0 时，根据连接导体定律可得该回路的热电动势为

$$E_{AB}(T,T_n,T_0) = E_{AB}(T,T_n) - E_{AB}(T_n,T_0) \quad (3\text{-}13)$$

式（3-13）表明，热电偶在接触点温度为 T、T_n、T_0 时的热电势 $E_{AB}(T,T_0)$，等于热电偶在 (T,T_n)、(T_n,T_0) 时相应的热电势 $E_{AB}(T,T_n)$ 与 $E_{AB}(T_n,T_0)$ 的代数和，这就是中间定律。中间定律为在工业温度测量中使用补偿导线提供了理论基础，只要选择与热电偶热电特性相同的补偿导线，便可以延长热电偶的参考端，使之远离高温区，到达一个温度稳定的位置，从而不影响温度测量的准确性。

（4）标准电极定律（参考电极定律）。

如图 3-28 所示，已知热电极 A、B 分别与标准电极 C 组成热电偶，在接触点温度为 (T,T_0) 时的热电动势分别为 $E_{AC}(T,T_0)$ 和 $E_{BC}(T,T_0)$，则在相同温度下，由 A、B 两种热电极配对后的热电动势为

$$E_{AB}(T,T_0) = E_{AC}(T,T_0) - E_{BC}(T,T_0) \quad (3\text{-}14)$$

标准电极定律将热电偶的选配工作简化。只要得到有关热电极与参考电极配对的热电动势，就可利用该定律来计算任何两种热电极配对时的热电动势，不需要逐个进行测定。在实际应用中，纯铂丝的物理性能、化学性能稳定，容易提纯、熔点高，常被用作标准电极。只要能确定出其他各种电极对铂电极的热电特性，便可确定出这些电极互相组成热电偶的热电动势大小。

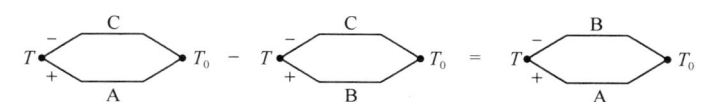

图 3-28 由三种导体分别组成的热电偶

2．热电偶的材料及种类

（1）热电偶材料。根据热电效应原理，任意两种不同材质的导体或半导体都可以作为热电极来组成热电偶。但作为实际应用的测温元件，不是所有的材料都适用，需要经过严格的选择。制作热电偶材料的基本要求如下。

① 具有稳定的热电特性，即热电动势与温度的对应关系需保持恒定，物理、化学性能稳定；

② 为了得到较高的灵敏度，两种材料组成的热电偶应输出较大的热电动势，并且热电动势与温度间应尽可能呈线性关系；

③ 为保证测量结果的精确性，电阻温度系数和电阻率要小；

④ 具有工艺性能，以便能够成批生产，并且复现性好，以便能够统一分度。

但是实际应用中很难找到完全满足上述要求的材料。总的来说，纯金属的热电极虽容易复制，但其热电动势小；非金属的热电极的热电动势较大，并且熔点高，复制性与稳定性都较差；合金热电极的热电性能与工艺性能介于前面两者之间，故合金热电极用得比较多。目前在国际上被公认具有代表性或应用比较普遍的热电偶不多，这些热电偶的热电极材料都是经过大量实验认证的，它们分别被应用在各温度范围，且具有良好的测量效果。

（2）国际标准热电偶及材料。

目前为止，国际电工委员会（简称 IEC）推荐了 8 种标准化热电偶。我国采用 IEC 标准且制定了标准化热电偶的国家标准，分别用字母 B、R、S、K、N、E、J、T 来表示标准化热电偶的类型（又称分度号），用字母 P 和 N 表示热电偶的正极与负极。8 种国际通用热电偶的主要技术指标及特点见表 3-7。

表 3-7　8 种国际通用热电偶的主要技术指标及特点

名　称	分度号	测温范围/℃	100℃时的热电动势/mV	1000℃时的热电动势/mV	允许误差/℃	特　点
铂铑 30-铂铑 6	B	50～1820	0.033	4.834	±4	熔点高，测温上限高，性能稳定，100℃以下热电动势极小，可不必考虑冷端温度补偿；价格昂贵，热电动势小，只适用于高温域的测量
铂铑 13-铂	R	-50～1768	0.647	10.506	±1.5	使用上限较高，性能稳定，复现性好；热电动势较小，不能在金属蒸气和还原性气体中使用，价格昂贵；多用于温度的精密测量
铂铑 10-铂	S	-50～1768	0.646	9.587	±1.5	优点同 R，但性能略差于 R；长期以来作为国际温标的法定标准热电偶
镍铬-镍硅	K	-270～1370	4.096	41.276	±2.5	热电动势大，线性好，稳定性好，价格低廉；材质较硬，在 1000℃以上长期使用会引起热电动势漂移；适用于测量 1000℃以下的温度
镍铬硅-镍硅	N	-270～1300	2.744	36.256	±2.5	一种新型热电偶，各项性能均比 K 型热电偶好，适用于测量 1000℃以下的温度
镍铬-铜镍（锰白铜）	E	-270～800	6.319	—	±2.5	热电动势比 K 型热电偶大，线性好，价格低廉；不能用于还原性气体；适用于工业测量
铁-铜镍（锰白铜）	J	-210～760	5.269	—	±2.5	价格低廉，在还原性气体中较稳定；但纯铁易被腐蚀和氧化；适用于测量 500℃以下的温度
铜-铜镍（锰白铜）	T	-270～400	4.279	—	±1	价格低廉，易加工，离散性小，性能稳定，线性好，准确度高；铜在高温时易被氧化，测温上限低；多用于低温域测量，可作-200℃～0℃温域的计量标准

几种常用热电偶的热电动势与温度的关系曲线如图 3-29 所示。由图可知，0℃时它们的纯电动势皆为零，这是由于在绘制热电动势—温度曲线和制定分度表时，统一将冷端置于 0℃这一标准温度。由图可知，B、R、S 及 WRe5-WRe26（钨铼 5-钨铼 26）等在 100℃以下的热电动势几乎为零，故适用于高温测量。由图可知，多数热电偶的输出是非线性的（斜率 K_{AB} 不是常数），但国际计量委员会对热电偶每 1℃的热电动势都做了精密的测试，并公布了它们的分度表。应用这些热电偶时，只需将这些分度表输入到微处理器的存储器中，微处理器会根据测得的热电动势来自动查分度表，从而获得被测温度值。

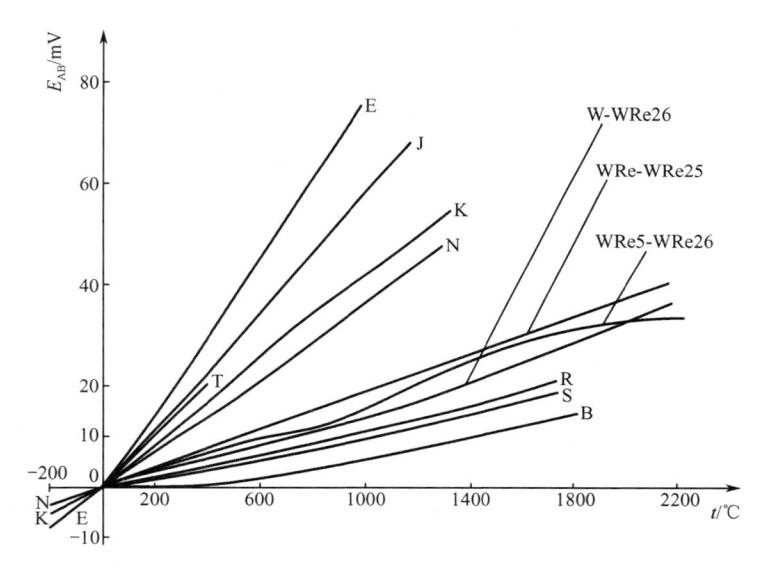

图 3-29 常用热电偶的热电动势与温度的关系曲线

任务 3-3-2 热电偶结构与安装

【任务描述】

热电偶在工业上使用最多，有时需要长期在恶劣环境下工作。根据被测对象的不同，热电偶的结构也各有不同，本任务要求掌握热电偶的结构类型及安装方法。

【任务要求】

（1）掌握热电偶的结构类型。
（2）掌握热电偶的安装方法。

【相关知识】

1. 热电偶的结构类型

两个热电极的一个端点被紧密地焊接在一起组成结点就构成热电偶，应用耐高温材料对热电偶的两极进行绝缘处理。根据不同的被测对象，热电偶的结构类型各有不同，以下介绍几种较典型的结构类型。

（1）装配式热电偶。装配式热电偶在工业上使用最多，它主要用于气体、蒸汽、液体等介质的温度测量。这类热电偶已做成标准形式，其中有棒形、锥形、角形等。从安装固定方式来看，其中有固定法兰式、活动法兰式、焊接固定式、固定螺栓式、无专门固定式等。装配式热电偶包含接线盒、保护管、绝缘管热端和热电极几个部分，其结构如图 3-30 所示。装配式热电偶大多还配有各种安装夹具，以便满足生产现场的安装需求。

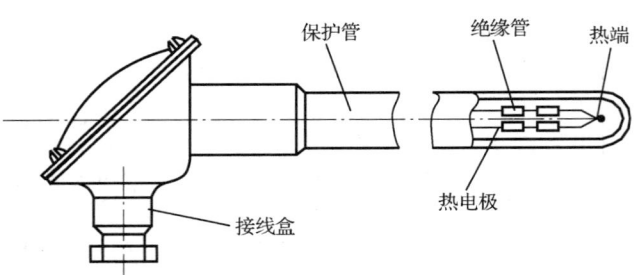

图 3-30 装配式热电偶结构

（2）铠装式热电偶。铠装式热电偶是由热电极、金属保护管、绝缘材料组合加工而成的组合体。热电极材料与高温绝缘材料被预置在金属保护管中，用同比例压缩延伸工艺将三者合为一体，制成各种规格的铠装偶体，截取适当长度，焊接密封工作端并配置接线盒，就成为柔软细长的铠装式热电偶。铠装式热电偶结构如图 3-31 所示。

铠装式热电偶特点：偶丝与空气隔绝，具有良好的抗高温氧化、抗低温水蒸气冷凝及抗机械外力冲击的特性。铠装式热电偶可以制作得很细很长，适用于微小、狭窄场合的温度测量，且具有抗震、可任意弯曲等优点。

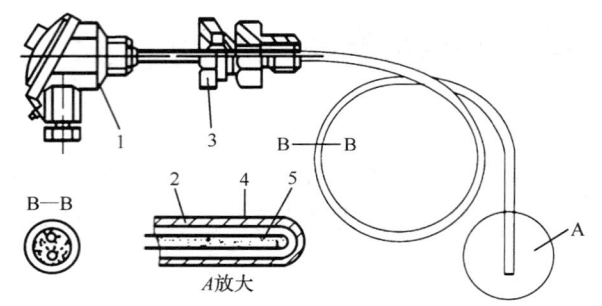

1—接线盒；2—金属保护管；3—固定装置；4—绝缘材料；5—热电极

图 3-31 铠装式热电偶结构

（3）薄膜式热电偶。用真空蒸镀等方法将两种热电极材料蒸镀到绝缘基板上而形成薄膜式热电偶。其测量结点又小又薄（厚度一般只有几微米），热惯性小且反应快，特别适合在温度瞬变的表面测量和微小面积上的温度测量。其结构有 3 种：片状、针状、把热电极材料直接蒸镀在被测物表面上。薄膜式热电偶测温范围在 300℃ 以下，反应时间只有几毫秒。铁-镍薄膜式热电偶结构如图 3-32 所示。

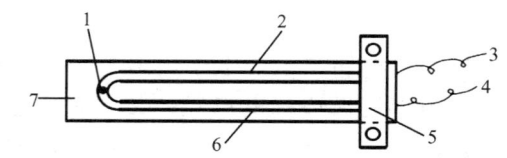

1—测量结点；2—铁膜；3—铁丝；4—镍丝；5—接头夹具；6—镍膜；7—衬架

图 3-32 铁-镍薄膜式热电偶结构

（4）隔爆热电偶。隔爆热电偶的接线盒采用防爆的特殊结构，是经过压铸而成的，具有一定的厚度与隔爆空间，机构强度高；接线盒采用螺纹隔爆接合面，且用密封圈对其密封，一旦接线盒内放弧,不会与外界的危险气体传爆,从而达到预期的防爆、隔爆目的。

在化学工业自控系统中常用到隔爆热电偶,因为在化工生产现场经常伴有各种易燃、易爆的化学气体或蒸气,若用普通热电偶则非常危险,容易导致环境气体爆炸。

除此之外,还有在特殊场景专门使用的隔爆热电偶,如用于各种固体表面温度测量的表面热电偶,专门用于钢水和其他熔融金属温度测量而设计的快速热电偶等。

2. 热电偶的安装方法

以装配式热电偶为例。

(1)要选择便于施工维护且不易受外界损伤的位置作为安装地点。

(2)安装时尽可能选择垂直安装,防止保护套管在高温下产生变形;当被测介质是流动状态时,应倾斜安装,并与被测介质流动的方向相对;当管道内有弯道时,尽量将其安装在管道弯曲处。

(3)按实际需要决定插入深度,但插入深度应大于保护套管外径的8~10倍。

(4)露在设备外的部分要尽量短并考虑包扎保温材料,否则会产生测量误差。

(5)接线盒的盖子应尽量放在上面,以防进水,从而保证良好的密封性。

任务 3-3-3　热电偶温度补偿与计算

【任务描述】

在利用热电偶测量温度时,它能够直接与显示仪表(如数字表等)配套使用,也能与温度变送器配套使用,将温度信号转换为标准电流信号。为了提高测温精度和便于维修,需要合理安排热电偶测温线路,本任务要求学生掌握热电偶测温线路与温度补偿的相关知识。

【任务要求】

(1)掌握热电偶测温线路。
(2)掌握热电偶的温度补偿。

【相关知识】

热电偶测温时,既可直接与显示仪表配套使用,也可与温度变送器配套使用,将温度信号转换为标准电流信号。在提高测温精度和便于维修等方面,热电偶测温线路的合理安排具有非常重要的意义。

1. 热电偶测温线路

(1)测量某点温度的基本线路。基本测量线路通常由热电偶、冷端补偿器、补偿导线、连接用铜线、动圈式显示仪表等构成。用一只热电偶与一台显示仪表对构成的热电偶基本测量线路如图 3-33 所示。若显示仪表是电位计,则不需要考虑线路电阻对测量精度的影响;若显示仪表是动圈式仪表,则必须考虑线路电阻对测量精度的影响。

(2)测量温度之和——热电偶串联测量线路。热电偶串联测量线路如图 3-34 所示,依次

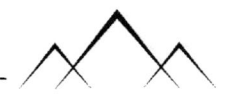

连接 n 只同型号热电偶的正负极。若 n 只热电偶的热电动势分别为 E_1、E_2、E_3、$\cdots$、E_n，则总热电动势为

$$E_串 = E_1 + E_2 + \cdots + E_n = nE \tag{3-14}$$

式中　E——n 只热电偶的平均热电动势。

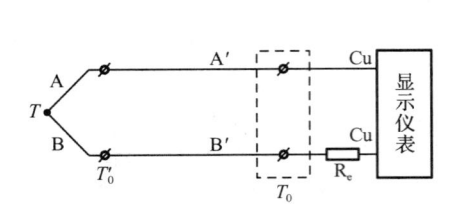

图 3-33　热电偶基本测量线路

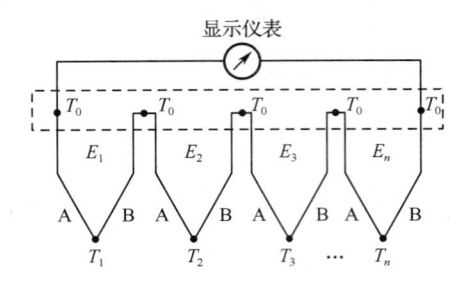

图 3-34　热电偶串联测量线路

串联线路的总热电动势为 nE。此串联线路相较于单只热电偶来说，热电动势大，且精度高；但其缺点是只要其中有一只热电偶断开，整个串联线路就不能工作，若个别短路则会造成显示值显著偏低。

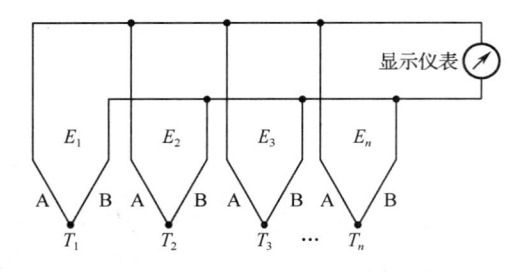

（3）测量平均温度——热电偶并联测量线路。热电偶并联测量线路如图 3-35 所示，将 n 只同型号热电偶的正负极分别连在一起。n 只热电偶阻值相等，并联电路总热电动势等于 n 只热电偶热电动势的平均值，即

$$E_并 = (E_1 + E_2 + \cdots + E_n)/n \tag{3-16}$$

（4）测量两点之间的温差。在实际工作中，有时需要测量两点的温差。有两种测量方法可以选用：一是用两只热电偶各自测量两点的温度再计算温差；二是将两只同型号热电偶反串联，直接测量温差电动势，再计算温度，热电偶温差测量线路如图 3-36 所示。在对精度要求高的测量中，第二种方法经常被采用。

图 3-35　热电偶并联测量线路

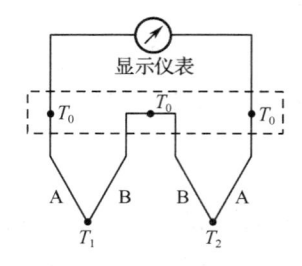

图 3-36　热电偶温差测量线路

2. 热电偶的温度补偿

根据热电效应原理可知，热电偶产生的热电动势与两端温度有关。只有当冷端温度保持恒定时，热电动势才是热端温度的单值函数。热电偶分度表的冷端温度为 0℃，因此在使用热电偶时若要正确测量热端温度，必须设法保证冷端温度恒定为 0℃。但在实际应用中，热电偶的冷端通常与被测对象靠近，再加上周围环境温度的影响，其冷端温度很难保持恒定。在一般情况下，冷端温度都高于 0℃，因此热电动势就会偏小。综上所述，应想办法消除这种误差，可采取以下措施来补偿热电偶的冷端损失。

（1）冷端延长法。组成热电偶的材料通常是贵金属，其长度一般比较短，冷端距测温对象很近，使冷端温度较高且波动较大，造成测量误差较大。在实际工作中，通常采用补偿导线来延长热电偶的冷端，使之远离测温对象至温度恒定的场所（如控制室或仪表室），冷端延长法如图 3-37 所示。

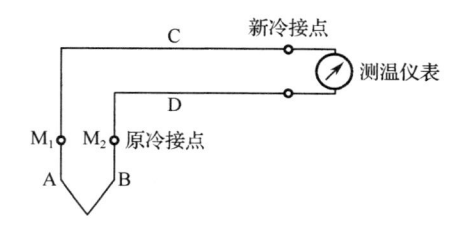

图 3-37　冷端延长法

补偿导线大都采用相对廉价的合金导体，其在一定温度范围内（0℃～100℃）可以和热电偶电极具有相同的热电性能，所以不会影响测量的准确度，且补偿导线柔软、易弯曲，便于敷设安装。常用热电偶的补偿导线如表 3-8 所示。

表 3-8　常用热电偶的补偿导线

补偿导线型号	配用热电偶型号	补偿导线		绝缘层颜色	
		正极	负极	正极	负极
SC	S	SPC（铜）	SNC（铜镍）	红	绿
KC	K	KPC（铜）	KNC（铜镍）	红	蓝
KX	K	KPX（镍铬）	KNX（镍硅）	红	黑
EX	E	EPX（镍铬）	ENX（铜镍）	红	棕

使用补偿导线的注意事项如下。
① 两根补偿导线与所连接的热电偶两个热电极的结点要具有相同的温度；
② 各种补偿导线必须在规定的温度范围内使用，且只能与相应型号的热电偶配套使用；
③ 极性不能接反。

（2）冷端恒温法。将热电偶的冷端放在有冰水混合物的保温瓶中，冷端的温度在 0℃保持恒定，这称为冰浴法。冰浴法可以消除由于冷端温度不是 0℃而产生的误差，但是由于冰融化较快，所以冰浴法只适用于实验室中。在工业现场，有时候将冷端置于盛油的容器中，油具有热惰性，从而使冷端温度保持在室温。有时也将热电偶的冷端放入各种恒温器内，使冷端温度保持恒定。但以上方法中冷端温度一般都不为 0℃，所以还需对热电偶进行冷端温度修正。

（3）计算修正法。以上两种方法都能解决使冷端温度保持恒定的问题，但由于热冷端的温差会随冷端的变化而变化，在热电偶的冷端温度不为 0℃时，测出的热电动势就不能正确地反映热端的真正温度，故需要进行冷端温度修正。公式如下：

$$E_{AB}(T, T_0) = E_{AB}(T, T_1) + E_{AB}(T_1, T_0) \tag{3-17}$$

式中　$E_{AB}(T,T_0)$——热电偶热端温度为 T、冷端温度为 0℃时的热电动势；
　　　$E_{AB}(T,T_1)$——热电偶热端温度为 T、冷端温度为 T_1 时的热电动势；
　　　$E_{AB}(T_1,T_0)$——热电偶热端温度为 T_1、冷端温度为 0℃时的热电动势。

（4）电桥补偿法。虽然计算修正法很精确，但并不适合连续测温。因此，有些仪表的测温线路会利用热电阻测温电桥来补偿热电偶冷端因温度变化而产生的热电动势。电桥补偿法的工作原理是利用不平衡电桥产生的不平衡电压来补偿热电偶冷端因温度变化而产生的热电动势，电桥补偿法如图 3-38 所示。可购买与热电偶型号对应的补偿电桥（冷端补偿器），根据使用说明来进行温度补偿。

国产的冷端补偿器的电桥大都在 20℃调节平衡，因此在 20℃时没有补偿，需对其进行修正，或者把机械零点调到 20℃。

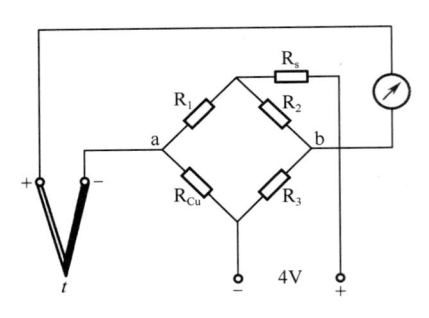

图 3-38　电桥补偿法

（5）动圈式仪表机械零点调整法。热电偶与动圈式仪表配套使用时，若热电偶冷端温度较恒定，且对测量准确度要求不高，则可把动圈式仪表的机械零点调至热电偶冷端温度值上，从而使在使用时仪表所指示的值就是被测量的实际值。

在调整仪表的机械零点时，首先必须切断仪表的电源及输入信号，然后利用螺钉旋具对仪表面板上的螺钉进行调节，使指针指在 0℃位置。当气温发生变化时，指针的位置要及时修正。虽然此法有一定的误差，但很简便，动圈式仪表上经常采用此法。

（6）使用半导体集成温度传感器进行冷端温度测量。在计算修正法中，首先要测出冷端温度，才能按照式（3-17）进行计算修正。目前半导体集成温度传感器（温度 IC）被普遍应用于室内测温。温度 IC 的优点为体积小、准确度高、集成度高、输出信号大、线性好、无须冷端补偿、无须室温标定、外围电路简单、热容量小等。把温度 IC 放于热电偶冷端附近，对温度 IC 的输出电压进行简单换算，就能得出热电偶的冷端温度，再用计算修正法来进行冷端温度修正。

任务 3-3-4　热电偶的应用

【任务描述】

热电偶在温度测量中应用非常广泛，是工业领域常用的测温元件之一。它构造简单、使用方便、测温范围大，且具有较高的精确度和稳定性。本任务要求学生了解热电偶在温度测量场合的应用，掌握退火电炉、钢水温度测量方法，掌握与热电偶配套的仪表的接线方式。

【任务要求】

（1）了解金属表面温度的测量方法。
（2）了解热电堆在红外探测器中的应用。
（3）掌握退火电炉、钢水温度的测量方法。
（4）掌握与热电偶配套的仪表的接线方式。

【相关知识】

1. 金属表面的温度测量

在机械、能源、冶金、国防等领域，金属表面的温度测量是非常普遍的问题。例如，在热处理工作中，锻件、铸件、蒸气管道、炉壁面等表面的温度测量。根据测量对象特点，被测温度范围从几百摄氏度到一千多摄氏度，但测量方法通常使用直接接触式温度测量法。

根据温度范围，使用各种型号规格的热电偶，并用粘贴或者焊接的方法，把热电偶与被测金属表面直接连接在一起，将热电偶与显示仪表连接成测量系统，这种方式称为直接接触式温度测量法。不同壁面的热电偶使用方式如图 3-39 所示。若金属壁较薄，可用胶合物将热电偶粘贴在被测元件的表面，如图 3-39（a）所示。为减小误差，应用足够长的保温材料对紧靠测量端的地方进行保温。若金属壁较厚，针对不同壁面，测量端的插入方式有热电偶从斜孔内插入，如图 3-39（b）所示；利用电动机起吊螺孔，热电偶从孔槽内插入，如图 3-39（c）所示。

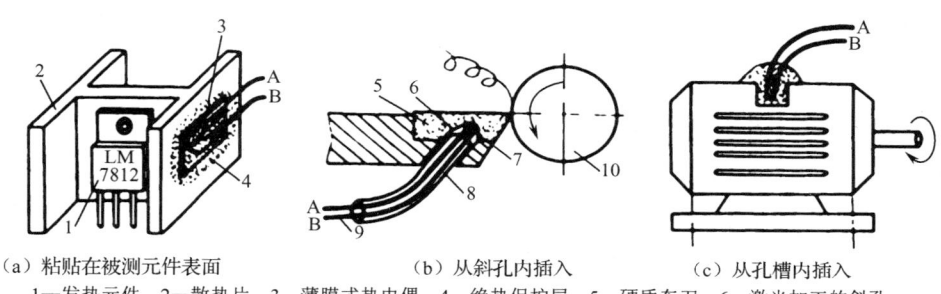

（a）粘贴在被测元件表面　　（b）从斜孔内插入　　（c）从孔槽内插入

1—发热元件；2—散热片；3—薄膜式热电偶；4—绝热保护层；5—硬质车刀；6—激光加工的斜孔；
7—露头式铠装热电偶的测量端；8—薄壁金属保护管；9—冷端；10—工件

图 3-39　不同壁面的热电偶使用方式

补充：WREM、WRNM 型表面热电偶专门用于对 0℃～800℃ 的各种不同形状固体的表面温度进行测量，在锻造、局部加热、热轧、电动机轴瓦、金属淬火、塑料注射机、模具加工等现场都是有效的测量工具。使用时，表面热电偶的热端应紧紧压在被测物表面，等待热平衡后再读取温度值。表面热电偶的冷端插头和对应的补偿导线如果采用相同的材料，则不影响结果。切记，插头与插座的正负极不能接反。

2. 热电堆在红外探测器中的应用

物体受红外辐射会导致温度升高。在红外辐射的聚焦点上放热电偶，根据热电偶输出的热电动势可以检测入射红外线的强度。单只热电偶的输出很微弱，将许多只热电偶互相串联起来，即第一根的负极连接第二根的正极，第二根的负极再连接第三根的正极，以此类推，将它们的冷端放于环境温度中，热端涂黑（为了提高吸热效率），在聚焦区域集中，输出热电动势就能成倍提高，这种接法的热电偶称为热电堆。热电堆如图 3-40 所示，热电堆能提高红外探测器的探测效应，可应用于煤气灶中的熄火报警。

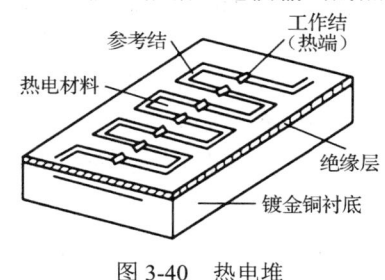

图 3-40　热电堆

3．测量退火电炉、钢水温度

根据金属的热电效应，用热电偶两端温差产生的热电动势来测量钢水和高熔融金属温度，这是快速热电偶的工作原理。快速热电偶主要由测温偶头与纸管构成。正负偶丝焊接在补偿导线上，补偿导线嵌在支架上，支架外套着纸管，石英支撑和保护偶丝，组成了测温偶头。偶丝外装有防渣帽，全部零部件被集中装入泥头中并用耐火填充剂黏合成一个整体，不可拆卸，故只能一次性使用。测量方法如下。

（1）根据被测对象和温度范围，选择合适的保护纸管长度及合适的测温枪。

（2）测温枪上装上快速热电偶，使二次仪表指针（或数字显示器）回零，此时说明接触良好，可进行测量。

（3）快速热电偶插入钢水中的深度以 300～400mm 为宜，测温时不要测到炉壁或渣子上，要做到稳、准、快，当二次仪表测出结果时，应立刻提枪，快速热电偶插入钢水中的时间不得超过 5s，否则测温枪易烧毁。

（4）从炉内提出测温枪后，取下用过的热电偶，装上新的热电偶，停顿几分钟后，进行下一次测量。勿连测连拆，不然会造成温差波动。

4．与热电偶配套的仪表的接线

我国生产的热电偶都符合 ITS-90 国际温标的规定标准，其一致性好，且国家对每种标准热电偶的配套仪表都进行了规定，配套仪表的显示值为温度，且都已线性化。热电偶的配套仪表有动圈式仪表、智能温度变送器、数字式仪表。

（1）与热电偶配套的二次仪表。XC 系列是与热电偶配套的动圈式仪表。根据功能分类，XC 系列分为指示型（XCZ）与指示调节型（XCT）等系列。K 型热电偶的配套动圈式仪表型号包括 XCZ-101 与 XCT-101 等。根据功能分类，数字式仪表分为指示型 XMZ 系列与指示调节型 XMT 系列等。

磁电式毫伏计是 XC 系列动圈式仪表测量机构的核心部件。当动圈式仪表与热电偶配套使用时，热电偶、调整电阻、连接导线（补偿导线）、显示仪表组成一个闭合回路。动圈式仪表的显示值与摄氏温度成正比。

在 XMZ 系列仪表的基础之上，加装了具有调节和报警功能的指示调节型数字式仪表，构成了 XMT 系列仪表，其是专门为热工、化工、电力等工业系统测量温度、显示温度、变送温度的标准仪器，XMT 系列仪表适用于对旧式动圈指针式仪表的更新与改造。其不仅有显示温度的功能，还能够实现对被测温度的超限报警或者双位继电器调节。其面板上有温度设定按键，当被测温度比设定温度高时，仪表内部的继电器动作，可切断加热回路。其采用工控微处理器作为主控部件，具有智能化程度高、使用方便的特点。XMT 系列仪表有以下功能。

① 双屏显示：测量值在主屏显示，设定值在副屏显示。

② 输入分度号切换：可按键（如 K、R、S、B、N、E 等）切换仪表的输入分度号。

③ 量程设定：由按键设定测量量程、显示分辨率。

④ 控制设定：在全量程范围内设定上限、下限、上上限、下下限等各控制点的值；可分别设定上下限控制回差值。

⑤ 继电器功能设定：可根据需要，对内部的数个继电器设定为上限控制（报警）方式

或者下限控制（报警）方式。

⑥ 断线保护输出：可预先设定在传感器输入断线时各继电器的保护输出状态（ON/OFF/KEEP）。

⑦ 全数字操作：采用按键操作设定仪表的各参数及校准准确度，不需要用电位器进行调整，可保证掉电时信息不丢失。

⑧ 冷端补偿范围：0℃～60℃。

⑨ 接口：有些型号的仪表还有计算机串行接口与打印接口。

与热电偶配套的 XCZ 型及 XMT 型仪表的外部接线如图 3-41 所示。

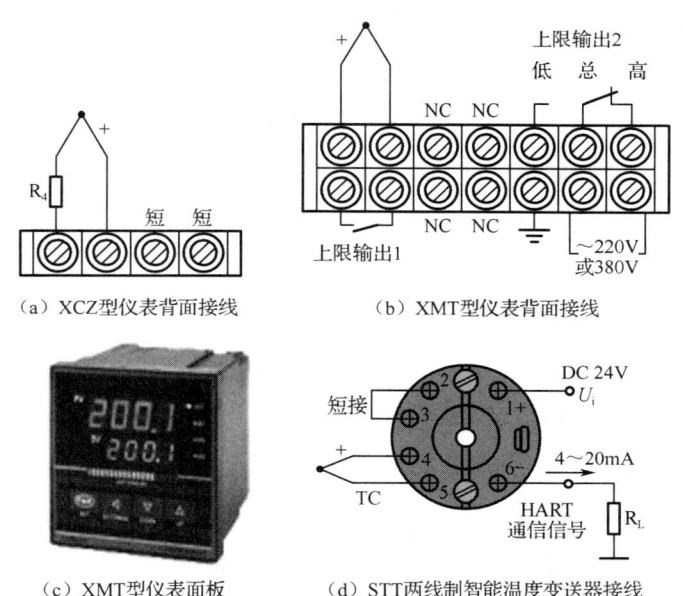

（a）XCZ 型仪表背面接线　　（b）XMT 型仪表背面接线

（c）XMT 型仪表面板　　（d）STT 两线制智能温度变送器接线

图 3-41　与热电偶配套的 XCZ 型及 XMT 型仪表的外部接线

（2）智能温度变送器。将传感器的输出信号转换为可被控制器或测量仪表接收的标准信号的仪器，称为变送器。智能温度变送器也被称为万能输入温度变送器，其可将多种温度传感器的输出信号转换成 4～20mA 的模拟信号与 HART 通信信号，其可用"现场手持通信器"进行远距离组态。智能温度变送器可与 Pt100 铂热电阻、Pt200 铂热电阻、8 种热电偶进行配套使用，由按键设定，其内部使用数字化调校、无零点及满度的电位器，能实现非线性补偿与冷端温度补偿；智能温度变送器具有传感器极性反接、开路与短路报警功能，输出电路与输入电路电气隔离，具有防爆结构。

知识拓展

红外辐射温度计

1. 红外辐射知识

红外线是一种肉眼不可见的光线，它介于可见光中的红色光与微波之间。电磁波波谱如

图 3-42 所示（极远红外部分图中未标出）。由图可知，红外线的波长大约在 0.76~1000μm，对应频率大约在 $4×10^{14}$~$3×10^{11}$Hz，工程上通常将红外线占据的波段分为近红外、中红外、远红外等部分。

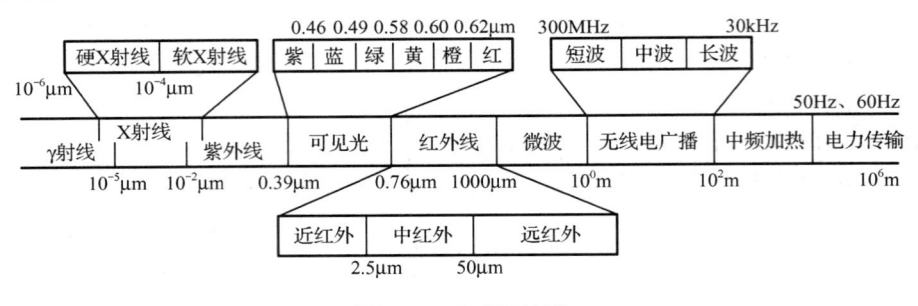

图 3-42 电磁波波谱

红外辐射从本质上来说就是一种热辐射。人、动植物、水、火都具有热辐射，但波长不同。任何温度高于绝对零度（-273℃）的物体，都会向外部空间进行红外辐射。物体温度越高，红外辐射越多，辐射能量也越强。另外，红外线被物体吸收后可转化成热能。作为电磁波的一种形式，红外线以波的形式在空间中传播，具有电磁波的一般特性。

在空气中，氮气、氧气、氢气不吸收红外线，大气层对不同波长的红外线有不同的吸收带，所以红外线在大气层通过时，2~2.6μm、3~5μm、8~14μm 这三个波段的红外线通过率最高，故红外探测器一般在这三个波段工作。

2. 红外辐射温度计

人体辐射的红外线波长主要为 9~10μm，因为空气不吸收此波长范围内的光线，故通过测量人体自身辐射的红外能量，就能准确测定人体的表面温度。测量速度快是红外温度测量技术的最大优点，1s 内就可完成测量。它只接收人体对外发射的红外辐射，对人体无任何其他的物理和化学危害。

红外辐射温度计使用的是非接触测量手段，可有效避免或降低病毒的扩散与传播，在机场、商场、车站、影院、学校等有较大人员流量的公共场所被广泛应用，其能有效且快速地筛选出体温超过 38℃ 的人员。红外辐射体温检测仪实物如图 3-43 所示。

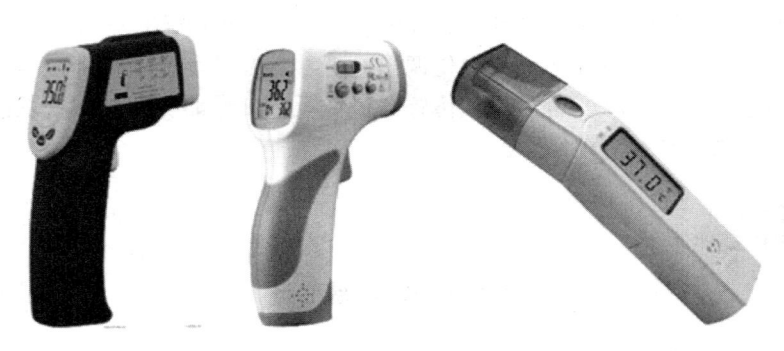

图 3-43 红外辐射体温检测仪实物

【课后习题】

一、选择题

1. 正常人的体温为37℃，则此时的华氏温度约为（　　），热力学温度约为（　　）。
   A．32F，100K　　　B．99F，236K　　　C．99F，310K　　　D．37F，310K

2. 欲测量细长管道深处的温度，应选择（　　）热电阻。
   A．普通型　　　B．铠装式　　　C．薄膜式　　　D．半导体式

3. 仓库中有一个热电阻，印刷的标记模糊。用万用表的欧姆挡测量，阻值约为108Ω，此时的环境温度约为20℃，用手捏住电阻一会儿，阻值有所增加。可以判断该热电阻的分度号是（　　）。
   A．Cu50　　　B．Pt25　　　C．Pt100　　　D．Pt1000

4. 数字式体温计中的热敏电阻应选择（　　）热敏电阻，电动机中用于过热保护的热敏电阻应选择（　　）热敏电阻。
   A．NTC 指数型　　　B．NTC 突变型　　　C．PTC 突变型

5. （　　）的数值越大，热电偶的输出热电动势就越大。
   A．热端直径　　　　　　　　　　B．热端和冷端的温度
   C．热端和冷端的温差　　　　　　D．热电极的电导率

6. 在热电偶测温回路中，使用补偿导线的最主要的目的是（　　）。
   A．补偿热电偶冷端热电动势的损失　　　B．起冷端温度补偿作用
   C．将热电偶冷端延长到远离高温区的地方　　　D．提高灵敏度

7. 在以下几种传感器中，（　　）不属于自发电型传感器。
   A．光电池　　　B．电阻式　　　C．热电偶　　　D．压电式

8. 测量钢水的温度，最好选择（　　）热电偶；测量钢退火炉的温度，最好选择（　　）热电偶；测量汽轮机高压蒸气（200℃左右）的温度，且希望灵敏度高一些，最好选择（　　）热电偶为宜。
   A．R　　　B．B　　　C．S　　　D．K　　　E．E

9. 测量CPU散热片的温度应选用（　　）热电偶；测量锅炉烟道中的烟气温度，应选用（　　）热电偶；测量100m深的岩石钻孔中的温度，应选用（　　）热电偶。
   A．普通型　　　B．铠装式　　　C．薄膜式　　　D．热电堆

10. 在实验室中测量金属的熔点时，冷端温度补偿采用（　　），可减小测量误差；而在车间，用带微机的数字式测温仪表测量炉膛的温度时，采用（　　）较为妥当。
    A．计算修正法　　　　　　　　　　B．仪表机械零点调整法
    C．冰浴法　　　　　　　　　　　　D．冷端补偿器法（电桥补偿法）

二、计算题

1. 如图3-44所示为镍铬-镍硅热电偶测温电路，热电极A、B直接焊接在钢板上（V型焊接），A′、B′为补偿导线，Cu为铜导线，已知接线盒1的温度 t_1=40.0℃，冰瓶中冰水的温

度 t_2=0.0℃,接线盒 2 的温度 t_3=20.0℃。试回答以下问题:

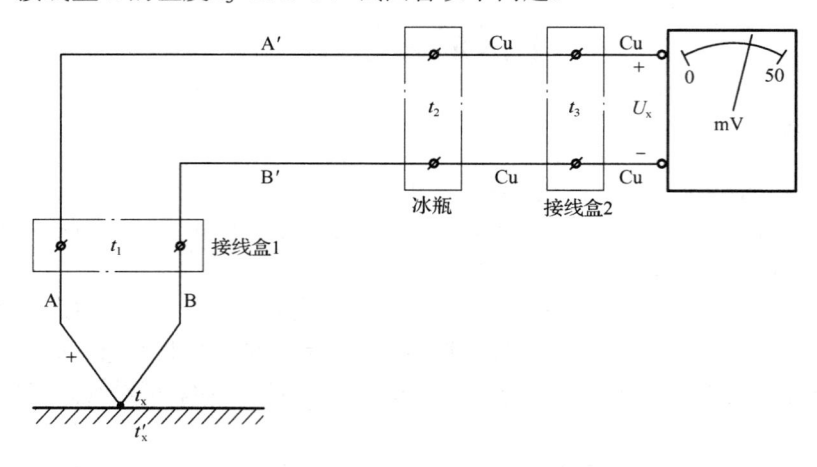

图 3-44 采用补偿导线的镍铬-镍硅热电偶测温电路

(1) 当 U_x=39.314mV 时,计算被测点温度 t_x。
(2) 如果将 A′、B′换成铜导线,此时 U_x=37.702mV,求 t_x。
(3) 直接将热电极 A、B 焊接在钢板上,是利用了热电偶的什么定律?t_x 与 t_x' 哪一个略大?如何减小这一误差?

模块 4

压力检测系统的构建

目前，压力传感器已经渗透到工业生产、海洋探测、环境保护、医学诊断、宇宙开发、生物工程及文物保护等各个领域中。正确地测量和控制压力是保证生产过程中设备处于良好运行状态，并达到安全生产、优质高产、低消耗生产的重要环节。此外，对于一些不宜直接测量的流量和液位等参数，也可通过将其转换为压力信号来获取测量结果，因此压力传感器是工业实践、仪器仪表控制中最常用的传感器之一。

项目 4-1 电子秤

本项目使用电子秤测量物体的重量，将详细描述称重检测系统的构建和调试过程。

思维导图

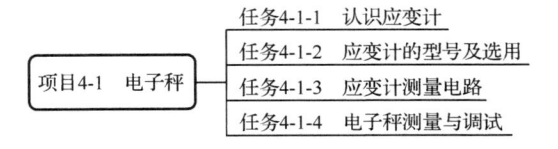

项目4-1 电子秤
- 任务4-1-1 认识应变计
- 任务4-1-2 应变计的型号及选用
- 任务4-1-3 应变计测量电路
- 任务4-1-4 电子秤测量与调试

任务 4-1-1 认识应变计

【任务描述】

本任务将从应变计的发展史到分析应变计的工作原理依次展开，综合应用电学和力学等基础知识，详细描述金属应变计的拉伸变形过程，逐步分析如何将被测力转换为应变，最终转换为阻值的变化过程。

【任务要求】

（1）认识应变计的发展史。
（2）掌握应变计的工作原理。

【相关知识】

1．认识应变计

应变是指材料受到外力后伸长或缩短的形变量。应变计是指将应变检测出来并将其转换为电信号的传感元件。汽车、飞机、铁路、船舶等各种运输设备，超高层建筑，桥梁等土木建筑构造物，都需要通过应变计了解构造物的强度，并确保这些构造物和运输设备在严酷的条件下也具备足够的强度。建筑物桁架结构应力测试如图4-1所示。

图 4-1　建筑物桁架结构应力测试

应变计是工程结构应力测量中应用最广泛、最有效的测试元件。纵观国内外应变计的发展历程，还要从应变计的诞生说起。1857年，英美两国政府联合成立了大西洋电报公司（ATC），目标是铺设跨大西洋电缆，人们在轮船上向大海里铺设海底电缆时，发现电缆的阻值在拉伸时会变大，继而对铜丝和铁丝进行拉伸试验，得出金属丝的阻值与其应变呈某种函数关系。1936年，人们用纸作为基底制造出金属丝式应变计，1952年制造出箔式应变计，1957年制造出半导体应变计。此后，人们以应变计为基础制出了各种传感器，并用应变计传感器测量力、应力、应变、荷重、加速度等物理量。

我们可以做一个实验，取一根电阻丝（可以用铜丝或铁丝），电阻丝两端接上万用表欧姆挡，记下其初始阻值，当我们用力拉电阻丝两端时，会发现电阻丝的长度随着拉伸而略微变长，直径略微减小，电阻丝的阻值略有增加。测量应力、应变和力的传感器就是利用与其相似的原理制成的。

2．金属应变计的工作原理

金属应变计的工作原理是基于应变效应，即导体或半导体材料在外力的作用下会产生机械变形，其阻值也随之发生变化的现象。我们在被测弹性材料上粘贴上金属丝，金属丝会随着弹性材料伸长或缩短，测量金属丝的阻值变化，据此就能测量出弹性材料的伸缩状况，即可求出应变。下面以金属丝式应变计为例分析它们之间的关系。

设有一长度为 l、截面积为 A、半径为 r、电阻率为 ρ 的金属丝,它的阻值 R 可表示为

$$R = \rho \frac{l}{A} = \rho \frac{l}{\pi r^2} \tag{4-1}$$

式中　ρ——金属丝的电阻率;

　　　l——金属丝的长度;

　　　r——金属丝的截面半径;

　　　A——金属丝的截面积。

金属丝的拉伸变形如图 4-2 所示,当沿金属丝的长度方向均匀施加拉力(或压力)时,式(4-1)中 ρ、r、l 都将发生变化,从而导致阻值 R 发生变化。当金属丝受拉力 F 作用时,l 将伸长,r 将变小,从而导致 R 变大。

当有变化量 $\Delta\rho$、Δl、ΔA 时,阻值相对变化量为

$$\frac{\Delta R}{R} = \frac{\Delta \rho}{\rho} + \frac{\Delta l}{l} - \frac{\Delta A}{A} \tag{4-2}$$

式中　$\dfrac{\Delta \rho}{\rho}$——金属丝电阻率相对变化量;

　　　$\dfrac{\Delta l}{l}$——金属丝长度相对变化量;

　　　$\dfrac{\Delta A}{A}$——金属丝截面积相对变化量。

对于半径为 r 的圆柱形电阻丝,截面积 $A = \pi r^2$,则有 $\dfrac{\Delta A}{A} = 2\dfrac{\Delta r}{r}$。

根据材料力学概念,电阻丝轴向应变(也称纵向应变)为 $\varepsilon = \dfrac{\Delta l}{l}$,电阻丝径向应变(也称横向应变)为 $\dfrac{\Delta r}{r}$,轴向应变和径向应变之间的关系为

$$\frac{\Delta r}{r} = -u\left(\frac{\Delta l}{l}\right) = -u\varepsilon \tag{4-3}$$

式中　u——金属丝材料泊松比,负号表示与轴向应变方向相反。

综合式(4-2)、(4-3)得

$$\frac{\Delta R}{R} = \frac{\Delta l}{l}(1+2u) + \frac{\Delta \rho}{\rho}$$

$$\frac{\Delta R}{R} = \left(1 + 2u + \frac{\dfrac{\Delta \rho}{\rho}}{\dfrac{\Delta l}{l}}\right)\frac{\Delta l}{l}$$

$$\frac{\Delta R}{R} = K\varepsilon \tag{4-4}$$

式中　K——金属丝的灵敏度系数。

由式(4-4)可知,金属丝阻值的变化主要由两部分组成,第一部分 $(1+2u)\varepsilon$ 是由金属丝几何尺寸变化引起的阻值变化;第二部分 $\dfrac{\Delta \rho}{\rho}$ 是由金属丝电阻率变化引起的阻值变化。

对于金属材料的电阻丝，$1+2u \gg \dfrac{\dfrac{\Delta \rho}{\rho}}{\dfrac{\Delta l}{l}}$，因此 $K \approx 1+2u$，此时金属丝的灵敏度系数为常数。对于不同的金属材料，K 略有不同，通常 K 的取值为 $1.7 \sim 3.6$。对半导体材料而言，阻值相对变化量主要由材料电阻率变化引起，半导体材料的灵敏度系数比金属材料大几十倍。

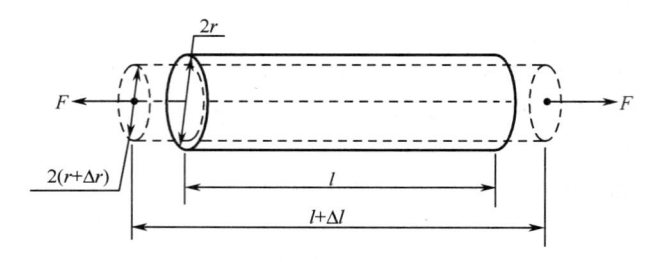

图 4-2 金属丝的拉伸变形

对金属材料而言，受力后所产生的应变通常很小，一般用 10^{-6} 表示，即 $\varepsilon = \dfrac{\Delta l}{l} = 0.000001$，在工程中通常表示为 1×10^{-6}，也可表示为 $1\mu m/m$，在应变测量中，称为微应变 $u\varepsilon$。例如，长度为 100mm 的金属丝在长度方向施加均匀拉力（或压力）后，长度 l 出现 0.01mm 的变形，$\varepsilon = \dfrac{\Delta l}{l} = \dfrac{0.01}{100} = 0.0001 = 100 \times 10^{-6}$，称为 $100 u\varepsilon$。一般金属材料轴向应变不得大于 $1000 u\varepsilon$，否则可能超过材料的极限强度导致断裂。

根据材料力学中的胡克定律，轴向拉（压）横截面上正应力等于作用于该横截面的轴力除以横截面面积，即 $\sigma = \dfrac{F}{A}$。轴向拉伸时，规定正应力为正。轴向压缩时，规定正应力为负。材料受力后，材料中的应力与应变之间呈线性关系，表示为 $\sigma = E\varepsilon$。

综上得出

$$\dfrac{\Delta R}{R} = K \dfrac{F}{AE} \tag{4-5}$$

式中　K——金属应变计的灵敏度系数；
　　　F——金属试件所受外力；
　　　A——金属试件的截面积；
　　　E——金属试件的弹性模量。

因此，如果金属应变计的灵敏度 K 和试件的横截面积 A 及弹性模量 E 已知，只要测出金属应变计阻值的相对变化量 $\dfrac{\Delta R}{R}$，即可获知被测金属试件受力的大小。

任务 4-1-2　应变计的型号及选用

【任务描述】

生活中你都见过哪些结构的应变计？我们应该如何选择应变计？本任务将通过分析应

变计的结构,讲述不同类型应变计的加工工艺和使用场合,展示金属应变计的结构和粘贴过程,使学生学会在工程实际中选择合适的金属应变计。

【任务要求】

(1) 掌握应变计的结构和类型。
(2) 了解金属应变计的粘贴过程。
(3) 了解金属应变计的型号及选用。

【相关知识】

1. 应变计的结构与类型

常用的应变计分为两类:金属应变计和半导体应变计。金属应变计基于应变效应,半导体应变计基于压阻效应,不同类型的应变计外形如图4-3所示。

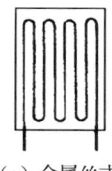

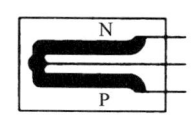

(a) 金属丝式　　(b) 金属箔式　　(c) 半导体式

图4-3 不同类型的应变计外形

金属应变计由引线、覆盖层、基底和敏感栅等部分组成,金属应变计结构如图4-4所示。l为金属应变计的栅长,b为金属应变计的栅宽,$b \times l$为金属应变计的有效使用面积,也是应变计的规格。金属应变计的规格一般用有效使用面积及阻值来表示,如用(5×10) mm^2、120Ω 表示。

敏感栅是金属应变计实现应变与阻值转换的核心元件。基底起固定和绝缘作用。覆盖层既能保持敏感栅和引线的形状和相对位置,也能保护敏感栅。黏结剂用于将敏感栅固定在基底上,并将覆盖层与基底粘贴在一起。金属应变计根据栅线的工艺不同,分为金属丝式、金属箔式、金属薄膜式三种类型。

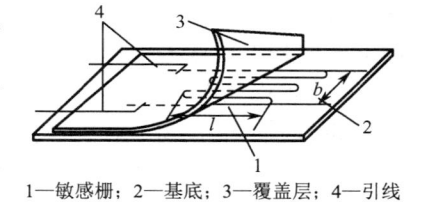

1—敏感栅;2—基底;3—覆盖层;4—引线

图4-4 金属应变计结构

(1) 金属丝式应变计。金属丝式应变计使用最早,将直径为 0.01~0.05mm 的金属丝按照图4-3 (a) 所示形状弯曲并绕成栅状后,用黏结剂粘贴在基底上制成。基底的材料一般有纸基、胶基和纸浸胶基。由于金属丝式应变计蠕变较大,金属丝易脱胶,因此逐渐被金属箔式应变计所取代。但金属丝式应变计价格低廉,有时用于要求不高的应变、大批量的应力、一次性试验中。

(2) 金属箔式应变计。金属箔式应变计的敏感栅由厚度为 0.001~0.01mm 的金属箔片通过光刻、腐蚀等工艺制成,箔的材料多为电阻率高、热稳定性好的铜镍合金。金属箔式应变计与基底的接触面积较大,散热较好,在长时间测量时蠕变较小,一致性较好,因此适于大批量生产。

(3) 金属薄膜式应变计。金属薄膜式应变计的敏感栅采用真空溅射或真空蒸镀等技术,在薄的绝缘基底上形成厚度在 0.1μm 以下的金属电阻薄膜敏感栅，然后再覆上一层保护层。金属薄膜式应变计易于实现工业批量生产，是一种很有应用前景的新型应变计。金属薄膜式应变计阻值比金属箔式应变计高，形状和尺寸也比金属箔式应变计小，金属薄膜式应变计没有金属箔式应变计由于腐蚀所引入的误差，提高了阻值的精度。

半导体应变计采用半导体材料作为敏感栅，当半导体应变计受外力时，电阻率随应力的变化而变化。半导体应变计的灵敏度较高，比金属应变计灵敏度大几十倍。但半导体应变计的温漂大，阻值与应变间非线性严重。使用时可采用温度补偿和非线性补偿措施。当然也可以如图 4-3（c）所示将 N 型和 P 型半导体组合起来，这样在受到外力时，一个阻值增大，一个阻值减小，构成双臂半桥，同时又具有温度自补偿功能。

2．应变计的粘贴

使用应变计时，需要用黏结剂将应变计基底粘贴在构件表面的某个方向和位置上，以便将构件受力后的表面应变传递给应变计的基底和敏感栅，因此应变计的粘贴质量会直接影响到应变测量的准确度，应变计的粘贴工艺如下。

（1）应变计的检查与选择。首先要对采用的应变计进行外观检查，观察应变计的敏感栅是否整齐、均匀，是否有锈斑及短路和折弯等现象。其次要检查选用的应变计的阻值是否合适并进行阻值测量。

（2）试件的表面处理。为了获得良好的黏合强度，必须对试件表面进行处理，清除试件表面杂质、油污及氧化层等。一般的处理办法可采用砂纸打磨，较好的处理方法是采用无油喷砂处理。值得注意的是，为避免氧化，应变计的粘贴应尽快进行。如果不是立刻贴片，可涂上一层凡士林作为保护。

（3）确定粘贴应变计位置。在应变计上标出敏感栅的纵向、横向中心线，在试件上按照测量要求划出中心线。对于精度要求高的电路可以用光学投影方法确定贴片位置。

（4）贴片。将试件表面和应变计底面用清洁剂清洗干净，然后在试件表面和应变计底面各涂上一层薄而均匀的黏结剂。待稍干后，将应变计对准划线位置迅速贴上，然后盖一层玻璃纸，用手指或胶辊加压，挤出气泡及多余的胶水，保证胶层尽可能薄且均匀。

（5）固化。黏结剂的固化是否完全，直接影响到胶的物理机械性能。无论是自然干燥还是加热固化，都要严格按照工艺规范进行。为了防止强度降低、绝缘破坏及电化腐蚀，在固化后的应变计上涂上防潮保护层，防潮层一般可采用稀释的黏合胶。

（6）粘贴质量检查。首先从外观上检查粘贴位置是否正确，黏合层是否有气泡、漏粘，然后测量应变计敏感栅是否有断路或短路现象及测量敏感栅的绝缘电阻。

（7）引线焊接与组桥连线。检查合格后即可焊接引线，引线应适当加以固定。应变计之间通过粗细合适的漆包线连接组成桥路，连接长度应尽量一致，且不宜过多，以保证应变计长期工作的稳定性。

3．应变计型号命名规则及选用

应变计型号命名规则因企业不同稍有差异，以下为常见的应变计型号命名规则。

例如，汉中精测电器有限责任公司的应变计型号命名规则如图 4-5 所示。应变计敏感栅的结构形状代号如表 4-1 所示。

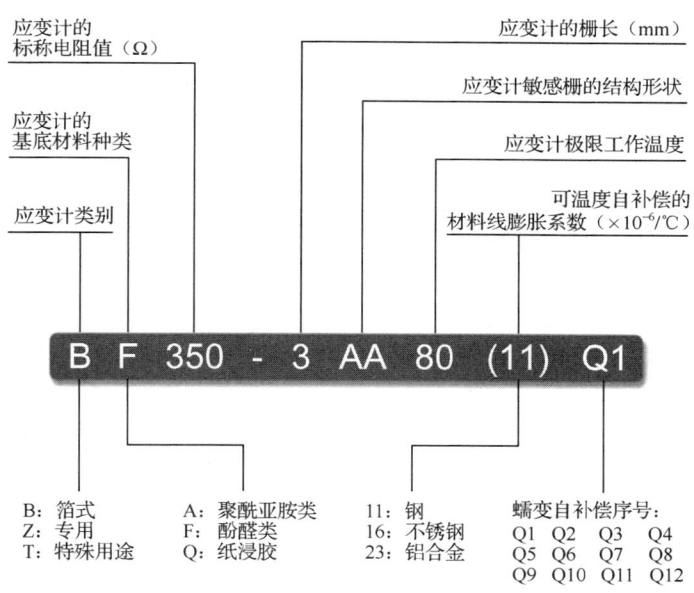

```
应变计的                    应变计的栅长（mm）
标称电阻值（Ω）
                          应变计敏感栅的结构形状
应变计的
基底材料种类              应变计极限工作温度

应变计类别                可温度自补偿的
                         材料线膨胀系数（×10⁻⁶/℃）
```

$$B\ F\ 350\ -\ 3\ AA\ 80\ (11)\ Q1$$

```
B: 箔式        A: 聚酰亚胺类    11: 钢        蠕变自补偿序号:
Z: 专用        F: 酚醛类        16: 不锈钢     Q1  Q2  Q3  Q4
T: 特殊用途    Q: 纸浸胶        23: 铝合金     Q5  Q6  Q7  Q8
                                             Q9  Q10 Q11 Q12
```

图 4-5 汉中精测电器有限责任公司的应变计型号命名规则

表 4-1 汉中精测电器有限责任公司应变计敏感栅的结构形状代号

序号	代表字母	结构形状	说明	序号	代表字母	结构形状	说明
1	AA	—	单轴	13	FB	‖	平行轴二栅
2	BA	∟	二轴 90°	14	FC	‖‖	平行轴三栅
3	BB	⊢	二轴 90°	15	FD	‖‖‖	平行轴四栅
4	BC	+	二轴 90°重叠	16	GB	—	同轴二栅
5	CA	⩘	三轴 45°	17	GC	---	同轴三栅
6	CB	✲	三轴 12°重叠	18	GD	----	同轴四栅
7	CC	△	三轴 60°	19	HA	<	二轴二栅 45°
8	CD	人	三轴 120°	20	HB	<<	二轴四栅 45°
9	DA	小	四轴 60°/90°	21	HC	<<<	二轴六栅 45°
10	DB	⩔	四轴 45°/90°	22	HD	<<<<	二轴八栅 45°
11	EA	✕	二轴四栅 45°	23	JA	⌾	螺线栅
12	EB	⊥⊤	二轴四栅 90°	24	KA	❋	圆膜栅

应变计的主要技术参数及用途如表 4-2 所示。

制作传感器的应变计必须满足以下要求。

（1）具有适当的线性应变灵敏度系数，并且稳定性较高。

（2）具有蠕变自补偿功能。

（3）具有较小的电阻温度系数，热输出小，零点漂移小。

（4）横向效应系数小，机械滞后小，疲劳寿命高。
（5）具有较好的稳定性、重复性，并且能够在较宽的温度范围内工作。
（6）适用于动态和静态测量。

表4-2 应变计的主要技术参数及用途

系列	名称	基底材料	使用温度范围（℃）	应变极限（%）	疲劳寿命	适用黏结剂	用途
BA	聚酰亚胺应变计	聚酰亚胺	$-30\sim+180$	3	10^7	SX-610	常温和中温应变力分析
BF	酚醛-缩醛应变计	酚醛-缩醛	$-30\sim+80$	2	5×10^6	SX-101 SX-610 502	传感器、应力分析、残余应力分析
BQ	纸基应变计	浸胶纸	$-30\sim+80$	2	10^6	SX-610 502	应力分析、混凝土测量
R	补偿电阻器	聚酰亚胺或酚醛缩醛	$-30\sim+80$		10^7	SX-610 SX-101 502	传感器补偿
BDT	接线端子		$-30\sim+80$		10^7	SX-610 SX-101 502	应变计接线

任务4-1-3 应变计测量电路

【任务描述】

本任务将详细描述金属应变计是如何将被测力转换为电阻信号，并通过测量转换电路转换为电压信号。根据直流电桥平衡条件，引出应变计接入电桥时三种不同的电桥电路，详细分析单臂电桥、双臂电桥、四臂全桥中应变计的配置、接线、电桥输出及不同电桥的灵敏度大小。在工程实际中，可根据测量要求选择不同的应变计电桥电路。

【任务要求】

（1）掌握直流电桥平衡条件。
（2）理解应变计的接线方式。
（3）学会分析电桥电路。

【相关知识】

应变计将应变的变化转换为阻值的变化，但这种应变变化范围很小，很难直接用电测仪表进行精确测量，通常需要通过测量转换电路把阻值的变化转换为电压或电流的变化。电桥电路将应变计的阻值变化转换为电压或电流输出，经放大电路放大后进行测量。根据电桥的供电电源不同,可分为直流电桥和交流电桥两种。直流电桥主要用于检测纯电阻的变化,如电阻应变仪、热电阻温度计等。直流电桥也可用于检测直流电压的变化,如热电偶测温仪。交流电桥主要用于检测阻抗的变化。

1. 直流电桥平衡条件

直流电桥电路如图 4-6 所示,电桥各臂的电阻值分别为 R_1、R_2、R_3、R_4,电桥直流电源电压为 U_i,电桥输出电压为 U_o,当内阻为零时,流过检流计的电流 I_g 与电桥各参数之间的关系为

$$I_g = \frac{U_i(R_1R_4 - R_2R_3)}{R_g(R_1+R_2)(R_3+R_4) + R_1R_2(R_3+R_4) + R_3R_4(R_1+R_2)} \tag{4-6}$$

式中　R_g ——负载电阻。

输出电压 U_o 为

$$U_o = I_g R_g = \frac{U_i(R_1R_4 - R_2R_3)}{(R_1+R_2)(R_3+R_4) + \frac{1}{R_g}[R_1R_2(R_3+R_4) + R_3R_4(R_1+R_2)]} \tag{4-7}$$

由式(4-7)得出,若 $R_1R_4 = R_2R_3$,电桥输出电压 U_o 为零,则电桥处于平衡状态。把 $R_1R_4 = R_2R_3$ 或 $R_1/R_3 = R_2/R_4$ 称为直流电桥的平衡条件。若电桥的负载电阻 R_g 为无穷大,则 b、d 两点可视为开路,直流电桥开路电路如图 4-7 所示,式(4-7)可以简化为

$$U_o = U_i \frac{R_1R_4 - R_2R_3}{(R_1+R_2)(R_3+R_4)} \tag{4-8}$$

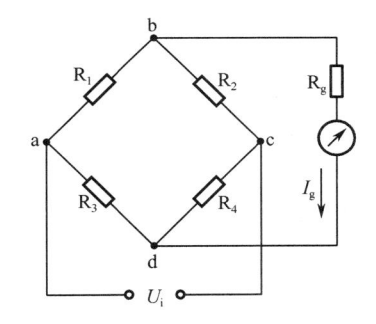

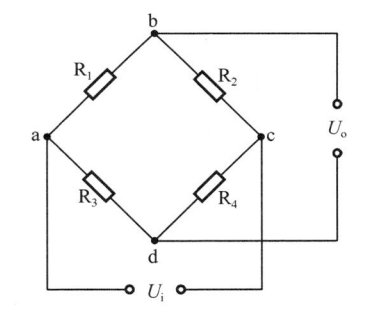

图 4-6　直流电桥电路　　　　图 4-7　直流电桥开路电路

2. 应变计的测量转换电路

根据前面的分析,若使电桥平衡,电桥相对两臂电阻的乘积相等或电桥相邻两臂电阻的比值相等。四个桥臂电阻中任意一个、两个、三个或者四个桥臂的阻值发生变化,该电桥平衡条件即不成立,使电桥的输出电压 U_o 不为零,此时的电桥输出电压 U_o 反映了桥臂电阻变化的情况。当 $R_1 = R_2 = R_3 = R_4 = R$ 时,称为等臂电桥。在实际使用时,一般采用等臂电桥。

(1)单臂电桥。

当电桥中 R_1 为应变计的阻值,R_2、R_3、R_4 为电桥固定电阻,电桥中只有一个桥臂接入被

测量时，该种电桥被称为单臂电桥。单臂电桥如图 4-8 所示，当施加拉应变时，ΔR 为正；当施加压应变时，ΔR 为负。在式（4-8）中以 $R_1 + \Delta R$ 代替 R_1，则

$$U_o = U_i \frac{(R_1 + \Delta R)R_4 - R_2 R_3}{(R_1 + \Delta R + R_2)(R_3 + R_4)}$$

当 $R_1 = R_2 = R_3 = R_4 = R$ 时，则 $U_o = U_i \dfrac{\Delta R}{4R + \Delta R}$

一般情况下，ΔR 很小，即 $R \gg \Delta R$，经推导得出

$$U_o \approx U_i \frac{\Delta R}{4R} \quad (4\text{-}9)$$

所以，单臂电桥的灵敏度 $K = \dfrac{U_i}{4}$

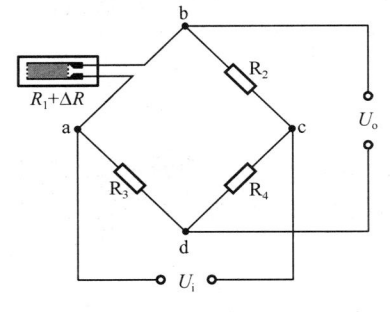

图 4-8 单臂电桥

（2）双臂电桥。

当电桥中两个桥臂为应变计的阻值，另两个桥臂为固定电阻，电桥中有两个桥臂接入被测量时，该种电桥被称为双臂电桥，双臂电桥如图 4-9 所示。在工程实际中，双臂电桥有两种典型应用。一种为应变计 R_1、R_2 接入电桥两相邻桥臂，应变计 R_1 为工作应变计，应变计 R_2 既可作为工作应变计也可作为温度补偿用的补偿应变计，如图 4-9（a）所示。应变计 R_1、R_2 感受到的应变及产生的电阻变化 ΔR_1、ΔR_2 大小相等，方向相反，$\Delta R_1 = \Delta R_2 = \Delta R$。当 $R_1 = R_2 = R_3 = R_4 = R$ 时，经推导得出

$$U_o = \frac{U_i}{4}\left(\frac{\Delta R_1}{R} - \frac{\Delta R_2}{R}\right)$$

$$U_o \approx U_i \frac{\Delta R}{2R} \quad (4\text{-}10)$$

另一种为应变计 R_1、R_4 接入电桥两相对桥臂，应变计 R_1、R_4 均为工作应变计，如图 4-9（b）所示，应变计 R_1、R_4 感受到的应变及产生的电阻变化 ΔR_1、ΔR_4 大小相等，方向相同，$\Delta R_1 = \Delta R_4 = \Delta R$。当 $R_1 = R_2 = R_3 = R_4 = R$ 时，经推导得出

$$U_o = \frac{U_i}{4}\left(\frac{\Delta R_1}{R} + \frac{\Delta R_4}{R}\right)$$

$$U_o \approx U_i \frac{\Delta R}{2R} \quad (4\text{-}11)$$

所以，双臂电桥的灵敏度 $K = \dfrac{U_i}{2}$

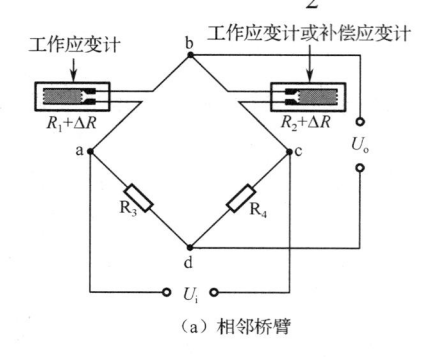

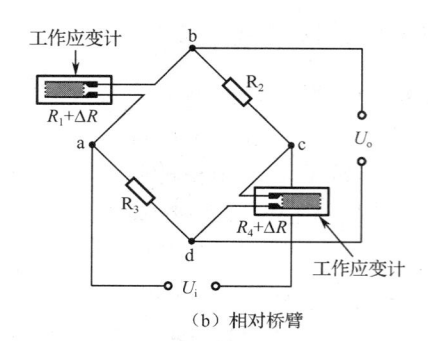

（a）相邻桥臂　　（b）相对桥臂

图 4-9 双臂电桥

（3）四臂全桥。

当电桥中四个桥臂均为应变计，即四个桥臂都接入被测量时，称为四臂全桥，四臂全桥如图4-10所示。当 $R_1 = R_2 = R_3 = R_4 = R$ 时，工作时四个桥臂的应变计电阻变化分别为 ΔR_1、ΔR_2、ΔR_3、ΔR_4，两个电阻应变计受拉，两个电阻应变计受压，当 R_1 和 R_4 受拉，R_2 和 R_3 受压时，$\Delta R_1 = \Delta R_4 = \Delta R$，$\Delta R_2 = \Delta R_3 = -\Delta R$，经推导得出

$$U_o \approx \frac{U_i}{4}\left(\frac{\Delta R_1}{R} - \frac{\Delta R_2}{R} - \frac{\Delta R_3}{R} + \frac{\Delta R_4}{R}\right)$$

$$U_o \approx U_i \frac{\Delta R}{R} \quad (4-12)$$

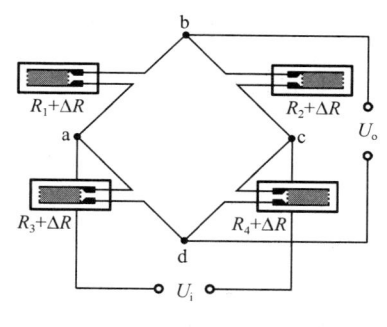

图4-10 四臂全桥

所以，四臂全桥的灵敏度 $K = U_i$。

四臂全桥的灵敏度最高，双臂电桥的灵敏度次之，单臂电桥的灵敏度最低，四臂全桥和双臂电桥还能实现温度自补偿功能。试件受力后，应使应变计电阻的变化正负号相间，这样可以使输出的电压 U_o 成倍增大。在应变计的三种接线方式中，ε_1、ε_2、ε_4 既可以是拉应变，也可以是压应变。ε 的符号取决于试件受力方向及应变计的粘贴方向，一般拉应变 ε 为正，压应变 ε 为负。在工程应用中，首先根据测量目的的不同，选用应变计的测量转换电路，再根据应变计的受力方向和粘贴方向组成不同的接线方式。

【例4-1】有一台金属箔式应变计，型号为BF120，灵敏度 $K = 2$，粘贴在横截面积为 $1cm^2$ 的实心钢质圆柱体上构成桥式电路，钢的弹性模量 $E = 2 \times 10^{11} N/m^2$，应变为 $500 \mu\varepsilon$。

求：（1）该金属箔式应变计受拉后的阻值 R 是多少？

（2）钢质圆柱体所受的外力 F 是多少？

（3）若电桥直流电源电压为 $U_i = 12V$，求电桥输出电压 U_o 是多少？

解：（1）该金属箔式应变计型号为BF120，表明标称电阻为120Ω，根据公式 $\Delta R/R = K\varepsilon$，$\Delta R/120 = 2 \times 500 \times 10^{-6}$，得 $\Delta R = 0.12\Omega$。

（2）根据公式 $\frac{\Delta R}{R} = K\frac{F}{AE}$，$F = AE\varepsilon = 1 \times 10^{-4} \times 2 \times 10^{11} \times 500 \times 10^{-6} = 10000N$

（3）根据题意，只有一台应变计，故构成单臂电桥，根据公式 $U_o \approx U_i \frac{\Delta R}{4R} = U_i K\varepsilon/4 = 12 \times 2 \times 500 \times 10^{-6}/4 = 3mV$

任务4-1-4 电子秤测量与调试

【任务描述】

你知道物体的重量是如何测得的吗？本任务利用金属应变计设计制作电子秤，要求：电子秤量程为0～500g，由于用于教学，故制作的误差范围为±10g，称重数值通过数显表显示。通过选择不同的应变计电桥接线方式，设计电子秤电路。

【任务要求】

（1）掌握应变计的接线方式。

（2）能够根据任务要求选择合适的应变计，并对应变计放大电路进行分析和设计。

（3）能够根据设计好的电路进行电子秤的制作和调试。

【相关知识】

1. 应变计选型

应变计是电子秤的关键部件，由于应变计的种类较多，应根据电路的具体要求选择适合的应变计。电子秤焊接外形和结构如图4-11所示，称重范围：0～500g。试件采用悬臂梁作为弹性体，图中四个应变计分别贴在弹性体的上下两侧，弹性体受到压力发生形变，应变计随弹性体形变被拉伸或被压缩。本设计中选用BF120-3AA80通用箔式应变计，其标称电阻为120Ω，敏感栅尺寸栅长×栅宽为3mm×1.5mm，基底尺寸长×宽为6.6mm×2.8mm。粘贴时将应变计粘贴在电子秤悬臂梁中央位置，使应变计的变形与桥臂形变一致，提高测量的准确性。四个应变计组成四臂全桥的接线方式，由于充分利用了双差动作用，四臂全桥的输出电压为单臂电桥的4倍，大大提高了测量的灵敏度。

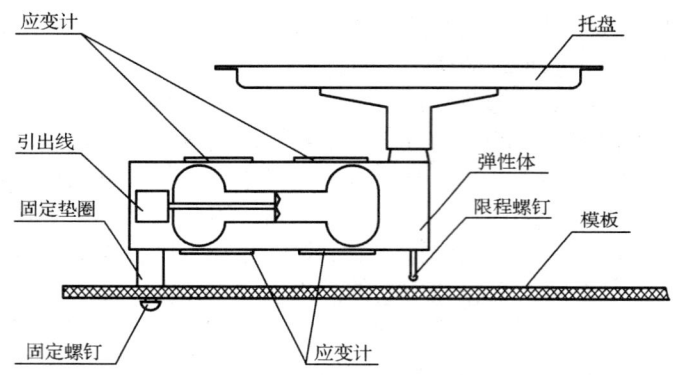

图4-11 电子秤焊接外形和结构

2. 应变计放大电路

四臂全桥输出端接有运算放大器时，由于运算放大器的输入阻抗很高，可近似地认为四臂全桥的负载电阻为无穷大，这时四臂全桥以电压的形式输出，本设计放大电路采用差分运放信号放大电路，电子秤放大器电路如图4-12所示。

OP07是一种低噪声、非斩波稳零的双极性运算放大器集成电路。OP07的输入偏置电流低，开环增益高，特别适用于高增益的测量设备和放大传感器的微弱信号。OP07组成的差分运放放大器电路前级放大采用差分输入的方式，双端输入、双端输出。由于电路零漂的影响主要来自第一级放大电路，第一级放大电路采用了差分输入的方式，能有效提高整个电路的共模抑制能力。通过U_3进行信号转换，将双端输入信号转变成单端输出信号。为节约成本，U_3仍采用OP07，为提高放大电路共模抑制能力及精准度，为U_3加入了调零电路。为保证电路对称，用固定电阻R_5/R_8与反馈电阻R_6/R_9输入运放OP07的正负极，并与输出电阻R_7/R_{11}进行匹配，从而提高电路的对称性，减少温度漂移的影响。然后再接一级比例放大，通过调节RW_2的阻值可以改变整个电路的放大倍数，图中电位器RW_1用于调节电桥平衡，电位器RW_2用于调节放大电路增益。

模块 4　压力检测系统的构建

图 4-12　电子秤放大器电路

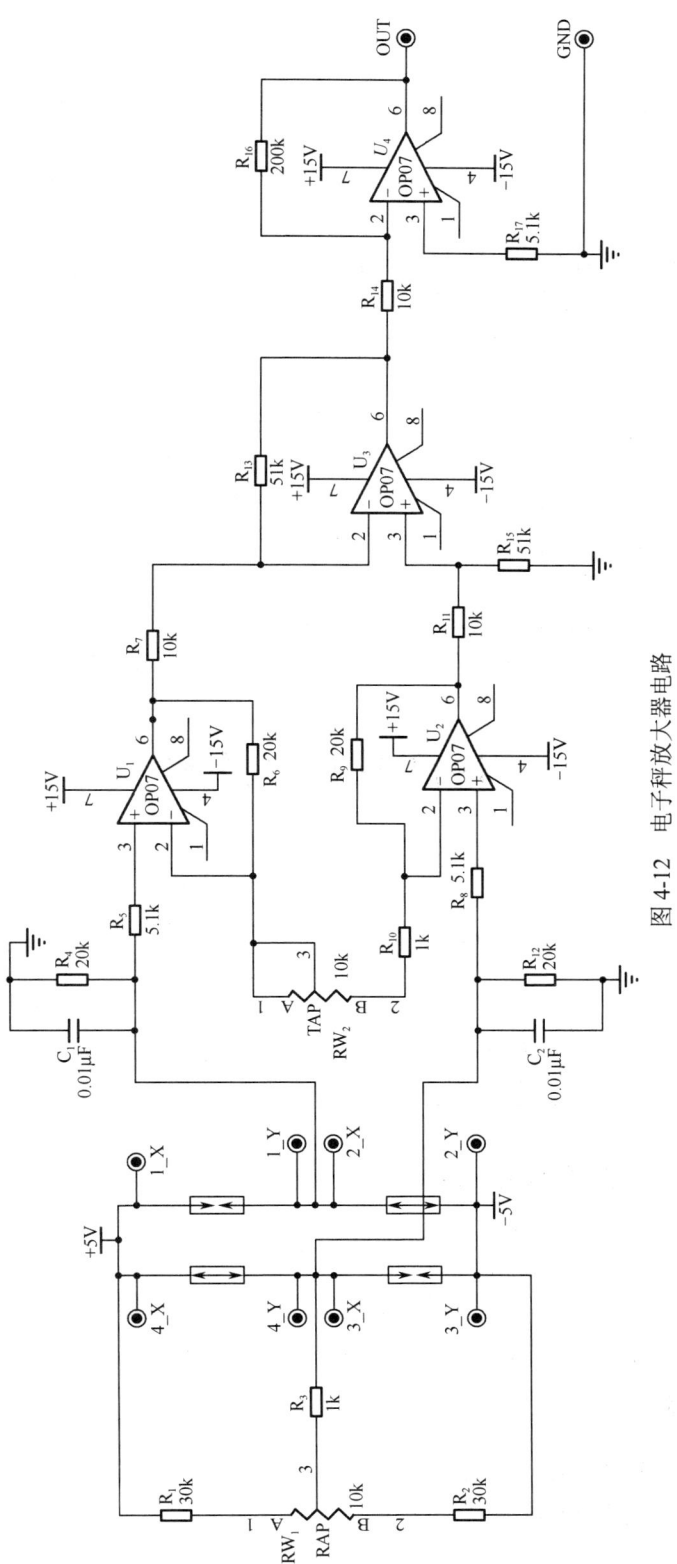

说明：图中电阻阻值采用文字标注法，k 即指 kΩ。

3. 测量调试

准备元器件，包括 BF120-3AA80 通用箔式电阻应变计 4 个、等截面悬臂梁 1 个、OP07 运放 4 个、各种阻值的金属膜电阻若干、托盘、砝码、1 号导线若干、数显电压表等。

（1）根据称重要求，粘贴应变计到悬臂梁对应位置，将 4 个应变计连接成四臂全桥，可以获得最大的灵敏度。

（2）按照图 4-12 将各元件焊接到"电子秤模块"上，用红色导线将"电子秤模块"的输出端 OUT 与直流电压表的输入端相连，用黑色导线将"电子秤模块"的输出端 GND 与直流电压表的输入端相连，将直流电压表切换到 2V 挡。

（3）将托盘放到"电子秤模块"的传感器支架上。

（4）调节电位器 RW_1，直到直流电压表显示为 0（用 2V 挡观测），然后放上 5 个砝码（本设计称重范围：0~500g），缓慢调节电位器 RW_2，直到直流电压表显示在 1.0V。

（5）拿走全部砝码，观察直流电压表显示是否在 0V，若不是，则重复前面的步骤，直至取走砝码后直流电压表显示在 0V 范围内（用 2V 挡观测），放上 5 个砝码显示为 1.0V，电桥平衡调节完毕。

（6）向托盘上依次增加砝码，记录电压值并完成质量与电压关系图。

注：在实验过程中，增减砝码时要轻拿轻放，以免损坏应变仪。

项目 4-2 汽车衡

汽车过收费站时，汽车荷重是如何测量出来的？本项目将以汽车衡为研究对象，讲述汽车衡和应变式传感器在生产生活中的应用。

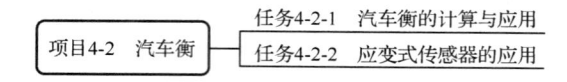

思维导图

项目4-2 汽车衡 ── 任务4-2-1 汽车衡的计算与应用
              └── 任务4-2-2 应变式传感器的应用

任务 4-2-1 汽车衡的计算与应用

【任务描述】

本任务将学习汽车衡中应变计的粘贴和汽车衡中称重传感器的应用；学习应变计如何在不同的弹性体上粘贴和组成电桥电路；了解电桥电路的输出与被测荷重之间的关系。

【任务要求】

（1）理解汽车衡中应变计的粘贴和电桥电路组成。
（2）理解称重传感器的荷重测量方法。

【相关知识】

1. 汽车衡应变计的粘贴

汽车衡采用称重传感器测量汽车的荷重。称重传感器一般采用圆柱体作为力传感器的弹性元件,圆柱体分为实心和空心两种。圆柱体弹性元件一般采用钢质或铝合金材料,钢的弹性模量比铝的弹性模量大,材料越硬,弹性模量越小,灵敏度就越低,承载能力也相应降低,因此弹性元件一般选用钢质圆柱体。柱式弹性元件应变计粘贴方法如图 4-13 所示,图 4-13(a)为实心圆柱体,其特点是加工方便,在相同外力作用下产生的应变较小,因此灵敏度较低,适用于载荷比较大的场合;图 4-13(b)为空心圆柱体,在相同的截面积下,灵敏度较实心圆柱体高,为了提高轴的抗弯曲能力,一般把轴径做得较大。

在圆柱体表面沿轴向方向布置一个到几个应变计,同时沿径向方向布置同样数目的应变计,在外力作用下,圆柱体将产生应变,图 4-13(a)中,在拉力作用下,R_1 感受到的应变与力的方向相反为压应变,R_2 感受到的应变与力的方向相同为拉应变。图 4-13(b)中,在压力作用下,R_1、R_3(其中 R_3 在圆柱体后表面)感受到的应变与力的方向相同为拉应变,R_2、R_4 感受到的应变与力的方向相反为压应变,将 4 个应变计以四臂全桥接线方式接入测量转换电路,此时输出电压最大,灵敏度最高。

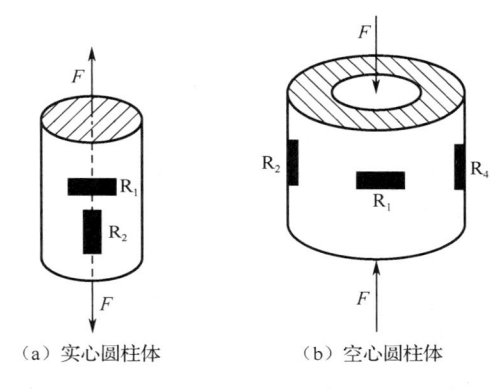

(a)实心圆柱体　　(b)空心圆柱体

图 4-13　柱式弹性元件应变计粘贴方法

下面以威尔斯传感技术有限公司的柱式称重传感器为例展开分析,该称重传感器型号为 WSH-2,被广泛应用于地磅、汽车衡、轨道衡、仓储秤、料罐等大量程被测对象。

WSH-2 柱式称重传感器的外形和结构如图 4-14 所示,柱式弹性元件应变计的粘贴采用图 4-13(b)所示的粘贴方式,图 4-14(c)为应变计在等截面圆柱体上粘贴的展开图,从铭牌可知,该称重传感器最大荷重为 150kN,灵敏度为 2.0mV/V,零点输出±1%F·S,供桥电压为 10V DC,零点温度影响±0.03% F·S/10℃,圆柱体材质为合金钢。

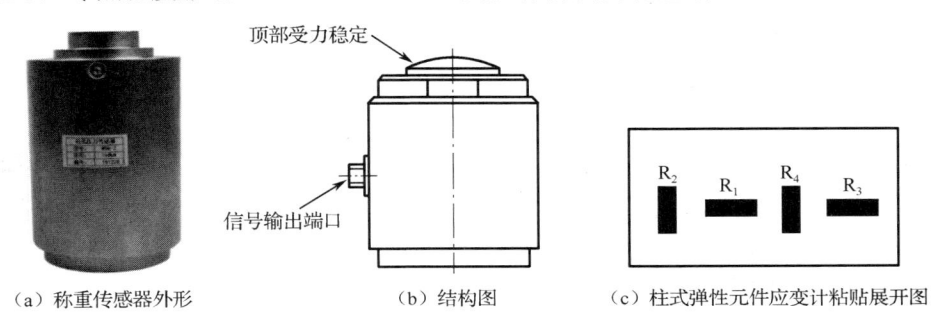

(a)称重传感器外形　　(b)结构图　　(c)柱式弹性元件应变计粘贴展开图

图 4-14　WSH-2 柱式称重传感器的外形和结构

2. 汽车衡荷重计算

称重传感器的灵敏度为 K_F，K_F 是电桥满量程输出的电压 U_{om} 与电桥激励电压 U_i 的比值，即 $K_F = \dfrac{U_{om}}{U_i}$，$K_F$ 在铭牌或产品说明书上已给出，为一常数。因此，电桥提供的激励电压 U_i 越高，满量程输出的电压 U_{om} 也就越大，测量时一般将测量仪器的激励电压设定在传感器说明书推荐激励电压范围以内。称重传感器所使用的应变计有电阻值，电流流过时会产生热量，因此激励电压 U_i 过大会造成测量不稳定，引起温漂。

在额定的荷重范围内，称重传感器的输出电压 U_o 正比于被测的荷重 F，即 $\dfrac{U_{om}}{U_o} = \dfrac{F_m}{F}$，综合称重传感器的灵敏度 K_F 公式，可以求出当输出某一电压值 U_o 时，对应的被测荷重 F 为

$$F = \dfrac{U_o F_m}{U_{om}} = \dfrac{U_o F_m}{U_i K_F} \tag{4-13}$$

当然也可以求出被测荷重为 F 时对应的输出电压 U_o。

称重传感器满量程输出的电压 U_{om} 为毫伏数量级，后续需要进行放大和 A/D 转换输出，放大器的放大倍数为最大输出电压与最大输入电压比值，输入到放大器的电压通常为毫伏级，称重传感器放大倍数比较大，所以对称重传感器的传输线、信号屏蔽等提出较高的要求，必须将放大器、A/D 转换器、信号传输通信等电路集成化，全部安装在传感器密封的金属壳中，通过信号输出端口直接输出数字信号。

【例 4-2】收费站汽车称重示意如图 4-15 所示，采用 TJH-3 柱式称重传感器称重，铭牌上额定荷重 F_m=150kN，灵敏度 K_F=2.0mV/V，供桥激励电压 U_i=10V，一辆货车通过时电压数显仪显示输出电压为 12mV。

求：（1）过收费站的汽车承载是多少？

（2）若希望称重传感器在额定荷重时输出 2V 的电压到 A/D 转换器，放大器的放大倍数是多少？

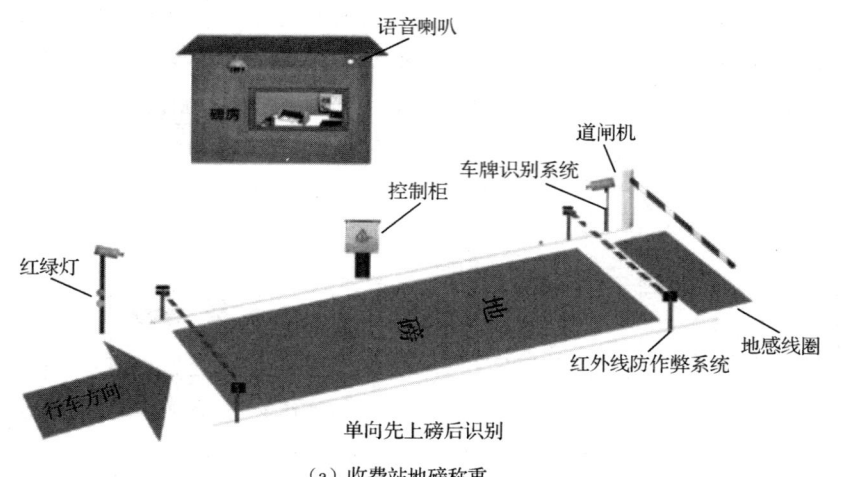

图 4-15 收费站汽车称重示意

解：(1) 根据称重传感器灵敏度公式 $K_F = \dfrac{U_{om}}{U_i}$ 得出 $U_{om} = K_F U_i = 2.0\text{mV/V} \times 10\text{V} = 20\text{mV}$

$$F = \dfrac{U_o F_m}{U_{om}} = \dfrac{12\text{mV} \times 150\text{kN}}{20\text{mV}} = 90\text{kN}$$

1 吨（t）≈10 千牛（kN），故 $F \approx 9t$

(2) 如果希望称重传感器在荷重为 F_m 时得到 2V 的输出电压，放大器的放大倍数是

$$K_v = 2\text{V}/20\text{mV} = 100$$

3. 称重传感器的应用

称重传感器已广泛应用于天车秤、轨道衡、料斗秤等各种称重、测力的自动化测量系统中，皮带秤称重传感器外形和结构如图 4-16 所示，图 4-16（a）为轮辐式称重传感器，该传感器刚性好，精度高，抗偏载能力强，常应用于皮带秤、料斗秤、仓储秤等检测设备。图 4-16（c）为皮带秤结构，采用悬浮式秤架，应用于建材水泥、矿山、冶金化工等用皮带输送散装物料的工业领域。安装皮带秤时，首先要求皮带具有一定的柔韧性，保证空载时皮带也能和所有的称重托辊良好接触，保证被输送的物料是由称重托辊支撑而不是由皮带骨架支撑。其次，称重系统所选择的托辊与皮带输送机上的托辊型号结构必须相同。最后，进行称重系统安装时，应将所有的托辊调整成一条直线，尽量减少皮带在托辊上方运行时由于皮带张力变化或其他外力而引入称重系统的附加力。

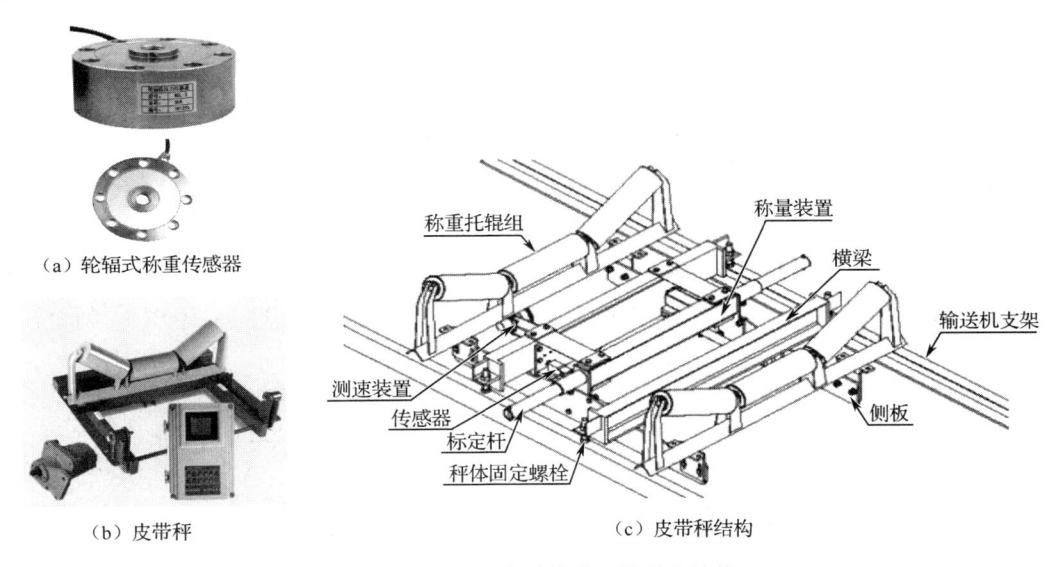

(a) 轮辐式称重传感器

(b) 皮带秤

(c) 皮带秤结构

图 4-16 皮带秤称重传感器外形和结构

任务 4-2-2 应变式传感器的应用

【任务描述】

汽车急刹车时的惯性有多大？与我们身体的重量有关吗？本任务将描述应变式传感器在工程实际中的典型应用。应变计除了测量试件应力、应变，还被制造成多种应变式传感器，

用来测量压力、位移、扭矩、加速度等物理量。

【任务要求】

（1）学会应变式传感器中应变计的粘贴方式。
（2）理解应变式加速度传感器的应用。

【相关知识】

应变计除了测量试件应力、应变，还被制造成多种应变式传感器，用来测量压力、位移、扭矩、加速度等物理量。应变计的应用可分为两大类：第一类是将应变计粘贴于弹性敏感元件上，并接到测量转换电路中，这样就构成测量各种物理量专用的应变式传感器。这类应变式传感器由弹性敏感元件、应变计和测量转换电路三部分组成。弹性敏感元件将被测物理量（如压力、位移、扭矩、加速度等）转换为弹性体的应变，应变计作为传感元件将应变转换为电阻的变化，测量转换电路将电阻的变化转换为电压或电流的变化输出，应变式传感器测量转换电路一般为电桥电路。应变式传感器把应变计粘贴到弹性敏感元件上，使弹性敏感元件感受到应变后输出的电信号与被测量成一定的比例关系。第二类是将应变计粘贴于被测试件上，然后将其接到应变仪上，从应变仪上直接读取被测试件的应变量。

1. 应变式力传感器

应变式力传感器根据弹性元件不同，分为悬臂梁结构、剪切梁结构、S型梁结构、柱式结构等，应变式力传感器弹性元件如图4-17所示。图4-17（a）为双连孔剪梁结构，在弯曲变形的梁上做一对对称的盲孔，沿着盲孔内壁粘贴应变计，盲孔用硅胶或PU胶灌封，应变计组成四臂全桥电路，双连孔剪梁结构可同时考虑弯曲和剪切变形，相对悬臂梁结构，双连孔剪梁结构精度更高，灵敏度更高。图4-17（b）为S型双孔梁结构，拉力和压力都能测量。双孔洞中的每一孔洞的上半圆周及下半圆周上的形变量最大，将四个应变计粘贴在S型双孔梁形变量最大的位置组成四臂全桥电路，S型双孔梁结构称重传感器精度高，抗偏载能力特别强，一般的S型双孔梁结构称重传感器体积较小，量程为100~500kg，多用于吊钩秤、料斗秤等测力设备。

（a）双连孔剪梁结构　　（b）S型双孔梁结构

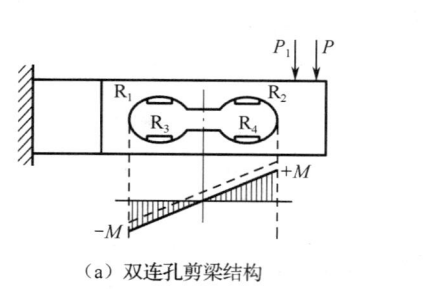

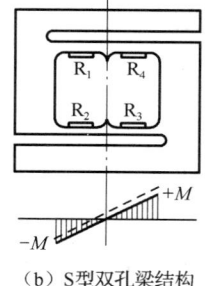

图4-17 应变式力传感器弹性元件

悬臂梁弹性元件结构和应变计粘贴如图4-18所示，悬臂梁的一端为固定支座，另一端为自由端，固定支座是指计算平面内不可上下左右移动也不可以转动的支座。图中4-18（a）

和 4-18（b）分别为等截面和变截面悬臂梁结构。等截面悬臂梁结构沿着长度方向横截面积大小一样，在梁端作用集中荷载时，沿长度方向每个截面应力相同，等截面悬臂梁结构一般用于测量拉力、压力引起的形变。变截面悬臂梁是一种特殊形式的悬臂梁，梁的固定端宽度与自由端宽度不同，荷载作用在梁端三角形顶点上，梁内各截面产生的应力不等，变截面悬臂梁一般测量由弯曲引起的形变，在弯曲面集中的区域上下两面粘贴 4 个应变计，组成四臂全桥测量电路。悬臂梁弹性元件结构灵敏度较高，多用于反应釜搅拌器、超市案秤和民用电子秤等测力设备。

（a）等截面悬臂梁结构　　　（b）变截面悬臂梁结构

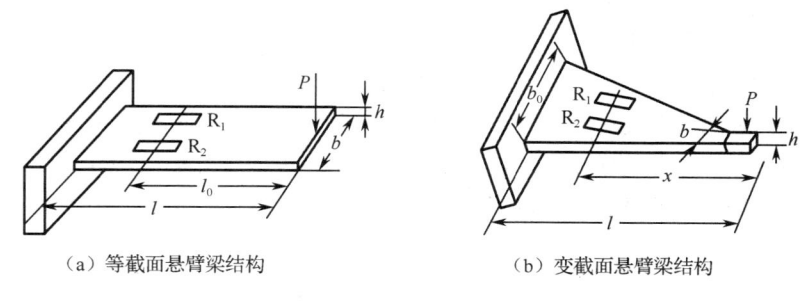

图 4-18　悬臂梁弹性元件结构和应变计粘贴

下面以威尔斯传感技术有限公司的悬臂梁称重传感器为例展开分析。WSH-3 悬臂梁称重传感器外形和结构如图 4-19 所示，该称重传感器精度较高，可达到 0.05% F.S，可防止设备倾覆，安装简单方便。图 4-19（b）为悬臂梁称重传感器结构，应变计的粘贴方式如图 4-19（c）所示，悬臂梁受弯曲应变时，应变计 R_1、R_4 和 R_2、R_3 的形变方向相反，上面受拉，下面受压，应变绝对值相等，符号相反，将应变计 R_1、R_4 和 R_2、R_3 接入四臂全桥电桥的相邻桥臂，可使输出电压最大，灵敏度最高，同时具有温度自补偿功能，当温度变化时，应变计 R_1 和 R_2，R_3 和 R_4 的阻值变化的符号相同，大小相等，电桥不产生输出，达到温度补偿的目的。

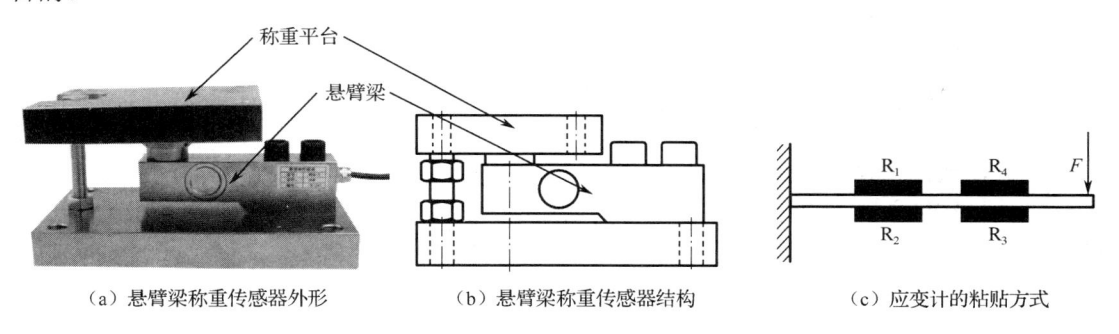

（a）悬臂梁称重传感器外形　　　（b）悬臂梁称重传感器结构　　　（c）应变计的粘贴方式

图 4-19　WSH-3 悬臂梁称重传感器外形和结构

【例 4-3】WSH-3 悬臂梁称重传感器采用的应变计为 KF120-3AA 型通用金属箔式应变计，该金属箔式应变计的灵敏度 $K=2$，采用等臂电桥，当 $R_1=R_2=R_3=R_4=R$ 时，求：

（1）悬臂梁上应变计的粘贴如图 4-19（c）所示，在仅考虑压力的情况下，如何组桥才能获得最大的输出电压值？

（2）当电桥电路供电电压 $U_i=5V$ 时，在 $F=2kN$ 的外力下，应变计产生应变 0.005，求此时电桥输出电压 U_o。

解：（1）在图 4-19（c）中，当悬臂梁承受力 F 时，悬臂梁上表面的应变计 R_1、R_4 感受的应变为拉应变，下表面的应变计 R_2、R_3 感受的应变为压应变，将 R_1、R_2、R_3、R_4 以相对桥臂承受相同应变，相邻桥臂承受相反应变的原则接入电桥电路时，组成悬臂梁应变计四臂全桥电路，可获得最大的输出电压值，如图 4-20 所示。

（2）四臂全桥电路：

$$U_o \approx \frac{U_i K}{4}(\varepsilon_1 - \varepsilon_2 + \varepsilon_4 - \varepsilon_3) = \frac{5 \times 2}{4}(0.005 - (-0.005) + 0.005 - (-0.005)) = 0.05\text{V}$$

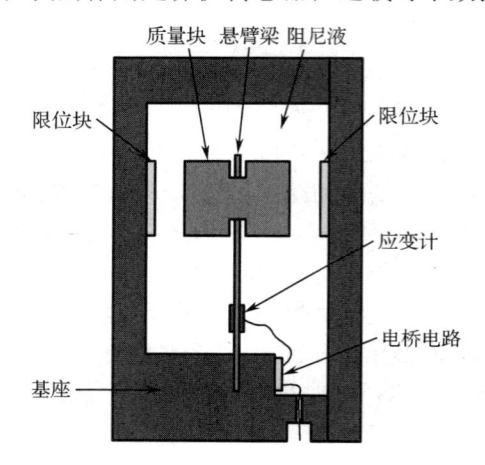

2. 应变式加速度传感器

应变式加速度传感器如图 4-21 所示，应变式加速度传感器由质量块、悬臂梁、应变计、电桥电路等组成。质量块固定在悬臂梁的一端，悬臂梁的另一端固定在传感器基座上，悬臂梁的左右两个面都粘贴应变计并组成电桥电路，质量块和悬臂梁的周围填充硅油等阻尼液，用以产生阻尼力。质量块的两边是限位块，限位块的作用是保护传感器在过载时不致损坏。

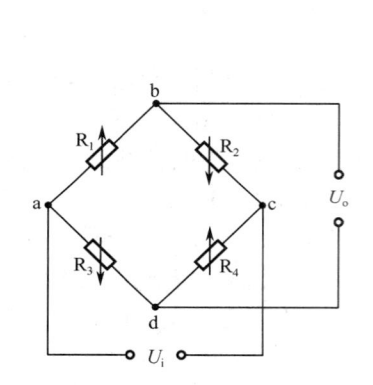

图 4-20 悬臂梁应变计四臂全桥电路   图 4-21 应变式加速度传感器

测量时，将应变式加速度传感器固定在被测物上，被测物的运动导致与其固连的传感器基座的运动，基座又通过悬臂梁将此运动传递给质量块，由于质量块的惯性作用，悬臂梁发生弯曲变形，通过应变计感受质量块相对于基座产生的应变，应变计将感受的应变转换成电阻变化，测量转换电路将电阻变化转换成电压或电流输出。当被测物的振动频率小于应变式加速度传感器的固有振动频率时，悬臂梁的应变量与被测加速度成正比。

项目 4-3 交通监测

高速上汽车超速违规是如何被监测出的？本项目以交通监测中用到的压电传感器为研究对象，详细分析压电传感器的工作原理及压电传感器在高速交通监测中的具体应用，并展开描述压电传感器在生产生活中的其他应用。

思维导图

项目 4-3　交通监测 ── 任务 4-3-1　认识压电传感器
　　　　　　　　　　── 任务 4-3-2　压电式力传感器的应用

任务 4-3-1　认识压电传感器

【任务描述】

本任务将详细描述压电传感器工作原理和压电元件的等效电路,并分析不同压电材料的压电机制及各自特性。

【任务要求】

（1）掌握压电效应。
（2）了解常用的压电材料和它们的特性。

【相关知识】

交通监测常采用由聚偏二氟乙烯 PVDF 高分子压电薄膜材料制成的压电传感器,压电动态监测体系已在国内的智能高速公路管理系统、动态公路称重系统、桥梁超载报警系统、隧道保护系统和自动电子收费系统中广泛使用。

压电传感器是一种典型的自发电传感器,它的工作原理基于某些介质的压电效应。某些材料在受到外力作用时,在其电介质表面会产生电荷,从而实现非电量检测的目的。压电传感元件是力敏感元件,它可以测量最终能转换为力的非电物理量,可以用于动态力、动态压力、机械冲击和振动加速度的测量,但不能用于静态参数的测量。压电传感器具有体积小、质量轻、工作频带宽等优点,在力学、医学、交通等方面都得到了广泛应用。

1. 压电效应

冰糖发光实验如图 4-22 所示,取一个透明的内部干燥的矿泉水瓶（瓶内一定要干燥,越干燥现象越明显）,在水瓶四分之一的空间装上大块冰糖。在黑暗处,迅速地摇晃矿泉水瓶,你就可以看到瓶中的冰糖一闪一闪地发着蓝紫色的光,摇得越快,现象越明显！由于冰糖晶体是非对称性结构,这种结构在受到外力作用后会断裂,会在断裂裂缝的一侧产生正电荷,另一侧产生负电荷,而电荷中和的放电过程会激发空气中的氮分子,将能量以荧光的形式放出,就是我们看见的蓝紫色荧光。

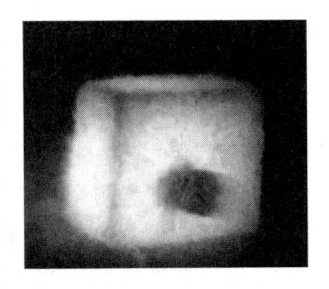

图 4-22　冰糖发光实验

某些电介质在沿着一定方向受到外力作用而变形时,内部会产生极化现象,同时在它的两个表面上产生符号相反的电荷,当停止施加外力后,又重新恢复到不带电状态,这种现象被称为压电效应。当作用力方向改变时,电荷的极性也随之改变,人们把这种机械能转换为电能的现象称为正压电效应。电子打火机就是利用了正压电效应,电子打火机中的压电材料受到敲击，会产生很高的电压，通过尖端放电点燃可燃气体，形成火焰。压电效应示意如图 4-23 所示，压电效应是可逆的，是一种"双向传感器"。反之，在电介质的极化方向上施加交变电场或电压，它会产生机械变形，当去掉外加电场时，电介质变形也随之消失，这种现象称为逆压电效应，人们把这种电能转换为机械能的现象称为电致伸缩效应。敦煌鸣沙山的沙鸣就是利用了逆压电效应，当游客从沙丘上蹦跳或从上往下滑时，沙子就会发出轰隆的巨响，像打雷一样，产生这种现象的原因是无数干燥的沙子（沙子的主要成分是二氧化硅）相撞，引起振动和滑动，使沙丘的沙不断地产生不同的电荷，接着开始一个接一个地相互排斥，就会像放电一样发出声音。

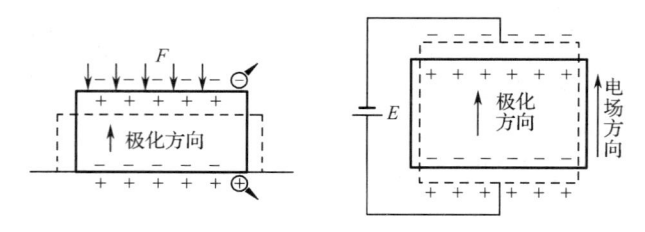

图 4-23　压电效应示意

2．压电效应机制

具有压电效应的物质很多，如天然形成的石英晶体、人工制造的压电陶瓷等，下面以石英晶体为例说明压电效应机制。

天然结构的石英晶体是一个正六边形的晶柱，化学式为 SiO_2，是单晶体结构，石英晶体如图 4-24 所示。

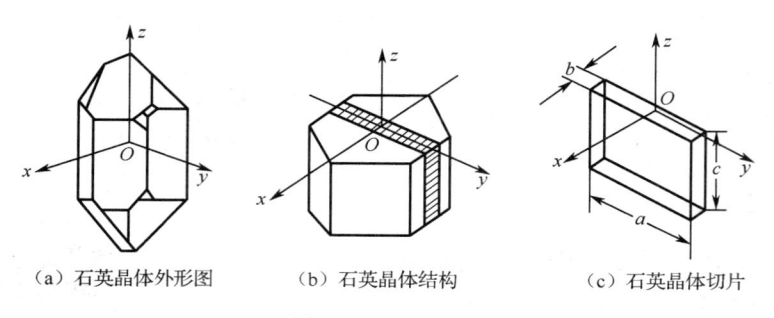

（a）石英晶体外形图　　（b）石英晶体结构　　（c）石英晶体切片

图 4-24　石英晶体

石英晶体是一种性能良好的压电晶体，其介电常数和压电系数的温度稳定性相当好，在常温范围内，这两个参数几乎不随温度的变化而变化。在 20℃～200℃，温度每升高 1℃，压电系数仅减少 0.017%。但是当温度达到 575℃时，石英晶体会突然完全失去压电特性，该温度称为石英晶体的居里点。

石英晶体在各个方向的特性是不同的，在结晶学中，将石英晶体的结构用三根互相垂直的轴来表示，其中纵向轴 z 轴称为光轴，经过六面体棱线并垂直于光轴的 x 轴称为电轴，与 x 轴和 z 轴同时垂直的 y 轴称为机械轴。通常把沿电轴 x 方向的力作用下产生电荷的压电效应称为"纵向压电效应"，而把沿机械轴 y 方向的力作用下产生电荷的压电效应称为"横向压电效应"，沿光轴 z 方向的力作用时不产生压电效应，故 z 轴称为中性轴。石英晶体各个方向的

特性如下:

x 轴——电轴,x 轴晶面上的压电效应最显著;

y 轴——机械轴,在电场作用下,y 轴机械变形最显著;

z 轴——光轴(中性轴),z 轴方向上无压电效应。

石英晶体是各向异性的,许多物理特性取决于晶体方向,石英晶体在进行力—电转换时需要将晶体沿一定方向切割成晶片,将石英晶体沿某个方向切片,两侧面蒸镀一层金属膜,就可以构成石英压电晶片。从石英晶体上沿 y 轴方向切下一片石英压电晶片,如图 4-24(c)所示,当沿电轴方向施加作用力 F_x 时,在与电轴 x 垂直的平面上将产生电荷,电荷大小为

$$Q_x = d_{11} F_x \tag{4-14}$$

式中 d_{11} ——沿 x 轴方向施力时的压电系数。

若在同一切片上,沿机械轴 y 方向施加作用力 F_y,则电荷仍在与 x 轴垂直的平面上产生,其大小为

$$Q_y = d_{12} \frac{a}{b} F_y \tag{4-15}$$

式中 d_{12} ——沿 y 轴方向施力时的压电系数。根据石英晶体的对称性,有 $d_{12}=-d_{11}$;

a ——晶体切片的长度;

b ——晶体切片的厚度。

电荷 Q_x 和 Q_y 的符号由受压力还是受拉力决定。石英压电晶片上电荷极性与受力方向的关系如图 4-25 所示。假设石英压电晶片沿 x 轴和 y 轴方向受到的是压力,那么当石英压电晶片沿着 x 轴和 y 轴方向受到拉力作用时,同样有压电效应,只是电荷的极性将随之改变。

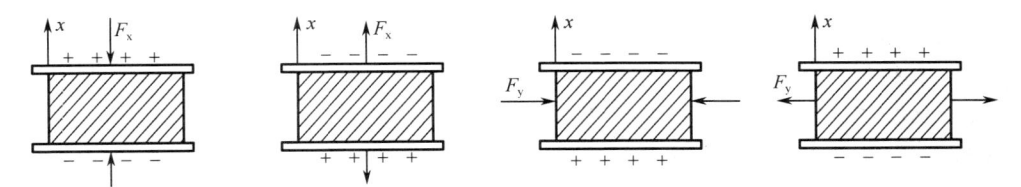

图 4-25 石英压电晶片电荷极性与受力方向的关系

3. 压电元件的等效电路

压电元件在承受沿 x 轴和 y 轴方向的外力作用时,将会产生电荷,可以看作一个电荷发生器,当压电元件表面聚集电荷时,它又是一个以压电材料为介质的电容器,两极板间电容 C_a 为

$$C_a = \frac{\varepsilon_0 \varepsilon_r A}{\delta} \tag{4-16}$$

式中 ε_r ——压电材料的相对介电常数,石英晶体 $\varepsilon_r=4.5$,钛酸钡 $\varepsilon_r=1200$;

ε_0 ——真空介电常数,$\varepsilon_0=8.85\times10^{-12}$ F/m;

δ ——压电元件厚度;

A ——压电元件电极面面积。

在石英压电晶片的两个工作面上进行金属蒸镀形成金属膜,构成两个电极,因此可以把压电元件等效为一个电荷源与电容 C_a 和泄露电阻 R_a 相并联的电荷等效电路,压电元件等效

电路如图 4-26 所示,如果忽略阻值较大的泄露电阻 R_a 的影响,则压电元件端电压为 $U_0 \approx \dfrac{Q}{C_a}$。

（a）压电元件结构　　（b）压电元件符号　　（c）压电元件等效电路

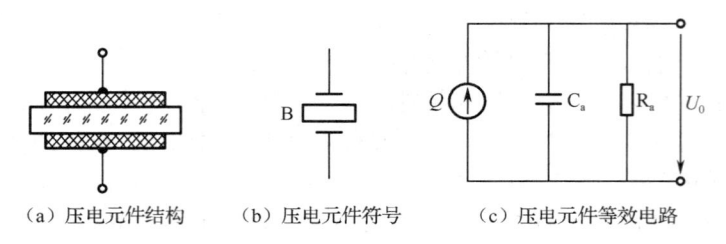

图 4-26　压电元件等效电路

当外力作用在压电元件上时,虽然可以产生电荷 Q,但在两个镀金属电极之间总是存在泄露电阻,而电荷的保存时间通常不到几秒,并且只能在没有泄露的情况下才能保存,这实际上是不可能的,因此压电元件不能用于静态测量。压电元件在交变力的作用下,两个电极表面的电荷可以得到较快的补充,能够供给后续测量转换电路微小的电流,故压电元件适用于动态测量。

由于压电元件输出的电信号非常微弱,一般需要将电信号放大后才能检测出来,根据压电元件等效电路,它的输出可以是电荷信号也可以是电压信号,因此与之相匹配的前置放大器有电压前置放大器和电荷前置放大器两种形式。因为电荷前置放大器的信噪比高、结构简单、性能稳定、工作可靠,所以目前多采用电荷前置放大器。

4．压电材料

具有压电效应的物质称为压电材料。常用的压电材料有三类：单晶石英晶体、压电陶瓷和高分子压电材料。

（1）单晶石英晶体。单晶石英晶体是一种性能良好的压电晶体,有天然和人工培育两种。单晶石英晶体的突出优点是性能非常稳定,在 20℃～200℃,压电常数的变化率是 -0.00017/℃。单晶石英晶体居里点为 575℃,具有自振频率高、动态响应好、机械强度高、绝缘性能好、迟滞小、重复性好、线性范围宽等优点。单晶石英晶体的缺点是灵敏度低、压电常数小（$d_{11}=2.31\times10^{-12}$C/N）。单晶石英晶体大多在标准传感器、高精度传感器或使用温度较高的传感器中使用。

（2）压电陶瓷。压电陶瓷是人工制造的多晶压电材料,晶粒内有许多细微的自发晶化的电畴。在极化处理之前,这些电畴在晶体中杂乱分布,它们的自发极化效应被相互抵消,不具有压电性质,因此原始的压电陶瓷呈中性。为了使压电陶瓷具有压电效应,必须在一定温度下对其进行极化处理,压电陶瓷极化过程如图 4-27 所示。当在陶瓷上施加外电场时,电畴的极化方向发生转动,趋向于按外电场方向排列,使陶瓷得到极化。当去掉外电场后,电畴极化方向基本不变,陶瓷内部存在很强的剩余极化,当陶瓷受外力作用时,电畴的界限发生偏移,从而引起剩余极化强度的变化,因此在垂直于极化方向的平面上将出现极化电荷。

常用的压电陶瓷主要有两类,一类是锆钛酸铅系列压电陶瓷（PZT）,它有较高的压电常数（d 的取值为 $200\times10^{-12}\sim500\times10^{-12}$C/N）和 500℃左右的居里温度,是目前最常用的压电材料；另一类是非铅系列压电陶瓷,如 $BaTiO_3$,压电常数 $d=107\times10^{-12}$C/N。

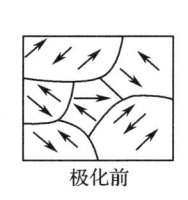

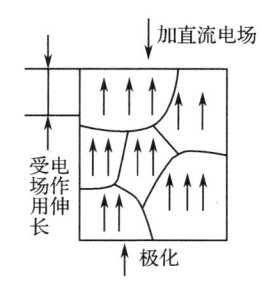

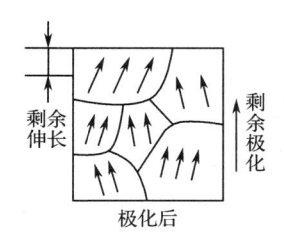

图 4-27 压电陶瓷极化过程

（3）高分子压电材料。高分子压电材料属于有机分子半结晶或结晶聚合物。高分子压电材料有两种类型，一种是合成高分子聚合物，即经延展拉伸和电极化后具有压电性能的高分子压电薄膜，典型的有聚偏二氟乙烯（PVF_2 或 PVDF）、聚氟乙烯（PVF）、改良聚氯乙烯（PVC），其中聚偏二氟乙烯压电常数最高。合成高分子聚合物构成的压电材料质地柔软，可根据需要制成薄膜或电缆套管等形状，并且具有较高的机械强度和韧性，可承受较大的冲击力；另一种是在高分子化合物中掺杂压电陶瓷 PZT 或 $BaTiO_3$ 粉末制成的高分子压电薄膜，这种复合压电材料保持了高分子压电薄膜的柔软性和压电陶瓷的高灵敏度，常用于高灵敏度接收换能器或换能器阵列。

高分子压电材料的工作温度一般低于 100℃，温度升高，灵敏度会降低，因此，高分子压电材料常用于对测量精度要求不高的场合，如水声测量、防盗、振动测量等。

任务 4-3-2　压电式力传感器的应用

【任务描述】

本任务将重点分析在交通监测中使用的压电式力传感器及其用到的压电材料，并给出交通监控中汽车参数的计算方法，此外，还将学习压电片的连接形式和压电式力传感器在其他方面的典型应用。

【任务要求】

（1）学会选用交通监测中的压电式力传感器。
（2）学会选用机床动态切削力测量的压电式力传感器。
（3）了解压电片的连接形式。

【相关知识】

压电式力传感器主要用于脉动力、冲击力、振动等动态参数的测量，可做应力传感器、压力传感器、振动传感器等。压电材料不同，特性不同，用途也不一样。单晶石英晶体主要用于精密测量，多用作实验室基准传感器；压电陶瓷价格便宜、灵敏度高、机械强度好，常用于测力和振动；高分子压电材料主要用于定性测量。

1. **交通监测**

高分子压电电缆可用于车速监测、收费站地磅、闯红灯拍照、停车区域监控、交通数据

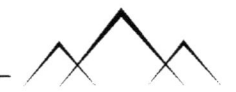

信息采集、机场滑行道等信息采集和周界线控报警系统。将高分子压电电缆埋在公路上，可以获取车辆分类信息，如车型、轴数、轴距、轮距、单双轮胎等。

高分子压电电缆的结构和外形如图 4-28 所示，高分子压电电缆由绞合缆芯、PVDF 高分子压电薄膜、铜网屏蔽层和塑料保护层组成。绞合缆芯和铜网屏蔽层之间以 PVDF 高分子压电薄膜为介质构成分布电容。高分子压电电缆将 PVDF 高分子压电薄膜夹在绞合缆芯和铜网屏蔽层之间加工成同轴电缆，可以达到自屏蔽的效果。

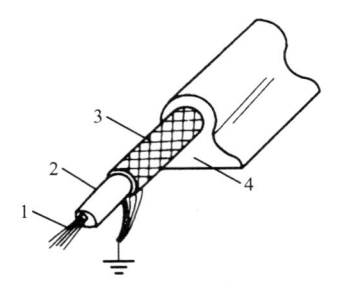

（a）高分子压电电缆的结构　　（b）高分子压电电缆的外形
1—绞合缆芯；2—PVDF 高分子压电薄膜；3—铜网屏蔽层；4—塑料保护层

图 4-28　高分子压电电缆的结构和外形

【例 4-4】 将两根高分子压电电缆相距 2 米平行埋设于柏油公路的路面下约 5cm 处，交通监测示意如图 4-29 所示。现有一车辆驶过高分子压电电缆，两根高分子压电电缆的输出信号波形如图 4-29（b）所示，该高分子压电电缆的压电常数 d_{33}=20pC/N，该压电传感器采用电荷放大器，电荷放大器的反馈电容 C_f=1μF。

求：（1）汽车当时的车速和汽车的载重量。

（2）根据存储在计算机内部的档案数据，判定汽车的车型。

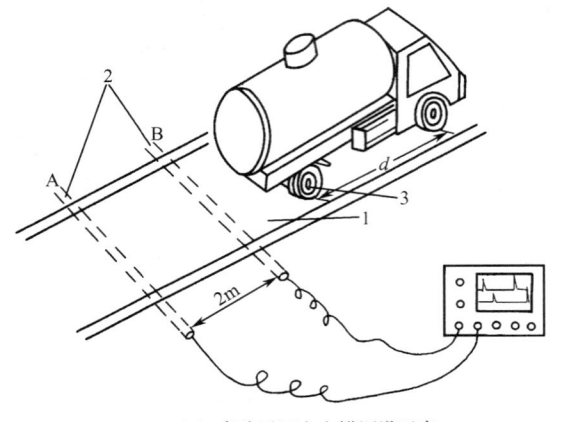

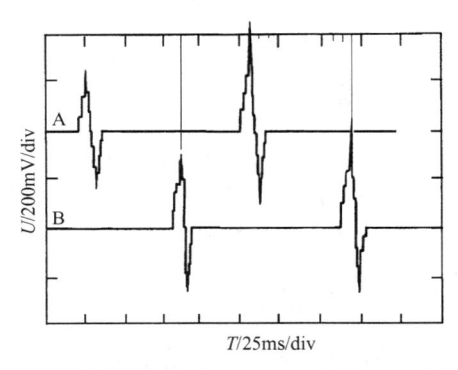

（a）高分子压电电缆埋设示意　　（b）A、B 高分子压电电缆的输出信号波形
1—柏油公路；2—高分子压电电缆；3—车轮

图 4-29　交通监测示意

解：（1）由于显示仪表屏幕上的横坐标每格为 25ms，汽车的前轮通过 A、B 两根高分子压电电缆的时间相差约 2.4 格所对应的时间，因此汽车经过 A、B 压电电缆的时间为：

$$t_1 \approx 2.4 \times 25/1000 = 0.07 \text{s}$$

已知 $L_{AB}=2$m，故汽车车速

$$v = L_{AB}/t \approx 2/0.07 = 33.33 \text{m/s} \approx 33.33 \times 3600/1000 \approx 120 \text{km/h}。$$

仪器屏幕上的纵坐标每格为 200mV，汽车经过 A 或 B 两根高分子压电电缆输出的最高脉冲约为 2 个格子，因此输出电压值为

$$U_o \approx 2 \times 200 \approx 400 \text{mV} \approx 0.4 \text{V}$$

$$Q = C_f U_o \approx 1 \times 10^{-6} \times 0.4 = 4 \times 10^{-7} \text{C}$$

汽车的载重量

$$F = Q/d_{33} \approx 4 \times 10^{-7}/20 \times 10^{-12} \approx 20000 \text{N} \approx 20.4 \text{t}$$

（2）前后轮依次通过 A 高分子压电电缆的时间相差 4.2 格子对应的时间，因此

汽车经过 A 压电电缆的时间为

$$t_2 \approx 4.2 \times 25/1000 = 0.105 \text{s}$$

汽车前后轮间的轴距

$$d \approx v \times t_2 = 33.33 \times 0.105 \approx 3.5 \text{m}$$

根据存储在计算机内部的影像资料数据，可判断出该汽车为中型货车。中型货车的承载能力一般在 4.5t 到 12t 之间，根据上面的分析，该货车已超载。

由此可以得出，汽车承载越重，高分子压电电缆输出信号的幅度就越大；汽车车速越快，高分子压电电缆输出信号的时间间隔就越短。

2．玻璃破碎报警装置

很多贵重物品柜台，如珠宝店、展览馆、博物馆等场合，为防盗和防抢劫，都希望能够安装一种玻璃破碎能自动报警的装置。PVDF 高分子压电薄膜感应片很小且透明，不易察觉，常用于玻璃破碎报警装置中。玻璃破碎报警装置如图 4-30 所示。玻璃破碎时会发出几千赫兹的振动，将 PVDF 高分子压电薄膜粘贴在玻璃上，可以感受到玻璃破碎的振动，传感器将振动波转换成电压信号输出，经放大、滤波、变换和比较等输出传送给报警系统。

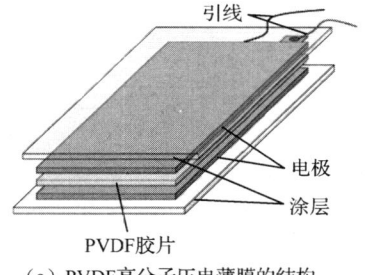

（a）PVDF 高分子压电薄膜的结构 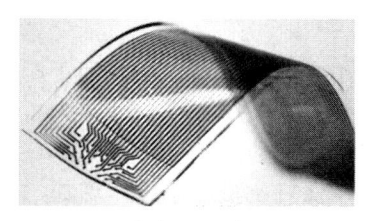　　（b）PVDF 高分子压电薄膜的外形 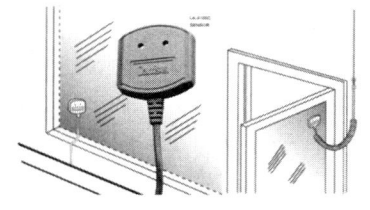　　（c）PVDF 高分子压电薄膜玻璃破碎报警器

图 4-30　玻璃破碎报警装置

PVDF 高分子压电薄膜厚约 0.2mm，将 PVDF 高分子压电薄膜剪裁成 10mm×20mm 大小，在它的正反两面喷涂透明的二氧化锡导电电极，并用保护膜覆盖。将 PVDF 高分子压电薄膜粘贴在玻璃上，使其通过电缆线与报警电路相连，玻璃在遇袭击被打碎的瞬间，PVDF 高分子压电薄膜感受到剧烈振动，表面产生电荷 Q，在两个输出引脚之间产生电压 $U_0 \approx \dfrac{Q}{C_a}$，$C_a$ 为

两电极之间电容,为了提高报警系统的灵敏度,信号经放大后,须经带宽滤波器进行滤波,要求频带内的衰减小,而频带外的衰减尽可能大,这是由于玻璃破碎的振动频率在音频和超声波的范围内,只有当 PVDF 高分子压电薄膜输出信号高于设定的阈值时,才会输出报警信号,从而驱动报警执行机构进行声光报警。

3. 车床刀具切削力测量

压电式力传感器利用正压电效应,将机械量转换为电量。压电式力传感器的敏感元件自身刚度很高,在受力后产生的电荷仅与受力的大小有关,而与敏感元件的变形无关,因此可以获得较高的刚度和灵敏度。压电式力传感器作为测量动态力的重要工具,在工业、机械、汽车等领域都得到广泛应用。压电式力传感器根据不同切型的压电晶片分类,可以分为测量一个方向作用力的单向力传感器,测量两个方向作用力的双向力传感器和测量三个方向作用力的三向力传感器。

车床加工时切削力的测量属于单向力测量,车床刀具切削力测量示意如图 4-31 所示,单向力传感器位于车刀前端正下方。

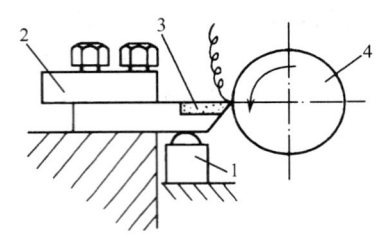

1—单向力传感器;2—刀架;3—车刀;4—切削工件

图 4-31 车床刀具切削力测量示意

切削前,虽然车刀仅仅压在单向力传感器上,压电片在压紧的瞬间产生很大的电荷,但几秒之后,电荷就通过电路的泄漏电阻相互抵消。在切割过程中,车刀在切削力的作用下上下剧烈振动,将振动的脉冲力传递给单向力传感器,传感器输出的电荷变化量由电荷放大器转换成电压,通过电荷和力的正比例关系,可求出切削力的大小,通用记录仪可记录下切削力的变化量。

车床刀具切削力测量采用的单向力传感器,主要用于测量变化频率不太高的动态力,使用压电陶瓷作为压电元件。压电陶瓷一般做成片状,称为压电片。一般将两片或两片以上的压电片粘贴在一起,因为压电元件形成的电荷是有极性的,所以有串联和并联两种接线方法。串联时输出总电容减小、总电荷量保持不变、总电压增加,适合电压为输出信号及高频信号的测量场合。并联时输出总电容增加、总电荷量增加、总电压保持不变,适合电荷为输出信号及低频信号测量场合。测量车床刀具动态切削力的两片压电片采用并联接法,单片压电片产生电荷为 Q,输出电压为 U_0,输出电容为 C,两片压电片并联后极板上的总电荷为单片电荷 Q 的两倍,输出电容为单片电容 C 的两倍,但输出电压仍为单片电压 U_0,即

$$Q_{并}=2Q \quad U_{并}=U_0 \quad C_{并}=2C$$

单向力传感器的结构如图 4-32 所示,切削力通过一个刚性传力盖板沿轴方向传输给并联压电片,并联压电片受力的作用而产生电荷,两片并联压电片沿轴向反方向叠在一起,中间

形成一个片形电极收集负电荷。两片并联压电片正电荷分别与单向力传感器的刚性传力盖板及底座相连，提高了传感器的电荷灵敏度。并联压电片在使用时必须有一定的预紧力，这样可以保证并联压电片始终受到压力，也能消除两片并联压电片之间因接触不良而引起的非线性误差，保证输出与输入之间的线性关系，但预紧力不能太大，否则将会影响并联压电片的灵敏度。

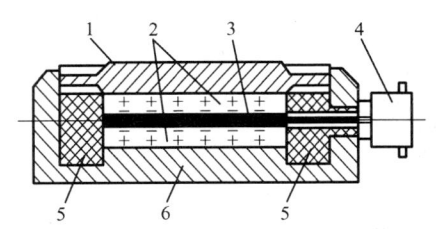

1—刚性传力盖板；2—并联压电片；3—片形电极；4—电极引出接头；5—绝缘材料；6—底座

图 4-32 单向力传感器的结构

单向力传感器测力的范围与压电片的尺寸有关，以常州爱塞尔科技有限公司 T401 型号单向力传感器为例，单向力传感器量程和尺寸关系如图 4-33 所示。直径为 12.5mm，厚度为 4mm 的单向力传感器可承载 5kN 的力，灵敏度为 4pC/N，非线性误差为 1% F.S。

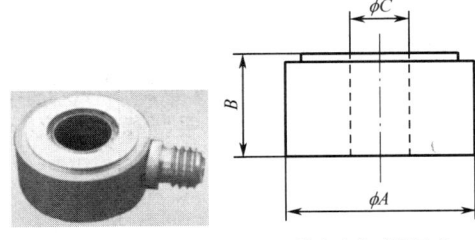

量程（kN）	自振频率（Hz）	重量（g）	安装方式	A	B	C（mm）
5	75	14	4通孔	12.5	7	4
15	70	18	6通孔	14.5	7.5	6
35	60	30	10通孔	23.8	10	10
60	50	35	13通孔	28.5	11	13
100	40	80	20通孔	43	14	20
200	30	160	26.5通孔	52.5	15	26.5
600	15	750	40.5通孔	95	23	40.5

（a）单向力传感器外形　　（b）单向力传感器尺寸　　（c）单向力传感器量程与尺寸关系

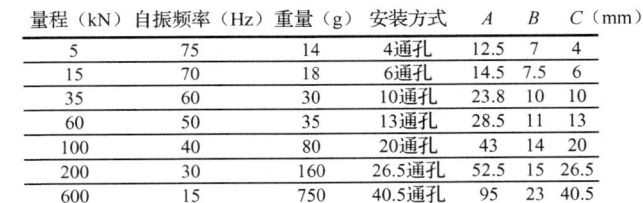

图 4-33 单向力传感器量程和尺寸关系

知识拓展

爆震传感器

爆震是指发动机不正常燃烧的现象。在发动机缸体里，混合气体燃烧过程中，火焰没有传到燃烧部位时，局部温度过高和压力突然增大引起的刚体震动会产生很大的冲击波，发出尖锐的金属敲击声，这就是爆震。爆震会导致发动机过热，使火花塞、活塞环熔化损坏，使缸盖、连杆、曲柄等部件过载变形，将大幅缩短发动机的工作寿命。采用爆震传感器的目的是使发动机动力性能提高的同时不产生爆震。

爆震传感器用来检测发动机在燃烧过程中是否发生爆震，并把爆震信号输送给发动机控制计算机，从而发出修正点火提前角的重要信号。当发动机出现爆燃的时候，爆震传感器就会将发动机的机械振动转变为电压信号，并且反馈到汽车的行车计算机上。此时汽车发动机电控单元 ECU 就会根据事先储存的点火数据和反馈回来的数据，去及时调整点火正时，从而降低汽车发生爆震的可能性。爆震传感器作为控制模块可以及时调整点火正时以阻止爆震。

爆震传感器的主要类型如下。

（1）共振型爆震传感器。共振型爆震传感器主要由与发动机缸体发生爆震相同共振频率的振子，以及能够检测到振子振动压力并将其转化成电信号的压电元件组成，共振型爆震传感器结构如图 4-34 所示。振动时，传感器内部的平衡锤向压电元件上作用一个压力，该压力使压电元件内部产生的电信号就是传感器的输出信号。

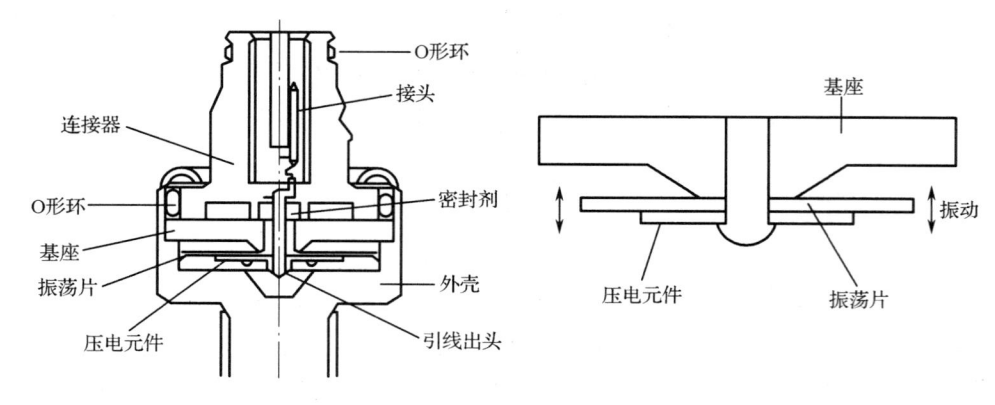

图 4-34 共振型爆震传感器结构

共振型爆震传感器的输出特性如图 4-35 所示，其输出电压信号较高，不需要专门的滤波器，信号处理比较方便。但共振型爆震传感器的共振频率必须与发动机燃烧时的爆震频率相匹配才能产生共振，且各种型号的发动机都有自己特定的共振频率，因此共振型爆震传感器只能用于指定型号的发动机，互换性较差。

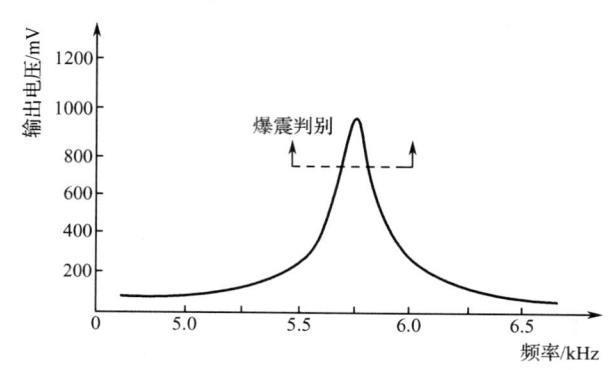

图 4-35 共振型爆震传感器的输出特性

（2）非共振型爆震传感器。非共振型爆震传感器结构如图 4-36 所示，它利用压电元件直接获取爆震信息，然后将振动压力实时转化成电压信号输出。当发动机振动时，惯性配重会因振动而产生加速度，加速度产生的惯性力作用在压电元件上，使压电元件产生电压信号。发动机发生爆震时，如果振动幅度较大，那么产生的加速度也较大，因此压电元件受到的作用力也较大，继而导致压电元件输出的电压信号较大。实际情况是希望爆震传感器在爆震即将发生前就能及时调整点火定时，防止发生爆震。

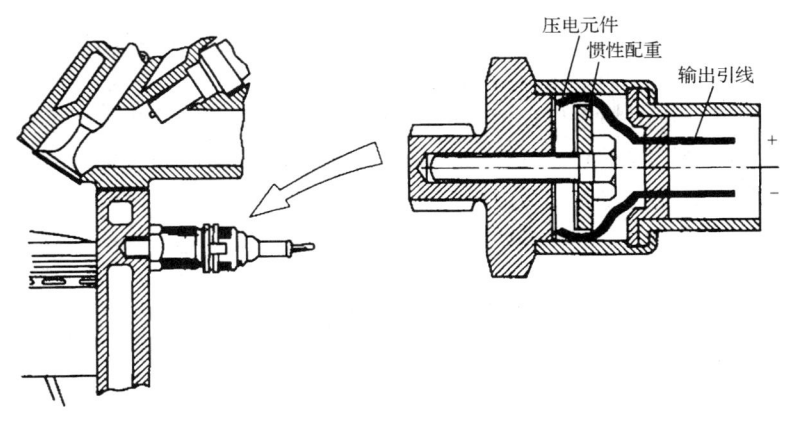

图 4-36 非共振型爆震传感器结构

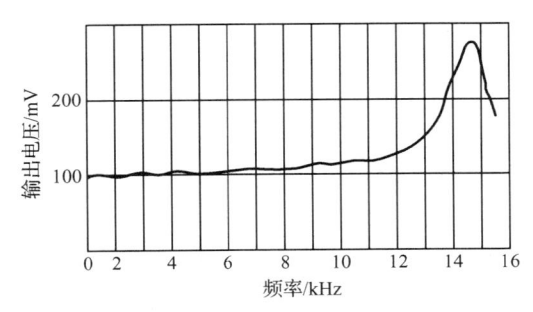

非共振型爆震传感器的输出特性如图 4-37 所示，非共振型爆震传感器输出电压信号小而平缓，必须将输出信号输送到带通滤波器中才能判断爆震是否发生。带通滤波器只允许特定频带的信号通过，对其他频带的信号进行衰减截止。非共振型爆震传感器应用范围广，当用在不同类型发动机上时，只需要对带通滤波器的过滤频率进行调整即可，不用更换非共振型爆震传感器。

图 4-37 非共振型爆震传感器的输出特性

非共振型爆震传感器和共振型爆震传感器输出电压波形如图 4-38 所示，可得以下结论。

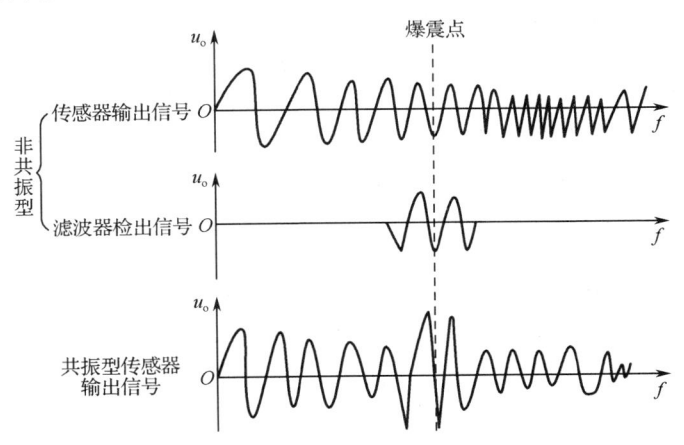

图 4-38 非共振型爆震传感器和共振型爆震传感器输出电压波形

两种传感器的输出信号都是随发动机的振动频率变化而变化的电压信号,信号的频率都与发动机的振动频率一致,其电压幅值与振动频率有关。

共振型爆震传感器输出的电压信号在发动机发生爆震时最大。非共振型爆震传感器输出的电压信号在发动机爆震时无明显增加,需要通过带通滤波器检查传感器输出信号有无爆震频率段来判断是否发生了爆震。

【课后习题】

一、选择题

1. 电子秤所使用的应变计一般选择（　　）应变计；为提高集成度,测量气体压力一般选择（　　）；一次性测量几百个应力点应选择（　　）应变计。

　　A. 金属丝式　　　　　　　　　　　B. 金属箔式
　　C. 电阻应变仪　　　　　　　　　　D. 固态压阻式

2. 应变测量中,希望灵敏度高、线性好、有温度自补偿功能,应选择（　　）测量转换电路。

　　A. 单臂电桥　　　B. 双臂电桥　　　C. 四臂全桥

3. 应变计用胶水粘贴在弹性元件上时,在保证粘贴强度的条件下,胶的厚度应尽量（　　）一些,可以减小蠕变误差。

　　A. 薄　　　　　　B. 厚　　　　　　C. 宽　　　　　　D. 长

4. 施加最大承载力在电子秤的秤台上,静置一段时间后,发现最终读数与初始读数之间不相等,这种现象称为（　　）。

　　A. 零点漂移　　　B. 蠕变　　　　　C. 迟滞　　　　　D. 灵敏度漂移

5. 如果电子秤电桥电路在空秤时产生温漂,则应该在（　　）串联一个热敏电阻。

　　A. 其中一个桥臂处　　　　　　　　B. 桥路的输出端
　　C. 放大器的输入端　　　　　　　　D. 桥路电源

6. 如果电子秤电桥电路在空秤时不平衡,则应该在某一桥臂处串联一个（　　）。

　　A. 小阻值电阻　　　　　　　　　　B. 大阻值电阻
　　C. 微小的电容　　　　　　　　　　D. 微小的电感

7. 将电子秤的四色接线从接线端子上拔出,测量四线式电子秤的红、黑 2 根引线之间的电阻为无穷大,可能的故障是（　　）。测量四线式电子秤的绿、白 2 根引线之间的电阻为零,可能的故障是（　　）。

　　A. 4 个桥臂中的 1 个应变计短路　　B. 4 个桥臂中的 1 个应变计开路
　　C. 两根信号输出线短路　　　　　　D. 两根电源线开路

8. 将超声波（机械振动波）转换成电信号是利用压电材料的（　　）；蜂鸣器中发出"嘀……嘀……"声,则蜂鸣器内压电晶片发声原理是利用压电材料的（　　）。

　　A. 应变效应　　　B. 电涡流效应　　C. 压电效应　　　D. 逆压电效应

9. 在实验室作检验标准用的压电仪表应采用（　　）压电材料；能制成薄膜粘贴在微

小探头上,用于测量人的脉搏的压电材料应采用（　　）;用在压电加速度传感器中测量振动的压电材料应采用（　　）。

　　A．PTC 热敏电阻　　　　　　　　　　B．PZT 锆钛酸铅系列压电陶瓷
　　C．PVDF 高分子压电薄膜　　　　　　D．SiO_2 石英晶体

10．使用压电陶瓷制作的力传感器或压电式力传感器可测量（　　）。

　　A．人的体重　　　　　　　　　　　　B．车刀的压紧力
　　C．车刀在切削时感受到的切削力的变化量　　D．自来水管中的水的压力

11．压电式力传感器中,两片压电晶片多采用（　　）接法,可增大输出电荷量;在电子打火机和煤气灶点火装置中,多片压电晶片采用（　　）接法,可使输出电压达上万伏,从而产生电火花。

　　A．串联　　　　　　　　　　　　　　B．并联
　　C．既串联又并联　　　　　　　　　　D．既不串联又不并联

12．压电式力传感器的输出接到电荷放大器,若电荷放大器的反馈电容 C_f=100pF,输出电压 U_o=1V,则压电式力传感器的输出电荷约为（　　）pC。

　　A．100　　　　B．10000　　　　C．1　　　　D．0.01

13．测量人的脉搏应采用灵敏度 K 约为（　　）的压电式力传感器;做已包装好的家用电器跌落试验以检查是否符合国家标准时,应选用灵敏度 K 为（　　）的压电式力传感器。

　　A．100V/g　　　　B．0.1V/g　　　　C．10mV/g　　　　D．都可以

二、分析计算题

1．有一额定荷重 F_m 为 $50×10^3$N 的等截面空心圆柱式称重传感器,其灵敏度 K_F 为 2mV/V,桥路电压 U_i 为 24V。

求:（1）在额定荷重时的输出电压 U_{om}。

（2）当测得输出电压 U_o 为 6mV 时,承载力 F 是多少?

（3）当承载力 F 为 $20×10^3$N 时,输出电压 U_o 是多少?

（4）若在额定荷重时得到 4V 的输出电压,接入 A/D 转换器,放大器的放大倍数应为多少?

2．采用等截面空心圆柱式称重传感器称重,额定荷重 G_{max} 为 $50×10^3$kg,灵敏度 K_F 为 2mV/V,桥路电压 U_i 为 24V。

求:（1）在额定荷重时的输出电压 U_{om}。

（2）若在额定荷重时要得到 5V 的输出电压,接入 A/D 转换器,放大器的放大倍数应为多少?

（3）若要分辨 1/5000 的电压变化,放大后的输出电压的漂移要小于多少毫伏?

（4）当承载为 200kg 时,传感器的输出电压 U_{o200} 是多少?

（5）测得桥路的输出电压为 20mV,求被测荷重是多少吨?

3．振动式黏度计原理如图 4-39 所示。导磁的悬臂梁 6 与电磁铁芯 3 组成激振器。压电晶片 4 粘贴于悬臂梁上,振动板 7 固定在悬臂梁的下端,并插入被测黏度的黏性液体中。分析振动式黏度计的工作原理并回答下面的问题。

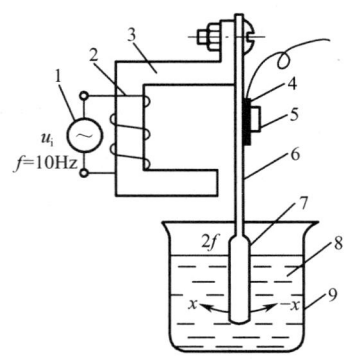

1—交流励磁电源；2—励磁线圈；3—电磁铁芯；4—压电晶片；
5—质量块；6—悬臂梁；7—振动板；8—黏性液体；9—容器

图 4-39 振动式黏度计原理

（1）当励磁线圈接到 10Hz 左右的交流激励电源 u_i 上时，电磁铁芯产生（　　）Hz（两倍的激励频率）的交变（　　），并对（　　）产生交变吸力。因为它的上端被固定，所以它将带动振动板 7 在（　　）里来回振动。

（2）液体的黏性越高，对振动板的阻力就越（　　），振动板的振幅 x 就越（　　），它的加速度 $a=x_m\omega^2\sin\omega t$ 就越（　　），因此质量块 5 对压电晶片 4 所施加的惯性力 $F=ma$ 就越（　　），压电晶片的输出电荷量 Q 或电压 U_o 也越（　　）。压电晶片的输出反映了被测液体的黏度。

（3）振动式黏度计的缺点是与测量温度 t 有关。温度升高，大多数液体的黏度会变（　　），所以将带来测量误差。

4．两根高分子压电电缆相距 $L=2$m，平行埋设于柏油公路的路面下约 50mm 处，高分子压电电缆测车速原理如图 4-40 所示。它可以用来测量车速及汽车的超重，并根据存储在计算机内部的档案数据判定汽车的车型。

（a）高分子压电电缆埋设示意　　　　　　（b）A、B 高分子压电电缆的输出信号波形
1—柏油公路；2—高分子压电电缆；3—车轮

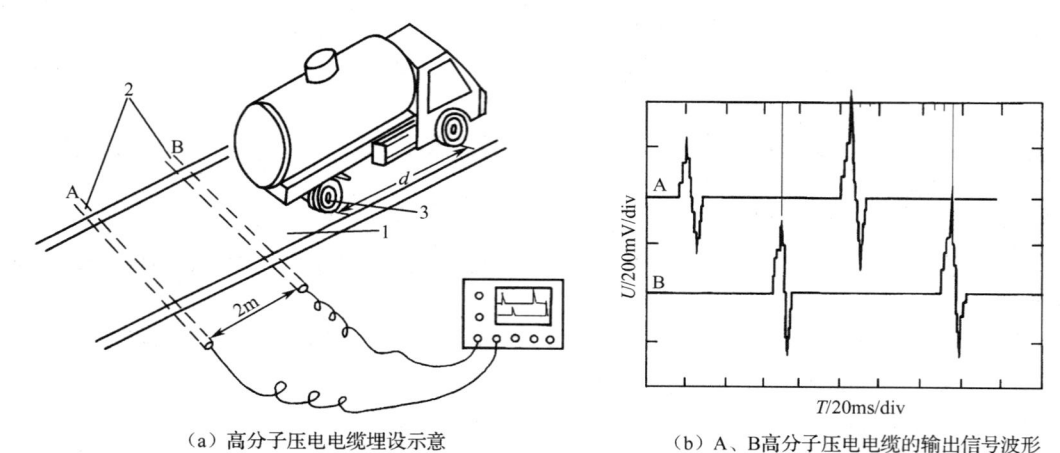

图 4-40 高分子压电电缆测车速原理

现有一辆超重车辆以较快的车速压过测速传感器，两根高分子压电电缆的输出信号波形如图4-40（b）所示。

求：（1）估算车速为多少 km/h。

（2）估算汽车前后轮间距 d（可据此判定车型）；d 与哪些因素有关？

（3）说明载重量 m 及车速 v 与 A、B 高分子压电电缆输出信号波形的幅度或时间间隔之间的关系。

模块 5

位移检测系统的构建

随着科技的不断进步，在现代工业中需要进行精密测量的场合越来越多，位移检测就是一种重要的精密测量技术。位移是和物体运动过程中的位置和移动相关的物理量，用以描述物体从一个位置到另一个位置的距离和方向的变化。位移传感器是把物体的运动位移转换成可测量的电学量的一种装置，可以将被测物体的相对移动信号转换为电信号输出，从而实现对物体位置变化的监测和控制。

目前，位移检测技术在工业自动化测量和智能测控等领域中得到越来越广泛的应用，是自动化系统与智能设备的核心技术。近年来，计算机视觉、5G、物联网和人工智能等新技术不断完善和发展，并与位移检测技术相结合，使位移检测技术朝着更加高效、精确和智能化的方向迈进。

项目 5-1　光栅式位移传感检测

光栅式位移传感检测是指利用光栅结构进行光学检测的方法，光栅由一系列平行的条纹组成，可以对入射的光进行分散、衍射、干涉等。当物体位置相对于光栅发生变化时，利用光栅式位移传感器测量光栅在不同位置上的干涉或衍射图样变化来检测物体位置的变化。光栅式位移传感检测不需要接触被测物体，通过光栅与入射光的相互作用实现位移测量，具有高精度、高分辨率、非接触式测量、快速响应和强抗干扰性等特点。而且光栅式位移传感器结构简单，体积小且易于集成到各种检测设备和系统中，便于实现自动化控制和测量，在工业制造、机器人技术、医疗科研和光学测量等领域中日益得到广泛应用。

思维导图

项目5-1　光栅式位移传感检测	任务5-1-1　位移传感检测方式
	任务5-1-2　光栅和光栅尺
	任务5-1-3　光电式角编码器测速

任务 5-1-1　位移传感检测方式

【任务描述】

在工业生产过程中，位移传感检测一般分为测量实物尺寸和机械位移两种，不同的位移检测方式适用于不同的应用场景和测量要求。本任务主要介绍常用的位移传感检测实现方式及其特点，根据不同应用场景对位移传感检测精度、速度、环境适应性等测量要求，来选择合适的位移传感检测方式。

【任务要求】

（1）掌握位移传感器的分类及其原理特点。
（2）熟悉位移传感检测方式及应用。

【相关知识】

1．位移传感检测

位移传感检测是指通过测量物体在空间中的位置变化来获取位移信息，除测量位移外，还可以用于物体的位置、形变、振动、尺寸变化等物理量的测量。在各类工业制造自动控制领域中，测量目标的运动位移主要是直线位移和角度位移两大类；根据量值取得方式的不同，位移传感检测可以分为直接测量法和间接测量法；根据信号的编码原理来划分，又可将位移传感检测分为增量式编码位移传感检测和绝对式编码位移传感检测。

随着现代科技和智能仪器技术的飞速发展，位移传感检测所涉及的范围越来越广泛，小位移和微小尺寸位移传感检测应用通常使用应变式、电容式、电感式、涡流式、差动变压器式和霍尔传感器来进行检测，大位移传感检测则常使用光栅、磁栅、磁致伸缩式和激光测距等测量技术。其中，光栅和磁栅是光学和电子领域常见的装置，具有各自不同的检测原理和特点，光栅适用于高精度、高分辨率的检测，而磁栅适用于高灵敏度和耐用性的检测，在汽车工业、航空航天、生物医学和机械制造等领域都具有广泛的应用。

2．直接测量和间接测量

直接测量是指通过直接观察或使用专门的测量工具来直接获得所需测量数值的方法。直接测量不需要使用其他测量参数或间接推导，可以直接获得准确的测量结果。如图 5-1（a）所示，使用直线式传感器测量滑块的直线位移就属于直接测量。在实际的工程应用中，有时为了减小测量系统误差，需要根据测量原理和测量条件等补充测量过程，并对测量结果进行适当修正，这类测量仍属于直接测量。

间接测量是指通过测量与被测量之间的相关参数，并通过数学关系或经验公式来推导和计算所需测量值的方法。如先测量圆形区域的半径，再通过公式推导计算出圆的面积的方法就是间接测量。如图 5-1（b）所示，将旋转式位置传感器测量的回转运动作为被测量的相关参数值，先利用角编码器测量出丝杠螺母的旋转角度，再由测量结果计算出与之关联的运动部件的直线位移，即可间接得到丝杠螺母的直线位移。

(a) 直接测量　　　　　　　　（b) 间接测量

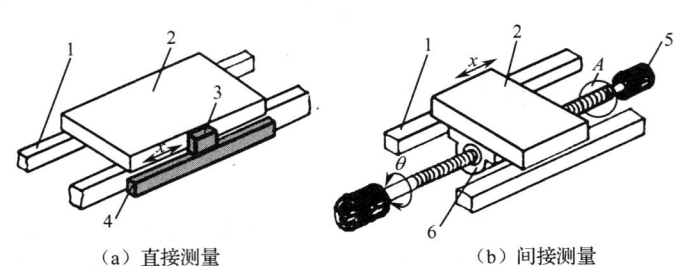

1—导轨；2—运动部件；3—位移传感器随动部件；4—位移传感器固定部件；
5—旋转式位移传感器；6—丝杠螺母

图 5-1　直接测量与间接测量

3. 增量式测量与绝对式测量

所谓增量式测量，是指测量某个参数的增量或变化量。它通过比较参考位置和当前位置之间的差异来确定增量。在测量时，首先确定被测物体的当前位置作为测量参考点，当被测物体发生移动后，根据被测物体相对当前位置的运动方向和移动量来确定被测物体的位置。

增量式位置传感器通常使用数字脉冲的个数来表示单位位移的数量，如图 5-2 所示，光源发射的光通过透镜量杆的栅格后，被安装在扫描板上的光电元件接收，当扫描板沿着透镜量杆移动时，每移动一个基本栅格单位长度，光电元件就发出一个输出脉冲，利用计数器对脉冲信号进行计数，经简单换算就可以得到扫描板的移动量。

增量式测量通过图 5-2 中的光栅或图 5-3 中编码盘上的条纹或孔洞与光电元件之间的变化来测量线性或旋转位移的增量，测量装置构造简单，具有高精度、易于实现等优点。但是，增量式测量只能测量位移参数的增量或变化量，无法提供绝对位置信息。因此，在某些应用中，需要结合其他测量方法或校准程序来获得绝对位置信息。

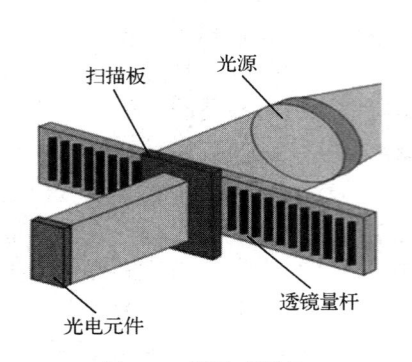

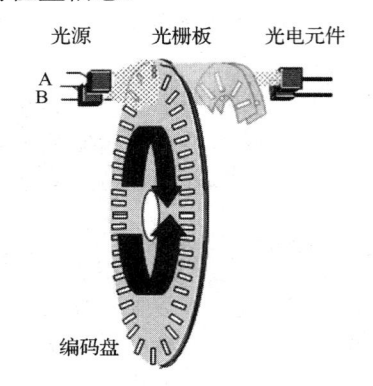

图 5-2　增量式测量　　　　图 5-3　增量式角编码器测量

和增量式测量的相对位移变化不同，绝对式测量的每一个被测点都有一个对应的编码，常以二进制数据形式来表示，绝对式角编码器即为典型的绝对式测量装置。绝对式角编码器通常使用具有多个编码位置的码盘，绝对式角编码器的码盘如图 5-4 所示，将码盘上要测量的区段分成多个单元，如图中的码盘位置编码 0001、0101 和 1011 等。当被测物体移动到某个位置上时，传感器就会将物体所处位置对应的位置编码反馈给检测系统，以此便能确定被测物体的位置信息。

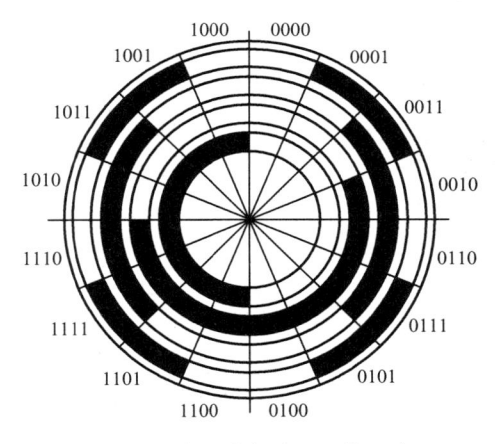

图 5-4 绝对式角编码器的码盘

由于绝对式位置传感器中每个测量单元分配的编码或编号都是唯一的，使用绝对式位置传感器测量得到的是被测物体的绝对位置坐标值。这种测量方式不需要通过与参考点比较或计算，就能直接获得物体的绝对位置或位置值。而且该方式不受位置重置影响，即使在断电或重新开机后，也能够立即获取物体的准确位置信息。

任务 5-1-2　光栅和光栅尺

【任务描述】

光栅测量技术是一种常用的位移测量方法，光栅系统利用光学原理和微小的光栅结构进行信息处理。本节将详细介绍光栅的结构和工作原理，以便学生能够更好地理解和应用光栅测量技术。

【任务要求】

（1）熟悉光栅式位移传感器测量原理。
（2）理解莫尔条纹的变化规律和放大作用。

【相关知识】

1．光栅式位移传感器

光栅式位移传感器是利用光的干涉现象进行测量的装置，是一种高精度的位移传感器。光栅是在一块长条形的光学玻璃上密集等间距平行的刻线，刻线密度为 10～100 线/毫米。当光栅尺发生移动时，由于光的干涉作用，就会产生一系列平行的明暗相间的叠栅条纹，光栅的运动速度和方向决定了叠栅条纹的移动情况，通过光电元件就能获得一串电脉冲信号，然后经放大整形等处理后，就能得到被测物的位移和速度等参数。按应用方式，光栅可以分为透射光栅和反射光栅两种；按其作用原理可分为辐射光栅和相位光栅；按其用途可分为直线光栅和圆光栅。光栅光路如图 5-5 所示。

光栅式位移传感器不需要任何其他机械传动件，使用光栅尺移动对象的位置时，由光栅形成的叠栅条纹具有光学放大作用和误差平均效应，能提高测量精度。光栅式位移传感器应用在程序控制、数控机床和三坐标测量机构中，可测量静态、动态的直线位移和圆位移。在数控伺服系统中，如果用光栅尺测量刀具或工件滑座的位置，其位置控制环就包括全部进给机构，属于全闭环的控制模式。同时，利用光栅尺检测机械运动误差并在控制系统电路中进行修正，就可以有效避免多个潜在误差源的影响，因而光栅式位移传感器在数控机床闭环控制等系统中被广泛应用。

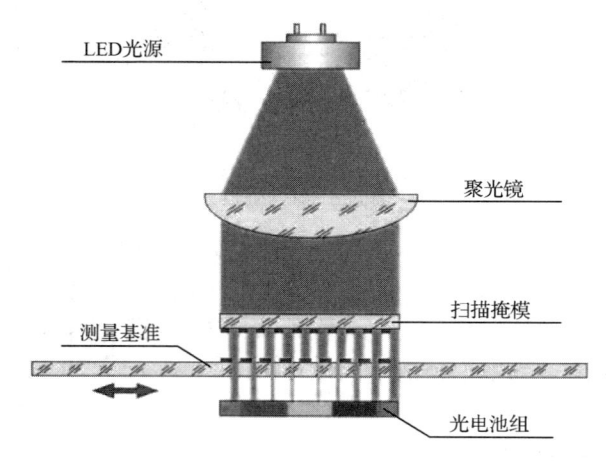

图 5-5 光栅光路

2. 光栅式位移传感器的结构

透射式光栅由光栅尺、扫描光栅、光电接收器等部分组成。透射式光栅如图 5-6 所示，当光栅尺相对于扫描光栅移动时，便形成大致按正弦规律分布的明暗相间的叠栅条纹。这些条纹以光栅的相对运动速度移动，并直接照射到光电元件上，这时在输出端就可以得到一串电脉冲信号，再通过放大、整形、辨向和计数系统等产生数字信号输出，就能够直接显示被测物体的位移量。光栅式位移传感器的优点是检测范围大、检测精度高、响应速度快。

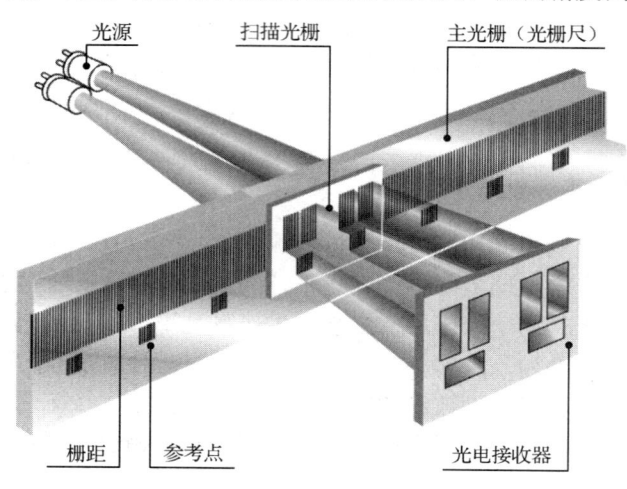

图 5-6 透射式光栅

光栅式位移传感器的光路形式有两种:一种是透射式光栅,它的栅线刻在透明材料(如光学玻璃等)上,如图 5-6 所示;另一种是反射式光栅,如图 5-7 所示,它的栅线刻在具有强反射的金属或玻璃镀金属膜上。

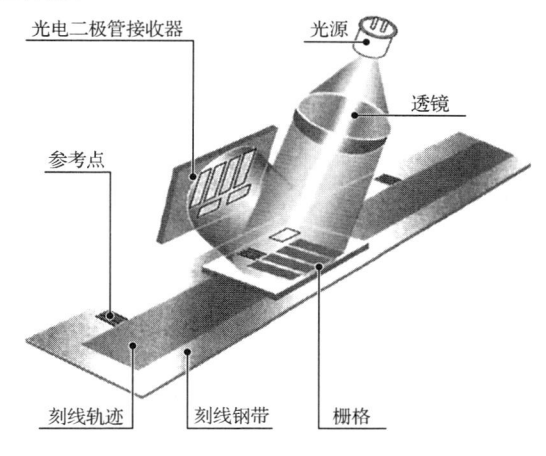

图 5-7 反射式光栅

3．光栅测量原理

光栅尺通常是一长一短两个光栅尺配套使用,如图 5-6 所示的透射式光栅中,较长的光栅安装在机床移动部件上,一般与行程等长,称为主光栅或光栅尺;另一块短光栅称为扫描光栅,通常安装在机床设备的固定部件上。把主光栅与扫描光栅的刻线面相对叠合在一起,中间留出很小的间隙,并使两者的栅线保持很小的夹角 θ。在两条光栅透光线的重合处,光从缝隙透过,形成亮带;而在两光栅刻线的不透光处,因为相互挡光作用而形成暗带,由等栅距黑白透射光栅形成的可以移动变化的光条纹就称为莫尔条纹,如图 5-8 所示。

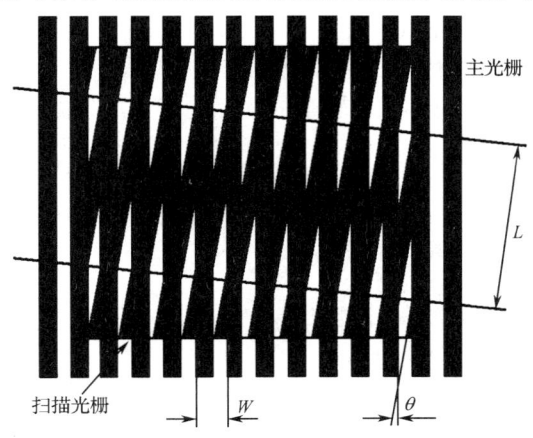

图 5-8 莫尔条纹

莫尔条纹是一种干涉现象,是由两个或多个光波相互叠加产生的交替明暗条纹模式。图 5-8 中 L 是光栅相对移动形成的莫尔条纹的宽度,也是图中亮带到亮带或暗带到暗带的间距。由图 5-8 中的位置关系可知,$L=W/\theta$,其中 θ 表示主光栅和扫描光栅刻线的夹角,单位是弧度,W 是光栅的刻线宽度,也称为栅距。当 W 一定时,θ 越小,L 就越大,这相当于

把微小的 W 扩大至 $1/\theta$ 倍。因此,光栅的干涉效应起到了光学放大器的作用。这种放大效应可以使原本难以观察到的微小栅格结构或细节变得更加明显,从而更容易实现精确测量。

利用光栅的莫尔条纹测量位移时,需要在主光栅侧设置光源,在扫描光栅侧设置光电接收元件。当主光栅和扫描光栅相对移动时,由于光栅的遮光作用使莫尔条纹产生移动变化,固定在扫描光栅一侧的光电元件则可以将莫尔条纹的这种变化转化为脉冲信号输出,通过检测脉冲信号的数量或周期,就能推导出光栅相应的位移量。

任务 5-1-3 光电式角编码器测速

【任务描述】

了解和掌握光电式角编码器的组成结构和特点,理解如何通过光电转换将输出轴上的机械几何位移量转换成脉冲或数字量的原理。

【任务要求】

(1)理解光电式角编码器测量原理。
(2)掌握光电式角编码器的辨向原理。

【相关知识】

1. 光电式角编码器的测量原理

光电式角编码器是一种旋转式位置传感器,是利用光栅等数字线条技术测量转动角位移的装置。光电式角编码器的转轴通常与被测物体的旋转轴连接,并在旋转轴上安装一个光电码盘随旋转轴一起转动,通过测量被测物转动时光电码盘上刻度线与传感器的相对位置来获取目标的转动角度。如图 5-9 所示,光电式角编码器通过光电元件采集光电码盘所产生的编码信号,并将光电码盘转动的角位移转换成二进制编码(绝对光电式角编码器)或一串脉冲(增量光电式角编码器),从而确定和光电码盘联动转轴的角度的变化,并提供准确的角度测量结果。

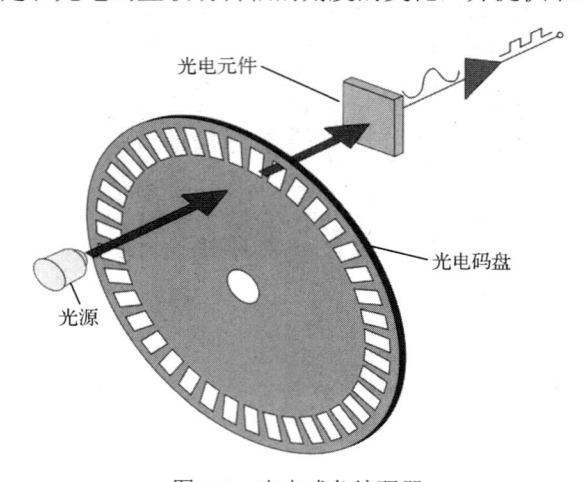

图 5-9 光电式角编码器

2. 光电式角编码器技术特点

在现代工业制造过程中，各类机械设备的运转速度和角度都需要进行精确的测量和控制，以确保工作的稳定性和精准性。角编码器被广泛应用于旋转螺纹的数控机床、包装印刷、机器人运动控制、测量控制器等领域，根据内部结构和检测方式的不同，角编码器有接触式、光电式、磁阻式等多种形式，其中，最常用的是光电式角编码器。

光电式角编码器是采用光线扫描技术对旋转角度进行测量的编码器，光电式角编码器的光电码盘通常由光学玻璃制成，其上刻有许多同心码道，在玻璃上沉积很薄的刻线，按一定规律排列透光和不透光部分，即亮区和暗区，如图 5-10（a）所示。当光源将光投射在光电码盘上时，通过亮区的光线由光敏元件接收，如图 5-10（b）所示。光敏元件的排列与码道一一对应，对应于亮区的光敏元件输出为"1"，暗区的输出为"0"。因此，当光电式角编码器安装在一个机械轴上并随之旋转时，光电传感器就能检测到光电码盘上的编码位，并输出不同的位置代码，称为"格雷码"。这些编码位代表着旋转轴的位置和角度，根据编码信号就能确定出旋转轴的位置和角度信息。光电式角编码器具有较高的精度和分辨率，可用于较为精密的测量应用。而且其光电码盘没有接触磨损，工作寿命长，可应用于夹具、机床、转盘和机械臂等各类高转速测量。

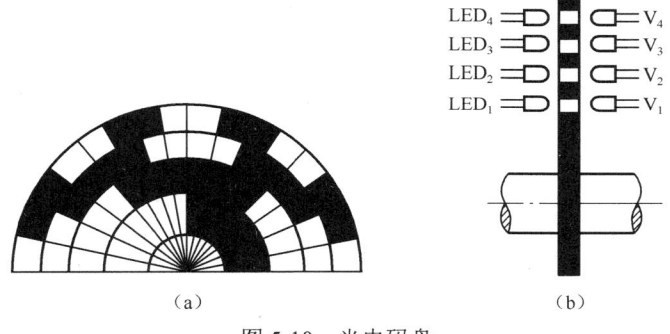

图 5-10 光电码盘

根据光电码盘类型，光电式角编码器分为绝对光电式角编码器和增量光电式角编码器两种类型，如图 5-11 所示。增量光电式角编码器的优点是构造简单，抗干扰能力强，可靠性高，适用于长距离传输，缺点是无法输出旋转轴转动的位置信息；而绝对光电式角编码器可以直接读取旋转轴的位置和角度，不需要进行初始化设置，因此适用于对位置控制精度要求较高的应用场景。

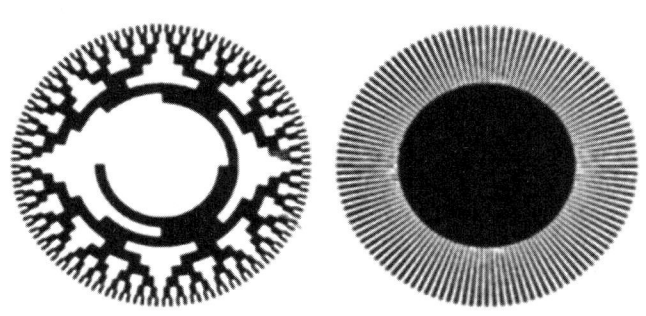

图 5-11 绝对光电式码盘和增量光电式码盘对比

3. 光电式角编码器的辨向原理

在实际测量应用中，角度位移具有正转和反转两个方向。当选定一个方向作为参考标准后，测量位移有正负之分，因此用一个光电元件测定莫尔条纹信号只能确定位移量，而无法确定位移的转向信息。为了分辨角位移的旋转方向，通常在相距 1/4 莫尔条纹间距的位置上设置 sin 和 cos 两套光电元件。如图 5-12 所示，在相距 1/4 莫尔条纹间距的位置上放置两个光电元件，这样就可以得到两个相位差为 π/2 的电信号，经过整形处理后得到两个方波信号 A 和 B，如图 5-13 所示，当光栅正向移动时，A 超前 B 90°；当光栅反向移动时，B 超前 A 90°。因此通过电路辨相就能够确定光栅的运动方向，进而分析得到角位移的转向信息。在光电码盘里圈，还有一个狭缝 C，每转能产生一个脉冲，该脉冲信号又称"一转信号"或"零标志脉冲"，作为测量的起始基准。

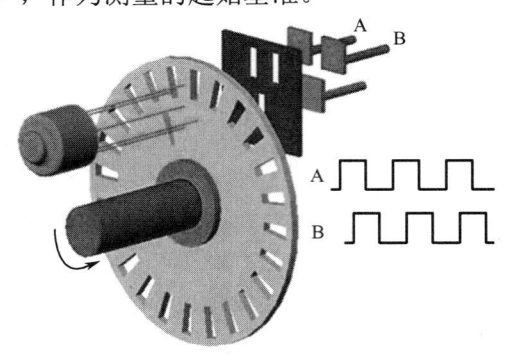

图 5-12　光电式角编码器辨向原理　　　　图 5-13　辨向信号

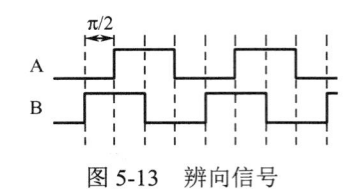

项目 5-2　磁栅式位移传感检测

磁栅式位移传感器具有较广的测量范围和较高的测量精度，常用于较大位移测量，根据用途可分为长磁栅位移传感器和圆磁栅位移传感器，分别用于测量线位移和角位移。

思维导图

项目5-2　磁栅式位移传感检测 —— 任务5-2-1　磁栅和磁栅尺

任务 5-2-1　磁栅和磁栅尺

【任务描述】

了解磁栅、磁头的结构和工作原理，掌握磁栅式位移传感器的组成和测量特点。

【任务要求】

（1）理解磁栅式位移传感器测量原理。

（2）了解磁栅式位移传感器的特点及应用。

【相关知识】

1. 磁栅式位移传感器测量原理

磁栅编码器如图 5-14 所示，属于非接触式测量方式，主要由磁栅（又称磁尺）、电流电路和磁阻片等部分组成。磁栅式位移传感器的工作原理基于磁阻效应，利用顺磁性材料在磁场中的磁阻变化来测量位移，当磁场作用于磁栅时，磁栅会发生弯曲或扭转，进而会改变磁栅的位置，通过测量分析磁场的变化，计算出磁栅旋转或移动的角度和位移。

磁栅式位移传感器是一种功能强大、使用灵活的传感器，通过感应物体的磁场和磁通量变化，测量物体的线性位移，能够测量非常微小的位移变化和角度变化，而且在高速旋转和线性运动等工作条件下都能够得到非常精确的测量结果。磁栅式位移传感器的工作原理基于磁场变化，因此不会受到系统机械磨损或其他因素的影响，具有高分辨率、高精度和高速测量等特点，在机器人、智能制造、汽车工业、航空航天、医疗设备等领域都有着广泛的应用。

磁栅式位移传感器分为长磁栅和圆磁栅两类，其中长磁栅主要用于直线位移测量，圆磁栅主要用于角位移测量。

磁栅是在由不导磁材料制成的栅基上镀一层均匀的磁膜，并录上间距相等、极性正负交替的磁信号栅条制成的。典型的磁栅式位移传感器主要由磁栅、磁头和控制电路三部分组成，如图 5-15 所示。其中，磁栅由许多平行的多层磁性材料制成的磁性带组成，这些磁性带的宽度和间距是固定的。当安装在旋转轴或其他移动装置上时，磁栅将随着运动而旋转或移动。磁头读数头上有许多磁性探头，可以读取磁栅上的磁场变化。当磁栅旋转或移动时，磁栅上的磁场会与磁性探头产生相互作用，导致磁性探头磁场发生变化。通过测量读取磁性探头的磁场变化，就可以计算出磁栅所旋转或移动的角度或位移量。

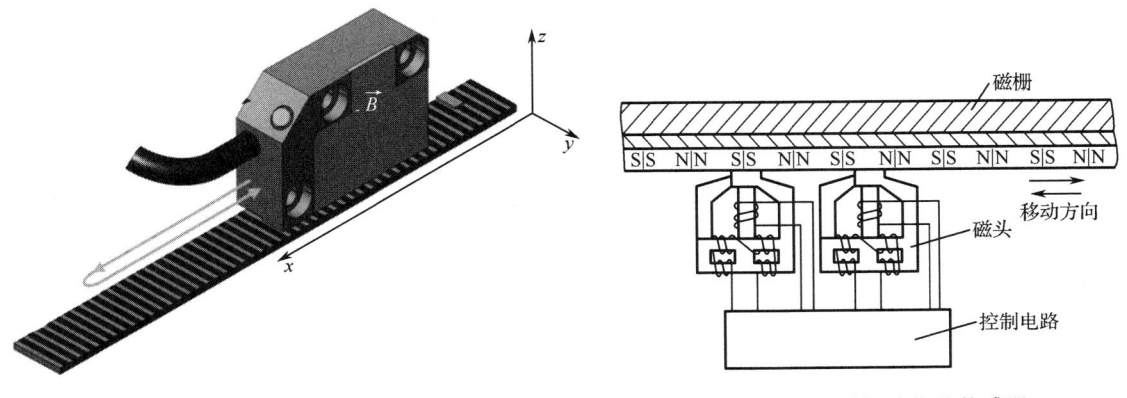

图 5-14　磁栅编码器　　　　　图 5-15　磁栅式位移传感器

磁栅式位移传感器的磁场源会产生恒定的磁场，当磁栅旋转或移动时，磁栅中的磁性材料会发生磁化，从而产生磁通量的变化。在传感器测量的电路中，这种磁通量变化将被放大和处理，通过传感器电路将磁场信号转化为电信号输出，电信号的大小和方向就可以精确地反映出磁栅材料的磁性域位置和状态。

2. 磁头

磁头是磁栅式位移传感器的核心部件，磁头分为动态磁头（速度响应式磁头）和静态磁头（磁通响应式磁头）两种。动态磁头，顾名思义就是只有当磁头与磁栅间有相对运动时，才会有信号输出。动态磁头有一个输出绕组，只有在磁头和磁栅产生相对运动时才会有信号输出，因此不满足间歇运行或者非匀速运动的测量要求。

静态磁头有激磁和输出两个绕组，当磁头和磁栅相对静止、没有相对运动时，也能产生信号输出。静态磁头激磁绕组的作用相当于一个磁开关，当对它施以交流电时，铁芯截面较小的那一段磁路受到激励而产生磁饱和，磁栅所产生的磁力线不能通过铁芯；当激磁电流两次过零时，铁芯不饱和，磁栅的磁力线才能通过铁芯。此时，输出绕组才会有感应电势输出。感应电势输出电压的幅度与进入铁芯的磁通量成正比，即与磁头相对于磁栅的位置有关。

目前磁栅式位移传感器的磁头有滑动式磁头和非接触式磁头两种类型，滑动式磁头是指要将磁头与被测物体接触，通过物体与磁头之间的相互摩擦来感应位移。其优点是结构简单，价格低廉，精度较高。但是其滑动过程中的摩擦会导致传感器元件磨损及工件磨损，进而导致传感器工作寿命缩短。

非接触式磁头是指磁头不需要与物体接触，通过测量物体对磁场的影响来感应位移，其优点是工作寿命长，精度高，但价格相较于滑动式磁头贵，目前常用的非接触式磁头是霍尔元件和磁电阻元件等。

3. 磁栅式位移传感器的特点及应用

磁栅式位移传感器是一种基于磁场变化、利用磁电感应测量物体位置、速度、方向和位姿的传感器，属于非接触式测量仪表。磁栅式位移传感器的工作方式也决定了它有较强的抗干扰性，能够在烟雾、油气、水气等环境中正常工作。此外，磁栅式位移传感器输出的信号强，测量范围广，对于齿轮、曲轴、轮毂等部件及表面有缝隙的转动体等都可以实现正常的测量。

同其他类型的传感器相比，磁栅式位移传感器的一大突出优点就是具有高精度。由于磁栅式位移传感器的工作原理基于磁场变化的测量，所以其测量结果非常精确，并且不受机械磨损或其他因素的影响，可以实现高精度的位置检测和控制。

除了以上优点，磁栅式位移传感器还能够测量非常微小的位移和角度变化，并且具有非常高的分辨率和准确性；与此同时，磁栅式位移传感器的响应时间也非常快，可以在高速旋转和线性运动中提供准确的测量数据。

目前，在工业自动化、航空航天、汽车制造等领域中，磁栅式位移传感器都被广泛应用。例如，在自动化生产中，磁栅式位移传感器可以用于测量机械部件或移动平台的相对位移、机器人关节的位置、角度和姿态等，还可以用于测量物体的速度；在航空航天器、导航系统和导航仪器中，可以利用磁栅式位移传感器实现导航和姿态控制。作为一种先进的传感器，在未来，磁栅式位移传感器将应用于更多的领域，为生产和生活带来更多的便利和效益。

【课后习题】

一、选择题

1. 有一只 10 码道绝对式光电角编码器，其分辨率为（　　），能分辨的最小角位移为（　　）。
   A．1/10　　　　　B．1/210　　　　C．1/2048　　　D．36°
   E．0.35°　　　　F．3.6°

2. 绝对式位置传感器输出的信号是（　　），增量式位置传感器输出的信号是（　　）。
   A．连续的模拟电流信号　　　　　　B．连续的模拟电压信号
   C．脉冲信号　　　　　　　　　　　D．二进制格雷码

3. 直接检测大位移量一般采用以下哪种传感器？（　　）
   A．电感式　　　　B．电容式　　　　C．光栅　　　　　D．磁栅

4. 不能将角位移转变为直线位移的机械装置是（　　）。
   A．丝杠-螺母　　B．齿轮-齿条　　C．大、小齿轮　　D．蜗轮-蜗杆

5. 下列几类传感器中，不能直接用于直线位移测量的传感器是（　　）。
   A．长光栅　　　　B．直线磁栅　　　C．球栅　　　　　D．角编码器

6. 在灰尘及粉尘较多的测量环境中，不适宜采用（　　）类型的传感器。
   A．光栅　　　　　B．磁栅　　　　　C．容栅　　　　　D．球栅

7. 光栅传感器能够利用莫尔条纹来达到（　　）的测量目的。
   A．倍增光栅的透光和不透光条纹
   B．辨向
   C．使光敏元件能分辨主光栅移动时引起的光强变化（光学放大作用）
   D．细分

8. 在光栅传感器中采用 A、B 两个光敏元件（也称 sin 和 cos 元件）的目的是实现测量的（　　）。
   A．提高信号幅度　　　　　　　　　B．辨向
   C．抗干扰　　　　　　　　　　　　D．作三角函数运算

9. 有一只 $M = 2048$ P/r 的增量式角编码器，光敏元件在 30s 内连续输出了 $n=204800$ 个脉冲。则该角编码器转轴的转速为（　　）。
   A．204800 r/min　　B．60×204800 r/min　　C．(100/30) r/min　　D．200 r/min

10. 利用间接测量方法测量齿数 $Z=6$ 的齿轮的转速，现测得信号频率 $f =600$Hz，则该齿轮的转速为（　　）r/min。
    A．6000　　　　　B．3600　　　　　C．24000　　　　D．60

二、分析、计算题

1. 在如图 5-16 所示的齿轮齿条传动系统中，设齿轮的分度圆直径为 200mm，齿数 $Z=100$，

通过光电式角编码器测得齿轮转过的角度 θ 为180°。求：

（1）齿轮旋转通过传感器的齿数 N 为多少？

（2）齿条的齿距 P 是多少？

（3）在此过程中，齿条所移动的距离是多少？

2．在图 5-17 所示长光栅增量式测量系统中，传感器获取的每个脉冲信号对应的位移变化量为 0.01mm，若在 10s 时间里，测得传感器共发出 2000 个脉冲，求：

（1）工作台的直线位移 X（单位为：mm）是多少？

（2）计算目标的运动速度 V（单位：m/min）是多少？

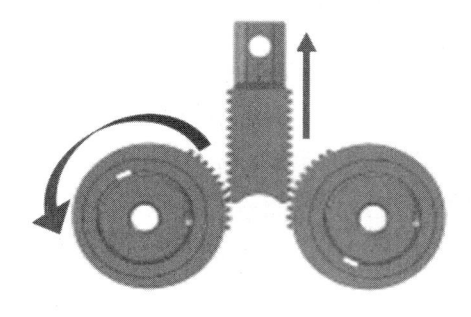

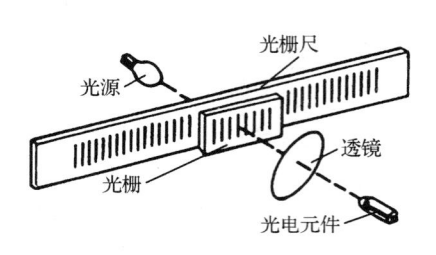

图 5-16　齿轮齿条传动系统　　　　图 5-17　长光栅增量式测量系统

3．某光电式角编码器的技术指标为 1024P/r，在 0.2s 时间内，共测量获取到 100 个脉冲，即 t_s=0.2s，m_1=100，求：

（1）根据传感器的测量数据，计算被测对象的转速 n 为多少 r/min？

（2）分析并计算由于量化误差（±1 误差）引起的转速测量误差为多少 r/min？

（3）如果将 t_s 延长到 1s，那么由±1 误差引起的转速测量误差为多少 r/min？

模块 6

新型传感器及典型应用

随着微纳技术、数字补偿技术、网络化技术、多功能复合技术的进一步发展，新原理、新材料、新工艺不断涌现，新结构、新功能层出不穷。新型传感器借助现代先进科学技术，利用了现代科学原理，应用了现代新型功能材料，采用了现代先进制造技术。传感器新品种、新结构、新应用不断涌现，并以此研制出各种新型传感器。这些新型传感器因性能好、功能多、成本低和集成度高而被广泛应用。

项目 6-1　山体落石监测

我国是山地大国，崩塌、滚石等自然灾害较多，本项目将以山体为检测对象，详细描述光纤传感器的工作原理及应用，并详细介绍在山体落石监测中用到的光纤传感器。

思维导图

项目6-1　山体落石监测 ── 任务6-1-1　认识光纤传感器
　　　　　　　　　　　└─ 任务6-1-2　光纤传感器的应用

任务 6-1-1　认识光纤传感器

【任务描述】

本任务将从光纤结构入手，通过斯涅尔定律分析光纤传导光的原理，详细分析光纤在纤芯内部如何实现全反射。描述光如何从空气传输到纤芯，并在纤芯和包层分界面实现全反射，从而使光纤传感器实现通过光远距离传输信号。

【任务要求】

（1）认识光纤结构。

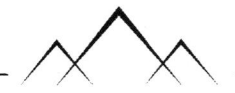

(2）掌握光纤导光原理。
(3）理解数值孔径在光纤使用中的意义。
(4）了解光纤传感器组成及各自作用。

【相关知识】

光导纤维传感器（以下简称"光纤传感器"）是在光信号传感器基础上发展起来的一种新型传感器，其本质是用光纤传输的光电传感器。光纤传感器用光而不是用电作为敏感信息的载体，用光纤而不用导线作为传递敏感信息的介质，这也是光纤传感器与以电为基础的传感器最本质区别。因此，光纤传感器同时具备光纤和光学测量的优点。光纤传感器具有灵敏度高、电绝缘、不受电磁波干扰、传输频带宽、绝缘性能好、耐水抗腐蚀性好、体积小、柔软、易于实现对被测信号远距离传输等优点。目前已研制出多种类型光纤传感器，可用于位移、速度、加速度、液位、压力、流量、振动、温度、磁场等方面的测量。

1. 光纤结构

光纤的结构一般是双层或多层的同心圆柱体。光纤由导光的玻璃纤维芯（称为纤芯）、包层和涂覆层组成，光纤结构如图 6-1 所示。包层的外表面用塑料或橡胶等涂覆层保护着，使光纤具有一定的机械强度，同时保证外面的光不能进入光纤之中。纤芯由比头发丝还细的玻璃、石英和塑料等透明度良好的介质构成，纤芯直径一般为 4~50μm（一根头发直径为 20~120μm），单模光纤的纤芯直径为 4~10μm，多模光纤的纤芯直径为 50μm。包层用折射率稍低的玻璃或塑料制成，直径为几微米到几十微米。

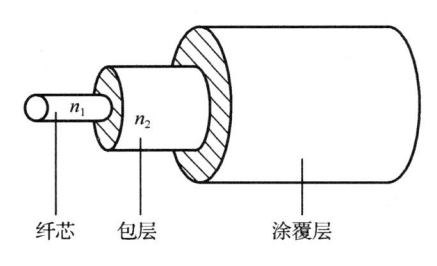

图 6-1 光纤结构

光纤根据纤芯数量分为单芯和多芯两种。单芯光纤只有一根纤芯，信号传输的速度非常快。单芯光纤通常用于远距离的数据传输和高要求的网络通信，主要用于电信传输、网络服务、广电传输、医疗、航空航天、海底电缆传输等。多芯光纤可以有多根纤芯，一般有 4、6、8、10、12 根等不同规格。多芯光纤的传输速度比单芯光纤略慢，因为多芯光纤在传输信号时，存在多条光线传输，所以需要在纤芯之间进行精细的分配和控制，才能保证传输速度和数据质量。多芯光纤主要用于局域网和数据中心等场合，需要在有限的空间内，实现高密度的数据传输和通信。

2. 光纤导光原理

纤芯的折射率高于包层的折射率，从而形成一种光波导效应，使大部分光被束缚在纤芯中传输，实现光信号的远距离传输。我们可以通过实验观察光在光纤里的传播，用一根无色的无机玻璃圆棒或塑料圆棒，加热后弯曲成 90°的圆弧形，将其一头朝向地板，用手电筒照射圆棒的上端，可以看到，光线顺着弯曲的圆棒传导下去，从圆棒的下端射出，在地板上出现一个圆光斑，这就是光在光纤里的全反射传播。

根据光的折射定律（斯涅尔定律，示意图如图 6-2 所示），当光由折射率为 n_1 的光密介质射入折射率为 n_2 的光疏介质时，在不同介质的界面上会发生反射和折射，其折射角大于入射

角，即 $n_1 > n_2$ 时，$\theta_r > \theta_i$，且满足如下关系

$$n_1 \sin\theta_i = n_2 \sin\theta_r \tag{6-1}$$

式中　n_1——光密介质的折射率；

　　　n_2——光疏介质的折射率；

　　　θ_i——入射光与界面法线的夹角，即入射角；

　　　θ_r——折射光与界面法线的夹角，即折射角。

当入射角 θ_i 增大时，折射角 θ_r 随之增大，且始终 $\theta_r > \theta_i$。当折射角 $\theta_r = 90°$ 时，入射角 $\theta_i < 90°$，对应的入射角称为临界入射角 $\theta_{i,0}$，此时折射光会沿着两种介质的界面进行。

此时 $\sin\theta_r = \sin 90° = 1$，$\sin\theta_{i,0} = \dfrac{n_2}{n_1}$，$\theta_{i,0} = \arcsin\dfrac{n_2}{n_1}$

如果入射角 θ_i 大于临界 $\theta_{i,0}$，$\sin\theta_r > 1$，此时不存在折射光，光会发生全反射。使发生全反射的最小入射角 $\theta_{i,0}$ 就是临界入射角，临界入射角取决于两种介质折射率的比值。例如，空气的折射率近似为1.00，水的折射率为1.33，则临界入射角 $\theta_{i,0} = \arcsin\dfrac{n_2}{n_1} = \arcsin\dfrac{1}{1.33} \approx 48.8°$。

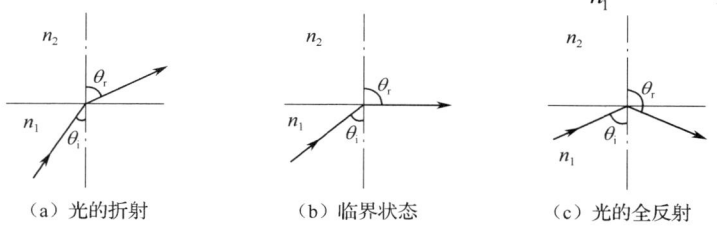

（a）光的折射　　　　（b）临界状态　　　　（c）光的全反射

图6-2　斯涅尔定律示意图

光纤导光原理如图6-3所示，设纤芯的折射率为 n_1，包层的折射率为 n_2，一般 n_1 =1.46～1.51，n_2 =1.44～1.50，且 $n_1 > n_2$。当光线从空气（空气折射率为 n_0）沿着 AB 射入光纤的一个端面，并与光纤轴线的夹角为 θ_i 时，由于 $n_0 < n_1$，则在光纤内折射成夹角为 θ_j 的光线，且 $\theta_j < \theta_i$，然后该光线沿着 BC 以 θ_k（$\theta_k + \theta_j = 90°$）的入射角入射到纤芯与包层分界面，由于纤芯与包层的折射率不等，$n_1 > n_2$，光线的一部分光沿着 CF 反射，另一部分光沿着 CK 折射成为折射光，此时折射角为 θ_r，由于 $n_1 > n_2$，则 $\theta_r > \theta_k$。由于光在同一介质中是直线传播的，光纤传感器中光的传输限制在光纤中，并随着光纤传送很远的距离，需要使入射光在纤芯与包层的交界面发生全反射。θ_k 大于纤芯和包层分界面发生全反射的临界入射角，但最初光是由空气中射入的，且 $\theta_k + \theta_j = 90°$，因此只要求出光由空气射入的最小临界入射角，在实际使用中入射角小于最小临界入射角即可实现光纤在纤芯中的全反射传输。

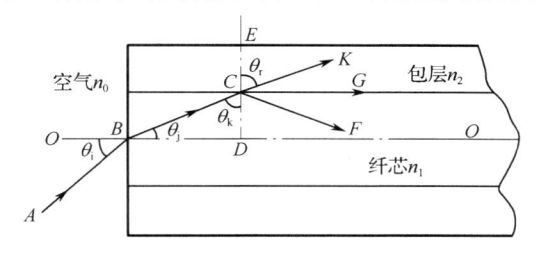

图6-3　光纤导光原理

3. 数值孔径

数值孔径是表征光纤集光能力的一个重要参数,即反映光纤接收光量的多少。根据斯涅尔定律和光纤导光原理可得出

$$n_0 \sin \theta_i = n_1 \sin \theta_j \tag{6-2}$$

$$n_1 \sin \theta_k = n_2 \sin \theta_r \tag{6-3}$$

联立式(6-2)和式(6-3)可得

$$\sin \theta_i = \frac{n_1}{n_0} \sin \theta_j$$

$$\sin \theta_k = \frac{n_2}{n_1} \sin \theta_r$$

因 $\theta_k + \theta_j = 90°$

所以

$$\sin \theta_i = \frac{n_1}{n_0} \sin(90° - \theta_k) = \frac{n_1}{n_0} \cos \theta_k = \frac{n_1}{n_0} \sqrt{1 - \sin^2 \theta_k}$$

$$\sin \theta_i = \frac{n_1}{n_0} \sqrt{1 - \left(\frac{n_2}{n_1} \sin \theta_r\right)^2}$$

式中:n_0 为入射光线 AB 所在空间的折射率,一般为空气,故 $n_0 \approx 1$;n_1 为纤芯折射率,n_2 为包层折射率。当 $n_0 \approx 1$ 时,$\sin \theta_i = \sqrt{n_1^2 - n_2^2 \sin^2 \theta_r}$。

当 $\theta_r = 90°$ 的临界状态时,临界入射角 $\sin \theta_{i,0} = \sqrt{n_1^2 - n_2^2}$。

纤维光学中把临界入射角中 $\sin \theta_{i,0}$ 定义为"数值孔径"NA(Numerical Aperture)。

$$NA = \sin \theta_{i,0} = \sqrt{n_1^2 - n_2^2} \tag{6-4}$$

结合以上分析,我们可以得出以下结论:

当 $\theta_r = 90°$ 时,$\sin \theta_{i,0} = NA$,$\theta_i = \arcsin NA$;

当 $\theta_r > 90°$ 时,光线发生全反射,$\theta_i < \arcsin NA$;

当 $\theta_r < 90°$ 时,$\sin \theta_{i,0} > NA$,$\theta_i > \arcsin NA$,光线消失。

$\arcsin NA$ 是一个临界入射角,凡入射角 $\theta_i > \arcsin NA$ 的光线进入光纤后都不能传播,会在包层逸出而产生漏光,只有入射角 $\theta_i < \arcsin NA$ 的光线进入光纤才可以被全反射传播。

光纤的数值孔径越大,表明光纤的集光能力越强,一般希望有较大的数值孔径,这样有利于提高耦合效率。但数值孔径过大时,会造成光信号畸变,所以要选择合适大小的数值孔径,一般石英光纤的数值孔径为 0.2~0.4。

4. 光纤传感器的测量原理

光纤传感器是一种把被测量的状态转变为可测量光信号的装置。光纤传感器是一种通过光纤线缆来传输光信号,并将光信号转换为电信号的传感器。光纤传感器原理如图 6-4 所示。光纤传感器将光纤本身作为敏感元件,直接接收外界的被测量。被测量引起光纤的长度、折射率和直径等的变化,从而使光纤内传输的光被调制,可以被调制的参数有光的波长、相位、

偏振态等,这些被调制的信号光经信号处理系统后,即可获得被测量的信息。

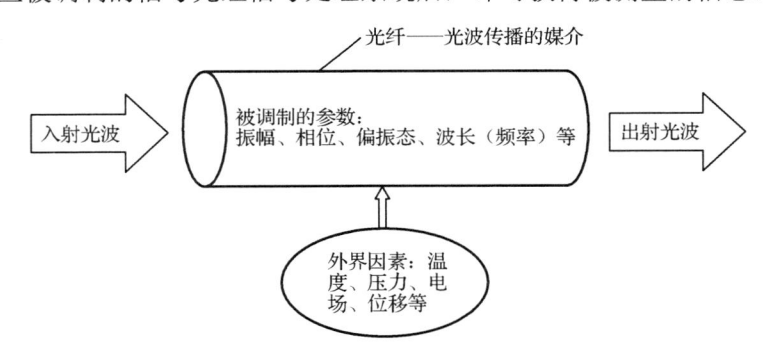

图 6-4 光纤传感器原理

传统传感器以电测量为基础,而光纤传感器以光测量为基础,如图 6-5 所示。光纤传感器具有无源、本安、抗电磁干扰强的特点,集信号采集与传输于一身,适用于长距离、大范围实时在线监测,也可分区域设置不同阈值,监测实时温度和应变等被测量,也能监测温度和应变等被测量信号的变化速率和趋势。

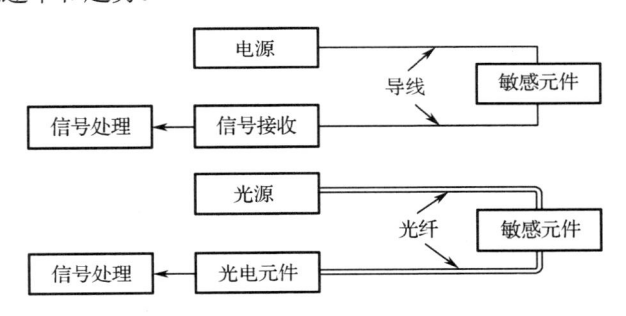

图 6-5 光纤传感器与传统传感器比较

5. 光纤传感器的分类

根据光纤在传感器中的作用,光纤传感器分为功能型光纤传感器、非功能型光纤传感器和拾光型光纤传感器三种类型。

(1) 功能型光纤传感器。功能型光纤传感器也称全光纤型光纤传感器,光纤在其中不仅是导光介质,而且是敏感元件,光在光纤内受被测量(如光强、相位、偏振方向等光学特性)调制,调制后的信号携带了被测量信息。功能型光纤传感器如图 6-6 所示。功能型光纤传感器的优点是结构紧凑、灵敏度高。但需要用特殊光纤和先进的检测技术进行制造,因此成本较高,典型案例如光纤陀螺、光纤水听器等。

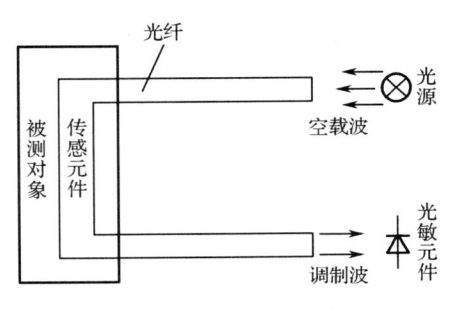

图 6-6 功能型光纤传感器

(2) 非功能型光纤传感器。非功能型光纤传感器也称传光型光纤传感器,光纤在其中仅起导光作用,只作为传输介质使用,用其他敏感元件感受被测量的变化。被测对象的调制功能是由其他光电转换元件实现的,非功能型光纤传感器如图 6-7 所示。非功能型光纤传感器对光纤要求不高，比较容易实现。非功能型光纤传感器相当于将传统的传感器和光纤结合起来，大大提高了传输过程中的抗电磁干扰能力，可实现遥测和远距离传输。

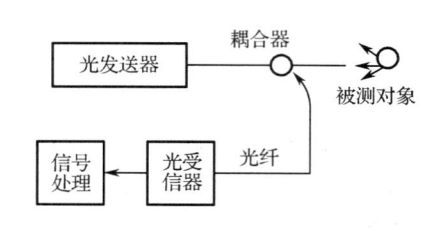

（3）拾光型光纤传感器。拾光型光纤传感器用光纤作为探头，接收由被测对象辐射的光或被测对象反射、散射的光。拾光型光纤传感器如图 6-8 所示。典型的拾光型光纤传感器有光纤激光多普勒速度计、辐射式光纤温度传感器等。

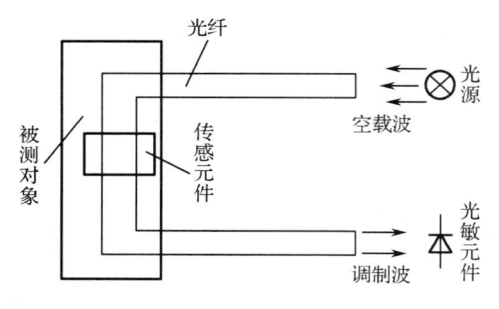

图 6-7　非功能型光纤传感器

图 6-8　拾光型光纤传感器

根据被测对象的调制形式，光纤传感器可分为强度调制型光纤传感器、偏振调制型光纤传感器、频率调制型光纤传感器和相位调制型光纤传感器四种类型。

（1）强度调制型光纤传感器。强度调制型光纤传感器是一种利用被测对象的变化引起敏感元件的折射、吸收或反射等参数的变化，进而导致光强度发生变化的传感器。大部分强度调制型光纤传感器属于传光型，对光纤的要求不高，但需要耦合器进入光纤的光强尽量大，所以选用纤芯较粗的多模光纤。强度调制型光纤传感器可以利用光纤的微弯损耗，被测物的吸收特性，被测物因各种粒子射线或化学、机械的激励而发光；利用被测物的荧光辐射，光纤回路的遮断等调制光的强度。进而构成压力、振动、温度、位移、气体等各种强度调制型光纤传感器。强度调制型光纤传感器易受光源强度的波动和连接器损耗变化的影响。

（2）偏振调制型光纤传感器。偏振调制型光纤传感器是一种利用光的偏振态的变化传递被测对象信息的传感器。常见的类型有，利用光在磁场中介质内传播的法拉第效应做成的电流、磁场传感器；利用光在电场中的压电晶体内传播的泡克尔斯效应做成的电场、电压传感器；利用物质的光弹效应构成的压力、振动或声传感器；利用光纤的双折射性构成温度、压力、振动等传感器。偏振调制型光纤传感器不受光源强度变化的影响，灵敏度高。

（3）频率调制型光纤传感器。频率调制型光纤传感器是一种利用由被测对象引起的光频率的变化进行测量的传感器。通常有利用运动物体反射光和散射光的多普勒效应做成的光纤速度、流速、振动、压力、加速度传感器；利用物质受强光照射时的拉曼散射构成的测量气体浓度或监测大气污染的气体传感器；利用光致发光制成的温度传感器等。

（4）相位调制型光纤传感器。相位调制型光纤传感器的工作原理是利用被测对象对敏感元件的作用，使敏感元件的折射率或传播常数发生变化而导致光的相位发生变化，然后用干涉仪检测这种相位变化而得到被测对象的信息。通常有利用光弹效应的声、压力或振动传感器；利用磁致伸缩效应的电流、磁场传感器；利用电致伸缩的电场、电压传感器，以及利用萨格纳克效应的旋转角速度传感器等。相位调制型光纤传感器灵敏度很高，但由于需要用特殊光纤及高精度检测系统，成本较高。

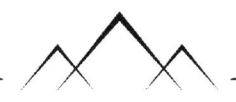

任务 6-1-2　光纤传感器的应用

【任务描述】

本任务主要从光纤传感器的检测方式入手,分析了光纤传感器在检测温度、压力、液位等不同被测对象的结构及检测过程,并结合工程案例举例说明光纤传感器的实际应用。

【任务要求】

(1) 了解光纤传感器检测方式。
(2) 掌握光纤传感器测温、测压、测液位原理。
(3) 学会分析光纤传感器测量温度、压力和液位过程。

【相关知识】

在工业领域,光纤传感器凭着灵敏、精确、适应性强、小巧和智能化等特点,被应用于多个细分领域,如石油化工、航空航天、机械制造、能源、医疗设备、环境监测等。

在石油化工领域,光纤传感器可用于监测油井和天然气管道中的压力和温度等参数;在航空航天领域,光纤传感器可用于监测飞机和火箭的结构应变和振动等参数;在机械制造领域,光纤传感器可用于监测机器的位置、速度和振动等参数,也可用于监测固体、气体、液体的流量和压力等;在新能源领域,光纤传感器可用于监测风力发电机和太阳能发电设备的状态和性能等参数;在医疗设备领域,光纤传感器可以通过测量人体的生理参数实现对健康状况的监测和诊断,如心率监测仪、血氧仪、体温计等;在环境监测领域,光纤传感器可用于环境监测,通过监测环境参数实现对环境质量的评估和监测,如大气污染监测、水质监测、土壤含水量监测等。

光纤传感器由光纤探头、光纤线缆和光纤放大器组成。光纤探头外壳由金属或塑料制成,有螺纹型、直角型、圆柱型、扁平型、套管型等,光纤传感器的光纤探头如图 6-9 所示。光纤线缆有投光光纤线缆和受光光纤线缆之分。光纤放大器主要作用是补偿光纤传输的损耗,延长传输距离,提高光信号的强度。光纤放大器直接对光信号进行全光放大,它不需要经过光电转换、电光转换和信号再生等复杂过程。

光纤探头插入光纤放大器时,需要先开启防尘盖,打开光纤锁杆,然后将光纤插入光纤孔,再锁上光纤锁杆。连接时,如将同轴反光型光纤探头连接到光纤放大器上,应将单芯光纤连接到发射器一侧,将多芯光纤连接到接收器一侧,光纤探头和光纤放大器连接示意如图 6-10 所示。

图 6-9　光纤传感器的光纤探头　　图 6-10　光纤探头和光纤放大器连接示意

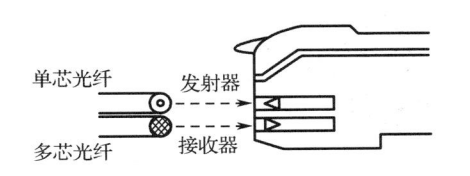

参考广州富唯电子科技有限公司光纤传感器放大器按键说明，如图 6-11 所示。具体操作时，在光纤探头没有放置任何工件时，按下设置键，然后将工件放置在光纤前方，再次按下设置键。两个步骤测出的数值会分别显示在屏幕上，并自动记忆存储为开关动作的阈值。如果前面两次测出的灵敏度差额太小，在完成测定后，显示屏的数字会闪烁，这种状态需要对光纤传感器进行灵敏度微调。按下阈值增加键或阈值减小键可进行灵敏度微调，拨动切换开关到 L 端设置为常开 NO 信号输出，拨动切换开关到 D 端设置为常开 NC 信号输出。

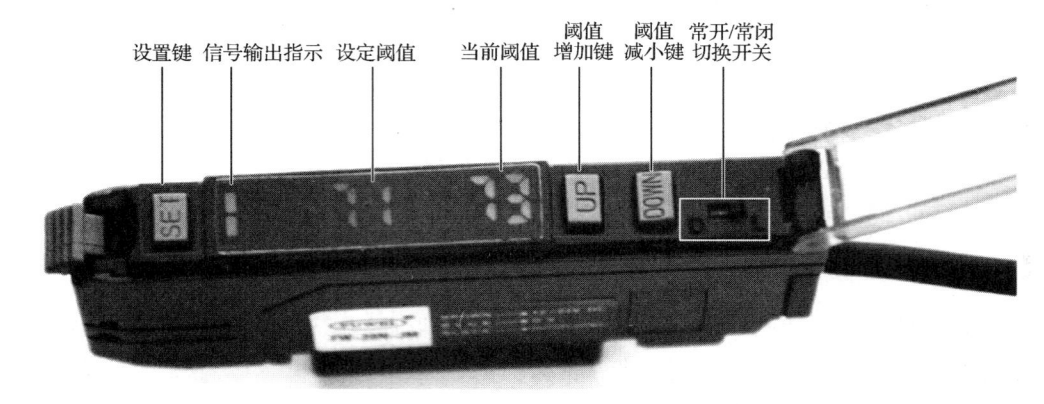

图 6-11 光纤传感器放大器按键说明

1. 光纤传感器的检测方式

光纤传感器根据探头安装方式，分为对射式光纤传感器、回归反射式光纤传感器和漫反射式光纤传感器三种。

（1）对射式光纤传感器。对射式光纤传感器的投光部与受光部光纤探头需要安装在一条直线上，对射式光纤传感器如图 6-12 所示，当有物体遮光时则产生信号变化。对射式光纤传感器可应用的检测距离较宽，最大可达 20 米。

（2）回归反射式光纤传感器。回归反射式光纤传感器的投光部与受光部光纤探头并联安装在一起，投光由反射板反射光给受光光纤探头，如有物体遮光，则产生信号变化，因此可检测透明或半透明物体。

（3）漫反射式光纤传感器。漫反射式光纤传感器与回归反射式光纤传感器类似，漫反射式光纤传感器如图 6-13 所示，该类光纤传感器没有反射板，由检测物体来反射光，是工业中最常用的一种检测方式。

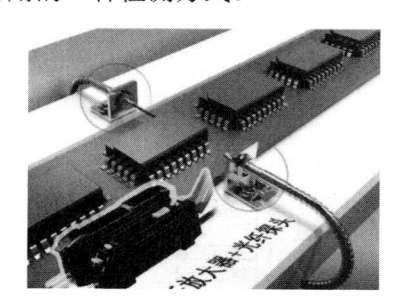

图 6-12 对射式光纤传感器 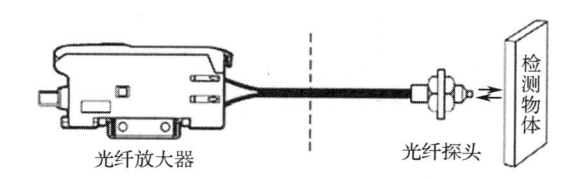　　　　图 6-13 漫反射式光纤传感器

2. 温度测量

光纤温度传感器用于温度测量的机制与结构形式多种多样，光纤温度传感器可以测量高温或低温环境的温度，并且可以测量非常小的温度变化和不同位置的温度。在工业领域中，光纤温度传感器的温度测量应用广泛，如在热处理工艺中，使用光纤温度传感器监测加热炉中的温度变化，电力系统中使用光纤温度传感器测量故障点的温度变化等。

根据应用场景不同，光纤温度传感器的温度测量可以分为点式温度测量、准分布式温度测量和完全分布式温度测量。点式温度测量是在系统某些重点关注的地方部署单个温度探头进行测量；准分布式温度测量是在电力系统中，需要对空域的温度梯度场进行测量，将点式温度测量沿光纤传播方向串联，可形成覆盖多点温度探测的准分布式温度测量；完全分布式温度测量是指光纤本身既可以作为光信号传输的通道，也可以作为温度敏感材料传导温度变化。分布式光纤测温系统可通过部署一台监控设备加上一根传感光纤实现。

根据敏感元件发光的功能不同，光纤温度传感器分为发光式和受光式两种。发光式主要有光致发光型和黑体辐射型。受光式有热膨胀型、光吸收型、光干涉型和偏振光型。光纤温度传感器测温机制和特点如表 6-1 所示。

表 6-1 光纤温度传感器测温机制和特点

测温机制	传感器特点
荧光	激发的荧光（强度、时间）与测量温度的相关性（荧光余晖）
光辐射	黑体腔、石英、红外光纤、光导棒
光干涉	法布里-珀罗器件、薄膜干涉
光吸收	砷化镓等半导体吸收
光散射	载有温度信息的光纤形成拉曼散射、布里渊散射

（1）半导体光吸收型光纤温度传感器。半导体光吸收型光纤温度传感器的半导体材料在它的红限波长（禁带宽度对应的波长）的一段光波长范围内有递减的吸收特性，超过这一波段范围的光波几乎不产生吸收，这一波段范围称为半导体材料的吸收端。光吸收温度特性如图 6-14 所示，如砷化镓（GaAs）和碲化镉（CdTe）材料的吸收端在 $0.9\mu m$ 附近，它们的禁带宽度随温度升高几乎线性地变窄，相应的红限波长线性地变长，从而使光吸收端线性地向长波方向平移。因此当一个辐射光谱与红限波长相一致的光源发出的光通过半导体时，其透射光强随温度升高而线性地减小。

半导体光吸收型光纤温度传感器结构如图 6-15 所示，随着温度的升高，半导体光吸收型光纤温度传感器半导体砷化镓（GaAs）的波长发生线性变化，通过砷化镓（GaAs）波长的变化量，可以求出被测温度的变化量。

半导体光吸收型光纤温度传感器测温电路示意图如图 6-16 所示，一般采用两个光源，一个是砷化镓（GaAs）发光二极管，波长 $\lambda_1 \approx 0.88\mu m$，另一个是砷化铟镓（InGaAs）发光二极管，波长 $\lambda_2 \approx 1.27\mu m$，敏感头对 λ_1 光的吸收量随着温度的变化而变化，对 λ_2 不吸收，故以 λ_2 的光作为参比信号。用雪崩光敏二极管作为光探测器，经采样放大器放大后，得到两个正比于脉冲宽度的电信号，再由除法器以参比光信号 λ_2 为标准，将与温度相关的光信号 λ_1 归

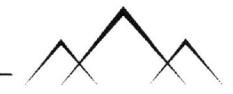

一化处理，除法器得到的比值信号与被测温度有对应比例关系，后续采用单片机进行信息处理即可显示被测温度。半导体光吸收型光纤温度传感器的温度测量范围是-10℃～300℃，精度为±1℃，但对光源的稳定性要求很高。

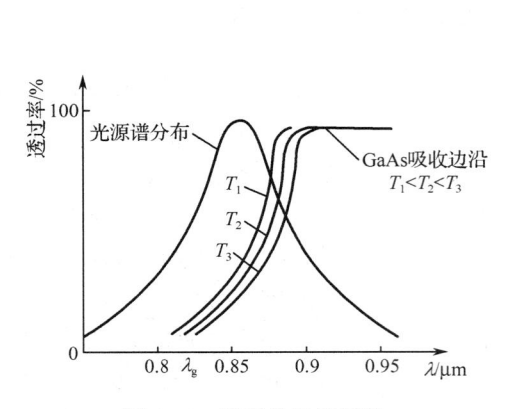

图 6-14 光吸收温度特性

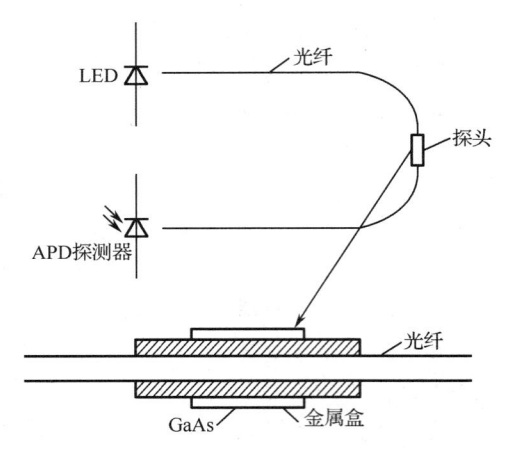

图 6-15 半导体光吸收型光纤温度传感器结构

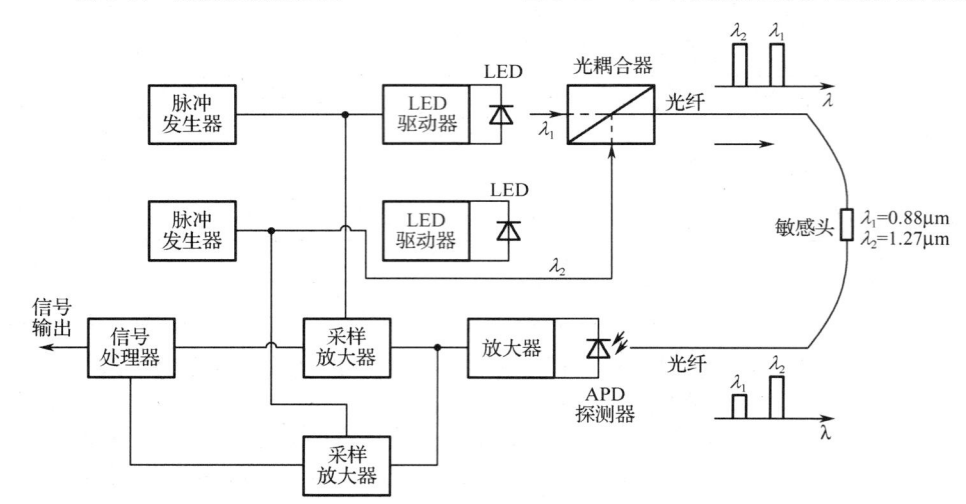

图 6-16 半导体光吸收型光纤温度传感器测温电路示意图

（2）分布式光纤测温。分布式光纤测温主要基于光纤中的光散射效应，特别是拉曼散射和布里渊散射。在分布式光纤测温系统中，光纤被布设在需要监测温度的区域，光纤的一端与光源相连，光源发出的光在光纤中传输，遇到光纤中的温度变化时会发生散射。这种散射光的波长或强度与光纤所处的温度等热力学参数变化有关，通过测量这些散射光的特征，可以确定光纤各点的温度分布。

分布式光纤测温对电力电缆进行在线监测，光纤温度传感器监测高压开关柜温度如图 6-17 所示。高压电力设备在长期运行过程中，断路器与高压开关柜连接插头等部位会因制造、运输、安装不良及老化等问题引起接触电阻过大，继而在高电压、大电流的长期作用下因局部发热引起火灾，因此需要对高压开关柜触点进行定期监测。

高压开关柜温度监测利用分布式光纤测温系统对环网柜、高压开关柜触点的温度变化进行实时在线监测,全面地掌握触点温度形态变化,当某个触点或多个触点出现温度异常时,系统可迅速发出警报,精准定位发热触点位置。同时系统还具有联动声光报警、短信报警等功能,也可以通过计算机远程监控查看现场报警状态,分布式光纤测温高压开关柜监控系统如图 6-18 所示。分布式光纤测温测量距离远,适用于远程监控,安装时需将分布式光纤测温探头紧贴触点表面或直接套在触头上。

图 6-17 光纤温度传感器监测高压开关柜温度

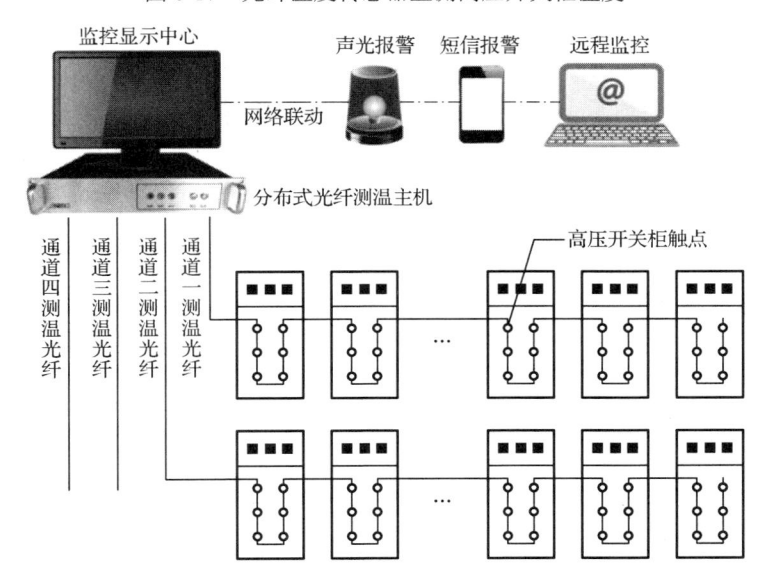

图 6-18 分布式光纤测温高压开关柜监控系统

3. 压力测量

光纤压力传感器主要有强度调制型、相位调制型和偏振调制型等。强度调制型光纤压力传感器大多基于弹性元件受压变形,将压力信号转换成位移信号检测,故常用于位移的光纤检测。相位调制型光纤压力传感器利用光纤本身作为敏感元件。偏振调制型光纤压力传感器主要是利用晶体的光弹性效应。

光纤压力传感器利用弹性体的受压变形,将压力信号转换成位移信号,从而对光强进行调制。因此,只要设计好合理的弹性元件结构,即可实现对被测压力的测量。膜片反射式光纤压力传感器如图 6-19 所示。在 Y 形光纤束前端放置一个弹性膜片,当弹性膜片受压变形时,Y 形光纤束与弹性膜片间的距离发生变化,从而使输出光强受到调制。

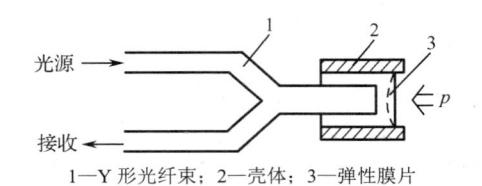

1—Y 形光纤束;2—壳体;3—弹性膜片

图 6-19 膜片反射式光纤压力传感器

膜片反射式光纤压力传感器中的弹性膜片的材料可以是恒弹性金属材料,如殷钢、铍青铜等。但金属材料的弹性模量有一定的温度系数,需要进行温度补偿。弹性膜片也可以是石英膜片,石英膜片可以减小温度变化对测量的影响,不需要进行温度补偿。对于不同的测量范围,可选择不同尺寸的弹性膜片,一般弹性膜片的厚度为 0.05~0.2mm。

我国是山地大国,崩塌、滚石等自然灾害较多,给公路运营带来了巨大损失。当滚石入侵公路限界后,由于司机可视距离有限,特别是晚上或者雨雾天气,一旦山体有石头滑落,极容易发生撞击事故,甚至造成巨大的灾难。并且山体石头滑落的速度极快,会让正在行驶的车辆防不胜防。类似的事件在我国已发生多起,通常会导致重大的经济损失,甚至威胁司机的生命安全。因此对公路的山体落石情况进行实时监测尤为重要。

分布式光纤山体落石网监测系统如图 6-20 所示。分布式光纤应变传感器基于光纤中的光散射效应,特别是拉曼散射和布里渊散射。在分布式光纤应变系统中,光纤被布设在需要监测应力的区域,光纤的一端与光源相连,光源发出的光在光纤中传输,遇到光纤中的应力发生变化时会发生散射。这种散射光的波长或强度与光纤所受的应力或振动等力学参数变化有关,通过测量这些散射光的特征,可以确定光纤各点的应力分布变化。

定制型落石监测系统可对山体落石进行全天候实时在线监测,全面掌握山体落石的振动信号变化,当落石坠落在铺有监测光纤光缆的防护网上时,光纤光缆感知振动信号,系统可以迅速发出警报,并精准定位落石点位置。道路的 LED 警示牌闪烁亮起,提示"前有落石,小心通行"。当山体发生落石时,监测系统发出警报的同时在监控界面弹出警报信息框,显示警报具体信息,如警报等级、警报内容、警报时间等。同时可通过报警设备现场视频摄像头实时查看现场视频监控画面。

4. 液位测量

光纤液位传感器是利用强度调制型光纤反射式原理制成的。球面光纤液位探头如图 6-21 所示。将光纤用高温火焰烧软后对折,并将端部烧结成球状。光源的光由光纤的一端导入,在球状对折端部一部分光透射出去,而另一部分光反射回来,由光纤的另一端导向探测器。反射光强的大小取决于被测介质的折射率。被测介质的折射率与光纤折射率越接近,反射光强度越小。液体的折射率比空气大,故球面光纤液位探头处于空气中比处于液体中的反射光强要大。不同液体的折射率不同,对反射光的衰减量也不同,若以球面光纤液位探头在空气中的反射光强度为基准,则当球面光纤液位探头接触水时,反射光强将引起 -6~-7cd 的衰减,接触油时光强将引起 -25~-30cd 的衰减,具体测量时可根据不同的被测液体调整相应的阈值。球面光纤液位探头体积小、响应快、成本低,可用于液位监视、报警,也可用于两种液体分界面的监测。

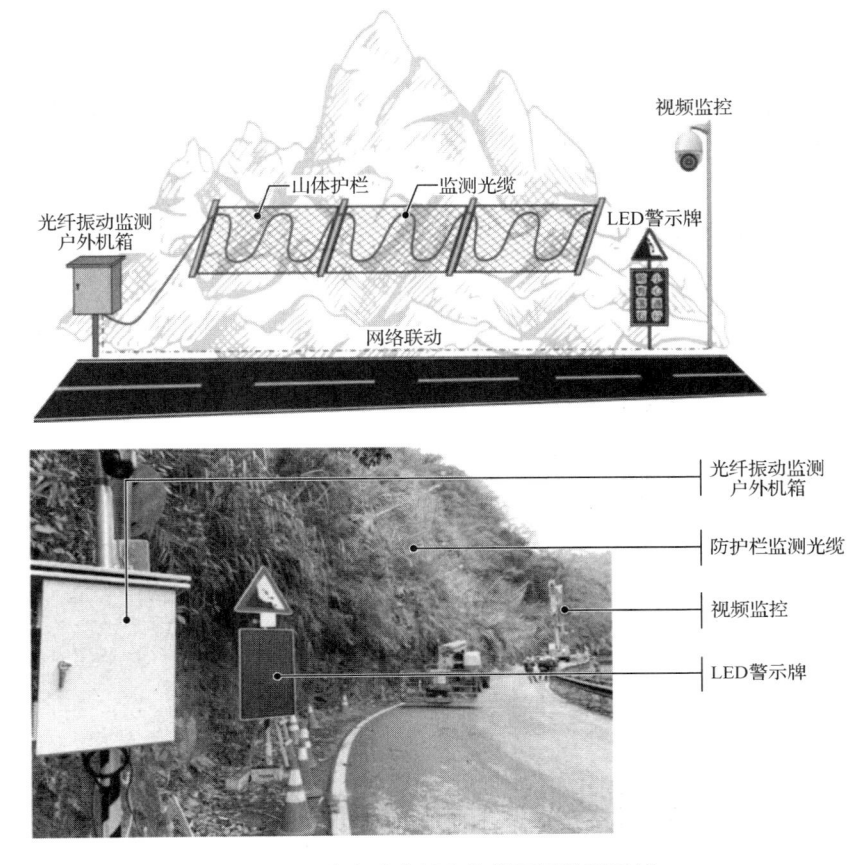

图 6-20 分布式光纤山体落石网监测系统

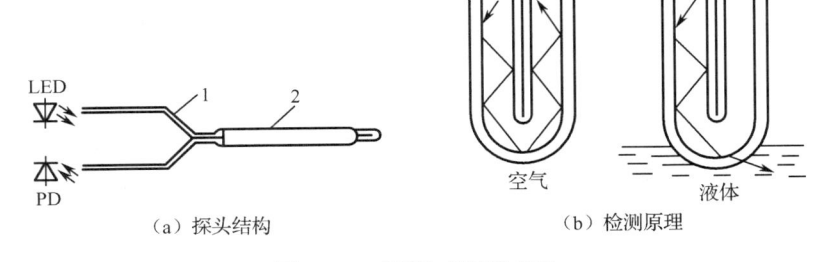

图 6-21 球面光纤液位探头

如图 6-22 所示为斜端面反射式光纤液位探头在空气中和在液体中的反射。当探头接触液面时，将使反射回另一根光纤的光强减小。斜端面反射式光纤液位探头在空气和水分界面时，反射光强有 20cd 以上的衰减。

光纤液位传感器可以测量不同液体的液位，也可进行液位限位报警监测，在工程实际中根据需要可设置一个或几个光纤液位传感器对测量的液位同时进行监测。光纤液位传感器检测高压变

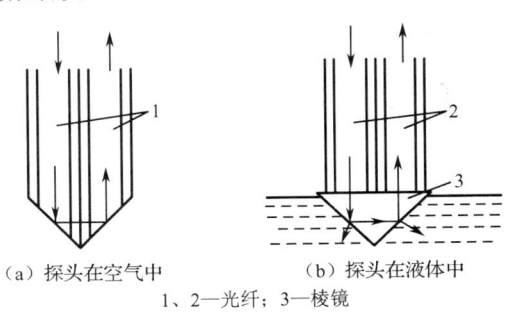

1、2—光纤；3—棱镜

图 6-22 斜端面反射式光纤液位探头

压器冷却油液面如图 6-23 所示,在高压变压器中使用的光纤液位传感器由于采用光传输信号,不会将电、磁等干扰信号引入其中,绝缘问题较易解决。当高压变压器冷却油液面低于光纤液位传感器的球形端面时,出射光纤的接收光电二极管接收到的光量减少,此时输出的电压值 U_o 低于设定阈值 U_R,警报器发出报警。

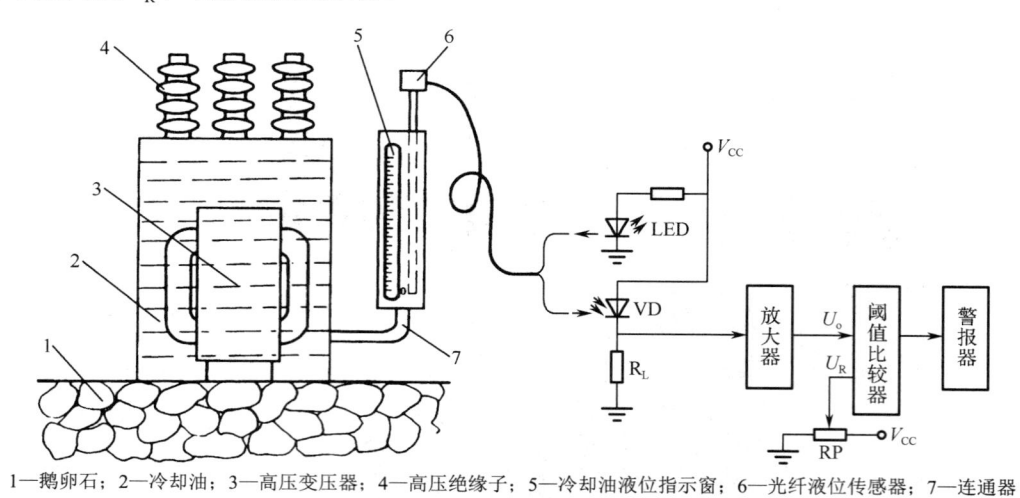

1—鹅卵石;2—冷却油;3—高压变压器;4—高压绝缘子;5—冷却油液位指示窗;6—光纤液位传感器;7—连通器

图 6-23 光纤液位传感器检测高压变压器冷却油液面

项目 6-2 晶片的槽深检测

半导体封装中需要对晶片厚度、晶片粗糙度、晶片的槽深等进行检测,本项目将以晶片为检测对象,详细描述激光传感器的工作原理及应用,分析激光传感器如何检测晶片的槽深。

思维导图

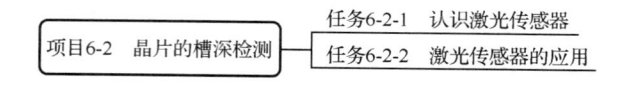

项目6-2 晶片的槽深检测 —— 任务6-2-1 认识激光传感器
　　　　　　　　　　　　 任务6-2-2 激光传感器的应用

任务 6-2-1 认识激光传感器

【任务描述】

本任务主要从激光如何产生入手,描述了激光传感器的组成、激光器在激光传感器中的核心作用和激光器的分类。结合工业中激光主要用于测距的特点,详细分析了激光三角法测距原理和参数指标。

【任务要求】

(1) 认识激光的产生。

(2) 掌握激光传感器的工作原理。
(3) 理解激光三角法的测距原理。
(4) 了解激光传感器的参数。

【相关知识】

激光传感器是利用激光技术进行测量和检测的传感器。它通过发射激光束并检测激光的反射和散射来获取目标物体的信息。激光传感器能实现无接触远距离测量，具有速度快，精度高，量程大，抗光、电干扰能力强等优点。

1. 激光传感器的工作原理

激光传感器工作时，先由激光发射二极管对准目标发射激光脉冲，根据目标物体的形状、表面特征和材料等不同，激光束会发生散射、反射或吸收等现象，部分散射光返回到激光光电接收器，被光学系统接收后成像到雪崩光电二极管上。雪崩光电二极管是一种内部具有放大功能的光学器件，能够检测极其微弱的光信号，并将其转化为相应的电信号。

(1) 激光的产生。

激光传感器由激光器、激光检测器和测量电路三部分组成。激光与普通光不同，激光需要用激光器产生。激光束经过透镜等光学器件的聚焦后，形成一个光斑照射在目标物体上。激光探测器是激光传感器接收目标物体反射或散射激光信号的部分，它能够将光信号转换为电信号。激光器的核心作用是产生激光，激光的本质是原子的自发辐射，激光产生示意如图6-24所示。设原子有 E_1 和 E_2 两个能级，且 $E_2 > E_1$。原子在正常分布状态下，多数原子处于稳定的低能级 E_1，在适当频率的外界光线的作用下，处于低能级的原子吸收光子能量激发而跃迁到高能级 E_2。此时光子能量为

$$E = E_2 - E_1 = h\nu \tag{6-5}$$

式中　h——普朗克常数，$h=6.626\times10^{-34}$（J·s）；

　　　ν——光子频率。

反之，在光子频率为 ν 的光的诱发下，处于能级 E_2 的原子会因跃迁到低能级释放能量而发光，称为受激辐射。激光器使工作物质的原子反常地多数处于高能级（粒子数反转分布），就能使受激辐射过程占优势，从而使光子频率为 ν 的诱发光得到增强，并可通过平行的反射镜形成雪崩式的放大作用而产生大的受激辐射光，这就是激光。

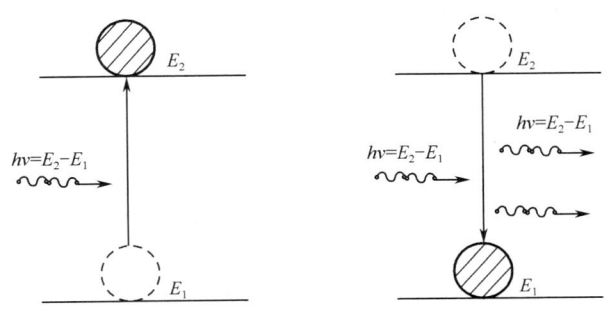

图6-24　激光产生示意

（2）激光的特点。

① 高方向性。高方向性即高定向性，激光发射后，发散角非常小，几乎沿着平行方向发射，所以通常称激光为平行光，可以被高度聚焦，形成极小的光斑。

② 高亮度。激光的发射能力强，能量高度集中，因此具有极高的亮度。激光束在聚焦时，可以在极小的空间和时间内集中很大的能量。一台高水平的红宝石脉冲激光器亮度比太阳的发光亮度高出很多倍，把这种高亮度的激光束会聚后能产生几百万摄氏度的高温，在这种高温下，即使是最难熔的金属，一瞬间也会被熔化。

③ 高单色性。单色光是指谱带宽度很窄的一段光波，谱带宽度越窄，光源的单色性越好。激光的频率范围极窄，激光的频带宽度是普通光的频带宽度的十几分之一，颜色几乎完全一致，可以说激光是世界上发光颜色最单纯的光源。

④ 高相干性。相干性是指相干波在叠加区得到稳定的干涉条纹所表现出的性质。普通光源是非相干光源，而激光是极好的相干光源。相干性分为时间相干性和空间相干性。时间相干性是指光源在不同时刻发出的光束间的相干性，它与单色性密切相关，单色性好，相干性就好；空间相干性是指光源处于不同空间位置发出的光波间的相干性，若一个激光器设计得好，则有无限的空间相干性。

利用激光的上述特点，可实现无接触远距离测量，可以做成激光干涉仪测量物体表面的平整度，测量长度、速度、转角等，也可用于切割、焊接、表面处理、打孔、微加工等，还可用于探伤和大气污染物的监测等。

（3）激光器。

激光器是激光传感器的核心部分。激光器按工作介质分类，可分为气体激光器、固体激光器、半导体激光器等。

① 气体激光器。气体激光器是指主要以气体状态进行激光发射的激光器。气体激光器所采用的工作气体可以是原子气体、分子气体或离子气体。原子气体激光器产生激光作用的是没有电离的原子气体，主要有氦、氖、氩、氪等惰性气体，原子气体激光器的典型代表是氦氖（He-Ne）气体激光器。分子气体激光器产生激光作用的是没有电离的气体分子，主要有二氧化碳、一氧化碳、氮气、氢气和水蒸气等，分子气体激光器的典型代表是二氧化碳（CO_2）激光器和氮分子（N_2）激光器。离子气体激光器产生激光作用的是电离化的气体离子，主要有惰性气体离子和金属蒸气离子，离子气体激光器的代表性器件是氩离子激光器、氪离子激光器等。气体激光器具有结构简单、造价低、操作方便、工作介质均匀、光束质量好，以及能长时间较稳定地连续工作的优点。因此气体激光器是目前品种最多、应用最广泛的一类激光器。

② 固体激光器。固体激光器的工作介质主要是固体，常用的有红宝石激光器、掺钕的钇铝石榴石激光器（YAG激光器）和钕玻璃激光器等。它们的结构大致相同，特点是小而坚固、功率高、使用方便、输出功率大等。近年来快速发展的光纤激光器，工作介质是一段光纤，光纤中掺杂不同的元素，能够产生波段范围很宽的激光。

③ 半导体激光器。半导体激光器以半导体材料作为工作介质，光纤通信的发展大大推动了半导体激光器的发展。半导体激光器典型代表是砷化镓激光器。半导体激光器效率高、体积小、质量轻、结构简单而坚固，适合用于飞机、军舰、坦克、宇宙飞船等军事装备，同时可以制成测距仪和瞄准器方便步兵随身携带。半导体激光器输出功率较小、受环境温度影响较大。

激光器按发射激光的波长分类，分为红外光波长激光器、可见光波长激光器、紫外光波长激光器和 X 射线波长激光器等。

① 红外光波长激光器。红外光波长激光器发射激光波长为 750nm～1mm，包括近红外、中红外和远红外三个波段，主要应用于材料加工、医疗、通信等领域。其中波长为 785nm 的红外激光器适用于医疗、生物医学、工业检测等；波长为 1064nm 的红外激光器适用于焊接、切割、打标等；波长为 1350nm 和 1550nm 的红外激光器适用于光通信和光纤传感器。

② 可见光波长激光器。可见光波长激光器发射的激光波长为 400～700nm，主要应用于医疗、航空航天、光学检测等领域。其中波长为 532nm 的绿光激光器适用于皮肤病治疗和绿光激光显微镜；波长为 633nm 的赤光激光器适用于光学测量、光谱学、生物医学等；波长为 670nm 的深红激光器适用于皮肤细胞的治疗。

③ 紫外光波长激光器。紫外光波长激光器发射激光波长为 200～400nm，由于波长短、能量高，一般只在一些特殊领域使用，如材料加工、电子催化和表面等离子体研究等。

④ X 射线波长激光器。X 射线波长激光器发射激光波长小于 10nm，主要用于极端紫外（EUV）光刻半导体。

激光器按激励方式分类，分为光激励激光器、电激励激光器、气体放电激励激光器、化学反应激励激光器、核反应激励激光器等。

激光器按输出方式分类，分为连续激光器和脉冲激光器等。

① 连续激光器。连续激光器通过将一定大小的电流保持在激光器上来维持输出。连续激光器输出激光的稳定性较好，适合长时间工作，因此适合激光连续切割和加工等。

② 脉冲激光器。脉冲激光器又分为纳秒激光器、皮秒激光器、飞秒激光器和可变脉宽激光器。脉冲激光器能在很短的时间内发射高能量的脉冲，适合高速切割、刻蚀，以及精密加工等领域。

2. 激光三角法的测距原理

激光三角法测距是一种利用光的直线传播特性和三角学中的正弦定理来测量距离的方法。其基本原理是激光测距仪上的半导体激光器发射激光束，该激光束以一定的入射角度照射被测物体，激光在被测物体表面发生反射和散射，在另一角度利用透镜将反射激光会聚成像，在 CCD 或 CMOS 感光元件上成像光斑。激光测距仪会记录下激光束的发射角度和反射角度，然后利用三角形的正弦定理计算出被测物体与测量仪之间的距离。激光三角法测距原理如图 6-25 所示。当被测物体沿激光方向发生移动时，感光元件上的光斑将同步移动，其位移大小对应被测物体的移动距离，因此可通过光斑移动的距离计算出被测物体与基线的距离值。

半导体激光器发出的激光束照射在被测物体上。接收器透镜聚集被测物体反射的光线并聚焦到感光元件上。当改变被测物体与半导体激光器之间的距离时，由于镜头的焦距（光束由聚焦点到感光元件的距离）保持不变，反射光的入射角会改变。这将导致反射光在感光元件上聚焦的位置改变。通过测量这个位置变化，我们就可以计算出被测物体的距离。激光三角法测距对比如图 6-26 所示。

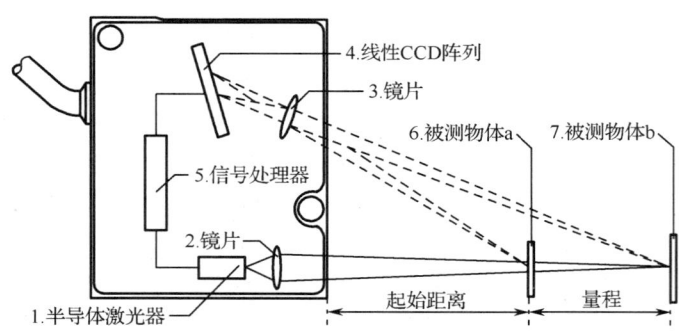

图 6-25 激光三角法测距原理

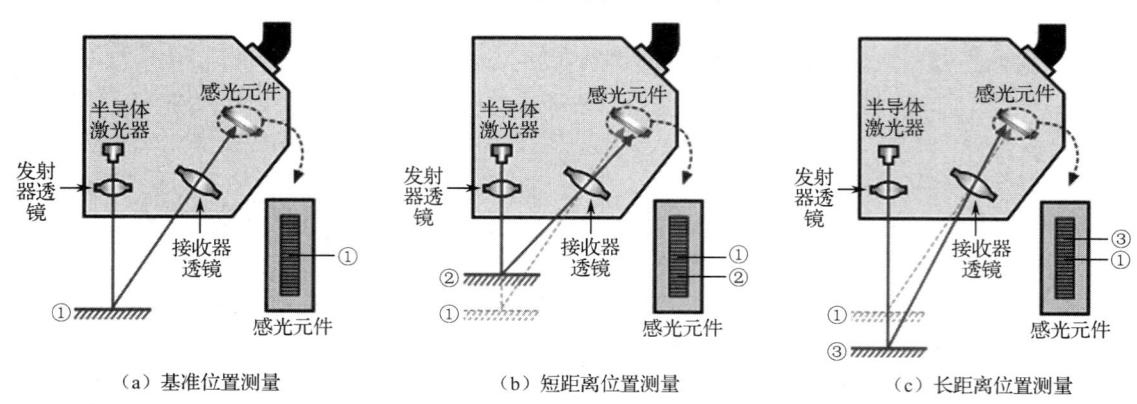

图 6-26 激光三角法测距对比

3. 激光传感器的参数

（1）光点直径。激光传感器的光点直径有两种类型，分别为宽光点和小光点。宽光点直径测量的是椭圆内的平均高度，因此不易受被测物体表面粗糙度误差的影响，但由于光点尺寸较大，不适用于测量形状微小部位。小光点直径较小，可用在不规则形状测量和微小部件测量中，但同时也会跟踪表面粗糙度，因此与宽光点相比，更易受表面粗糙度误差的影响。

（2）测量速度。测量速度表示激光传感器每秒钟可测量的数据点数。采样频率为 1000Hz 的传感器每秒进行 1000 次测量。采样频率越快，传感器在线测量移动的被测物体越准确，而且测量结果进行单一时间的平均化处理后，测量结果更准确更稳定。例如，光速约为 $3×10^8$m/s，要想达到 1mm 的分辨率，则需要传感器的传输时间为 $0.001m/(3×10^8 m/s)≈3ps$。要使分辨率达到 3ps，这对电子技术的要求很高，实现起来造价很高。但激光传感器利用一种简单的统计学原理，即平均法则，便实现了 1mm 的分辨率，并且能保证响应速度。

（3）测量时间。激光传感器通过测量从发射激光束到接收反射光所需的时间来计算距离。这个时间通常非常短，以纳秒（ns）或皮秒（ps）为单位。

（4）测量距离。激光传感器使用光速来计算被测物体与传感器之间的距离。测量距离等于光速乘以时间的一半，因为光在往返过程中需要两倍的时间。

（5）光轴区域。从光学传感器发射器照射的光的中心轴称为光轴。光轴区域图是表示光从发射器到接收器的路径图，光轴区域示意如图 6-27 所示。如果在该区域内进入被测物体，光无法照射到被测物体或接收器接收不到反射光，则无法进行测量，障碍物在图上着色区域外且在测量范围内时，不影响检测。

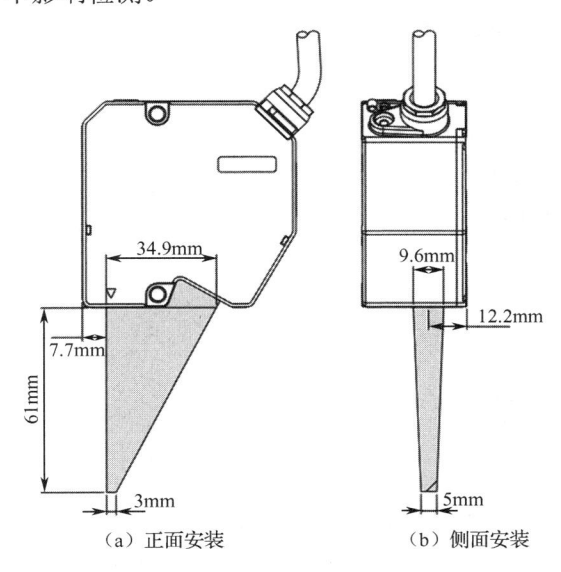

(a) 正面安装　　(b) 侧面安装

图 6-27　光轴区域示意

（6）温度特性。温度特性表示传感器温度变化 1℃时产生的测量值误差的最大值。激光传感器内部使用 CCD 或 CMOS 器件、镜头和固定夹具，如果温度变化，会引起这些部件的膨胀收缩，导致在 CCD 或 CMOS 上的成像光点位置发生变化，这些都会导致测量误差。温度特性越小的传感器，性能越好。例如，使用温度特性 0.01% F.S/℃，测量范围±3mm（F.S=6mm）的激光传感器测量时，温度特性为 0.01%×6mm/℃=0.6μm/℃。

（7）线性精度。线性精度表示理想值与实际测量结果之间误差的最大值，激光传感器线性精度示意如图 6-28 所示。例如，使用线性精度为±5μm 的传感器，当被测物体移动 1mm 时，意味着所显示的值可能包含±5μm 的误差（0.995～1.005mm）。线性精度越小的传感器，性能越好。

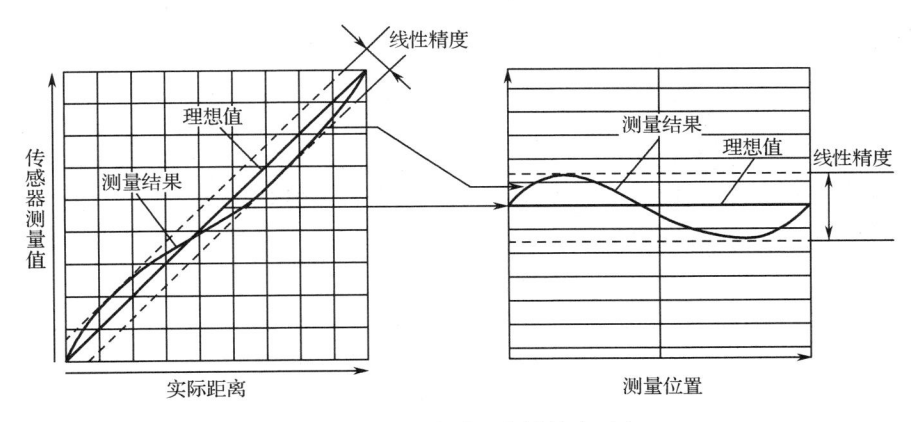

图 6-28　激光传感器线性精度示意

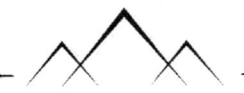

任务 6-2-2　激光传感器的应用

【任务描述】

本任务从激光传感器的特点入手，分析了激光传感器在测量位移、车速、厚度等不同被测对象时采用不同测量方法，并结合工程案例说明激光传感器在工程中的实际应用。

【任务要求】

（1）理解激光干涉法测距原理。
（2）理解激光共焦原理。
（3）掌握激光传感器测距、测速和测厚方法。

【相关知识】

激光具有高方向性、高亮度、高单色性、高相干性等特点，可以实现无触点远距离的测量，激光传感器常用于距离、振动、速度、方位等物理量的测量，也可以用于探伤和大气污染的监测。

1. 测量距离

根据测量原理不同，激光测距可分为脉冲法、激光干涉法、相位法和三角法四种。下面重点讲解精度非常高的激光干涉测距仪。

激光干涉测距仪基于迈克尔逊干涉原理，即激光束通过分光镜分成两束激光，一束为参考光束，另一束为测量光束，只有在两束激光频率相同、振动方向相同且相位差恒定时才能满足干涉条件，两束激光分别经两个角锥反射镜反射后平行于出射光返回，通过分光镜后进行叠加，产生相长或相消，产生一系列明暗相间的条纹，产生干涉现象。反射镜每移动半个激光波长，将产生一次完整的明暗干涉现象，通过接收到的明暗条纹变化及电子细分，即可求得距离变化，被测距离为干涉条纹数和激光半波长的乘积。

激光干涉测距仪结构如图 6-29 所示。图中 L_1 为准直透镜，M_B 为半透过式分光镜，M_1、M_2 为反射镜，L_2 是聚光透镜，PM 是光电倍增管。从氦氖（He-Ne）激光器发出的光，通过 L_1 变成平行光束，被 M_B 分成两半，一半反射到 M_1，另一半透射到 M_2。被 M_1 和 M_2 反射的两路光又经 M_B 重叠，被 L_2 聚集，穿过针孔 P_2 到达 PM。设 M_B 到 M_1 和 M_2 的距离分别为 l_1 和 l_2，则被分开后再聚合的两束光的光程差（光程差是两束光在传播过程中经过的光程的差值）为

$$\delta = 2(l_2 - l_1)$$

如果 M_2 沿光轴方向从 $l_1 = l_2$ 的位置平行移动 Δl 距离，那么光程差 $\delta = 2\Delta l$。M_2 每移动半个激光波长，将产生一次完整的明暗干涉现象。因此，在移动 M_2 过程中，PM 端计数器得到干涉条纹数 N，将 N 乘以 $\dfrac{\lambda}{4}$，就得到了 M_2 移动的距离 $\Delta l = N\dfrac{\lambda}{4}$，从而实现了距离检测。

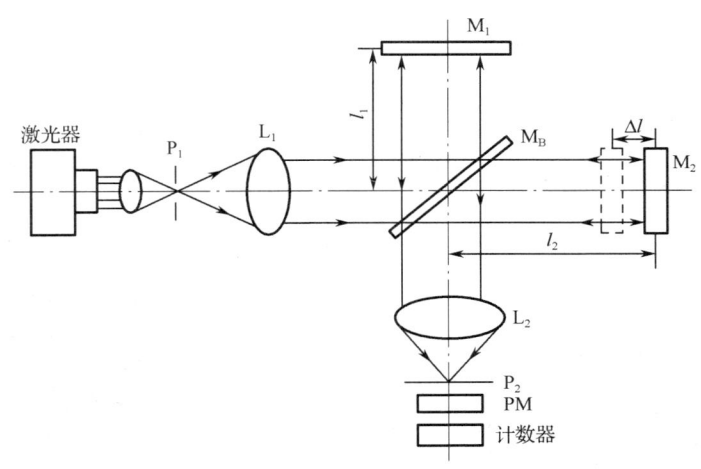

图 6-29 激光干涉测距仪结构

激光干涉测距仪测量时需要环境补偿模块，用于采集测量现场的湿度、温度和大气压力等参数，实时调节激光光束的波长。激光干涉测距仪可以完成角度测量、直线度测量、平行度测量、垂直度测量、平面度测量、回转轴测量等在线测量，在线测量过程中影响测量精度的因素有很多，为了获得满意的精度，在线测量时应尽量将镜头组固定在与读数组同位置处，以实现精度测量及补偿数据的稳定。

激光干涉测距仪分为手持激光干涉测距仪和望远镜式激光干涉测距仪。手持激光干涉测距仪测量距离一般在 200m 内，精度较高（一般在 2mm 左右）。除能测量距离外，一般还能计算测量物体的体积。望远镜式激光干涉测距仪测量距离一般为 600～3000m，精度较低（一般在 1m 左右）。主要应用范围为野外长距离测量。此外一维激光干涉测距仪用于距离测量、定位；二维激光干涉测距仪用于轮廓测量、定位、区域监控等领域；三维激光干涉测距仪用于三维轮廓测量、三维空间定位等领域。

激光干涉测距仪在工作时向被测物体发出一束很细的激光，由光电元件接收被测物体反射的激光束，计时器测定激光束从发射信号到接收信号的时间间隔，即可求出被测物体与激光干涉测距仪之间的距离。激光干涉测距仪可测量汽车行驶的距离、火车行驶的距离、机器人行走的距离、建筑物的高度等。激光干涉测距仪在汽车防撞探测中的应用如图 6-30 所示，激光干涉测距仪用于监测汽车前后方向与其他汽车的距离。激光干涉测距仪在石油钻机中的应用如图 6-31 所示，石油钻机时可以测量油车到塔顶的距离和相对速度，防止"上碰下砸"事故发生。激光干涉测距仪在轨道交通中的应用如图 6-32 所示，激光传感器用于监测车流量及车轮廓，对车流限高、限长，对于车辆分型等也能进行实时分辨。

2. 测量车速

汽车激光测速仪一般采用小型半导体砷化镓（GaAs）激光器，其发光波长为 800～900nm。激光干涉测车速光路系统如图 6-33 所示。为了适应较远距离的激光发射和接收，采用外径为 437mm、焦距为 115mm 的发射透镜，采用外径为 37mm、焦距为 65mm 的接收透镜。砷化镓激光器及光敏元件分别置于透镜的焦点上，砷化镓激光器经发射透镜 2 成平行光射出，再经接收透镜 3 会聚于光敏元件上。为了保证测量精度，在发射透镜前放一个宽为 2mm 的狭缝光阑，当汽车行驶的速度为 v，行驶的时间为 t 时，行走的距离 $s=vt$。

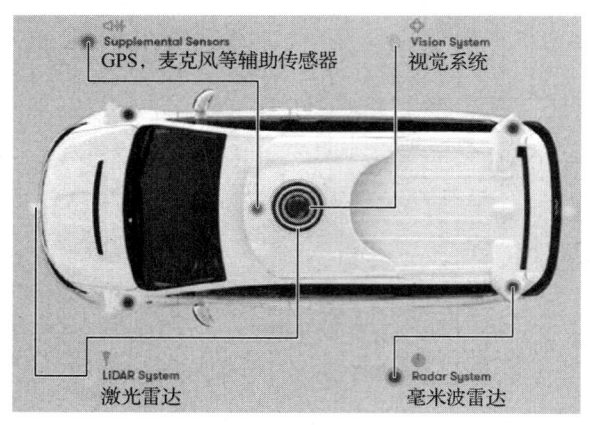

图 6-30 激光干涉测距仪在汽车防撞探测中的应用

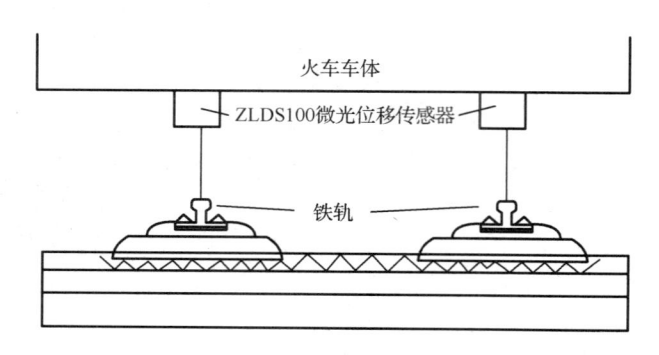

图 6-31 激光干涉测距仪在石油钻机中的应用　　图 6-32 激光干涉测距仪在轨道交通中的应用

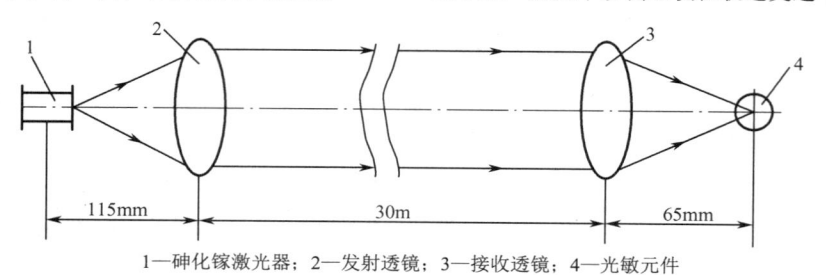

1—砷化镓激光器；2—发射透镜；3—接收透镜；4—光敏元件

图 6-33 激光干涉测车速光路系统

现选取 $s=2$m。选取汽车行驶时先后间隔 2m 的两束激光所测得的时间间隔，即可算出汽车行驶速度。采用计数器显示，当主振荡器振荡频率为 100kHz，计数器的计数值为 N 时，汽车车速为

$$v=\frac{s}{t}=\frac{2}{N/f}=\frac{2\times100\times10^3}{N}\times\frac{3600}{1\times10^3}=\frac{7.2\times10^5}{N}\text{（km/h）}$$

3. 测量厚度

激光传感器可测量材料及其表面镀层厚度，因此也可用于厚度控制系统的误差测量。在测量时不需要测量出材料厚度的绝对尺寸，而是测量厚度的相对值或者相对于一个标准值的厚度。激光测厚可用于热轧生产线板材厚度的非接触式在线连续测量，它与射线法、微波法、超声法等相比更安全可靠、测量精度更高、测量范围更大、辐射更小。

激光传感器测厚度一般由一个激光传感器采用共焦原理测量，也可以由上下两个对射的激光传感器进行测量，通过将两个位移传感器之间的距离减去两个激光传感器的测量值，得到被检测物体的厚度。

在激光共焦系统中，采用点光源照明被测物，而携带被测物信息的光被点探测器收集，最后利用横向和轴向扫描技术获得整个被测物的三维信息。激光共焦原理如图 6-34 所示。激光光源经过光学系统后形成点光源，点光源、点照明和点探测三者满足系统光学共轭要求。当被测物位于点光源共轭像（点照明）位置时，点探测器上收集到的光强最强。而当本次被测物正离焦或负离焦时，由于针孔的遮挡作用，点探测器上收集到的光强迅速衰减，从而通过轴向（或纵向）扫描，判断光强出现最大值的位置即可实现被测物的轴向测量，进而结合横向测量结果可实现对被测物的三维扫描测量。

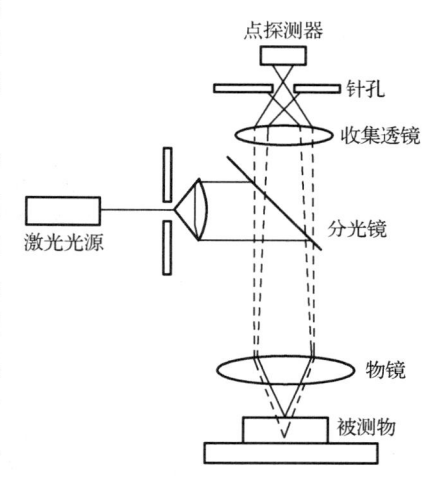

图 6-34　激光共焦原理

部分激光传感器使用音叉实现镜头的上下移动，使用音叉时的聚焦示意如图 6-35 所示。激光束穿过依靠音叉快速上下振动的物镜会聚在目标表面，从目标表面反射的光束会聚在针孔处，随后进入感光元件，确定该反射光强最强时音叉（镜头）的高度，目标物是否位于与该处相距焦点距离。通过内部传感器高精度读取此时的音叉（镜头）位置，即可测量音叉与目标物的距离，对焦位置与通过针孔的反射光强最强的位置相等。由于是测量对焦高度，可不受目标物材料、颜色、倾斜等的影响，测量准确度高。

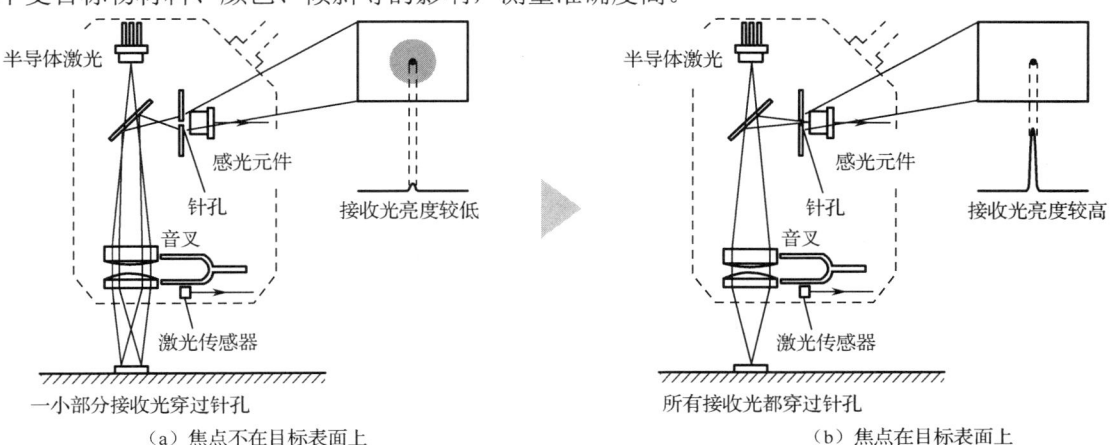

（a）焦点不在目标表面上

（b）焦点在目标表面上

图 6-35　使用音叉时的聚焦示意

将激光传感器发出的共焦光束分别会聚在顶面和底面，可以实现稳定的厚度测量，半导体晶片的槽深测量如图 6-36 所示。传统位移传感器的光点直径过大，凹槽大小无法准确测量。具有音叉的激光传感器可以对 $\phi 2\mu m$ 的超小光点进行测量，因此不必担心出现无法测量的问题。此外，作为标配，超小光点左右搭载了扫描装置，省去了设计夹具的时间，可直接测量凹槽形状。

图 6-36 半导体晶片的槽深测量

激光传感器利用共焦原理也可测量透明物体，如玻璃、塑料工件的厚度，工件上的光线在顶面和底面同时形成反射，系统将分别确认顶面和底面的反射光，以测量两个表面的间距，测量透明工件厚度示意如图 6-37 所示。

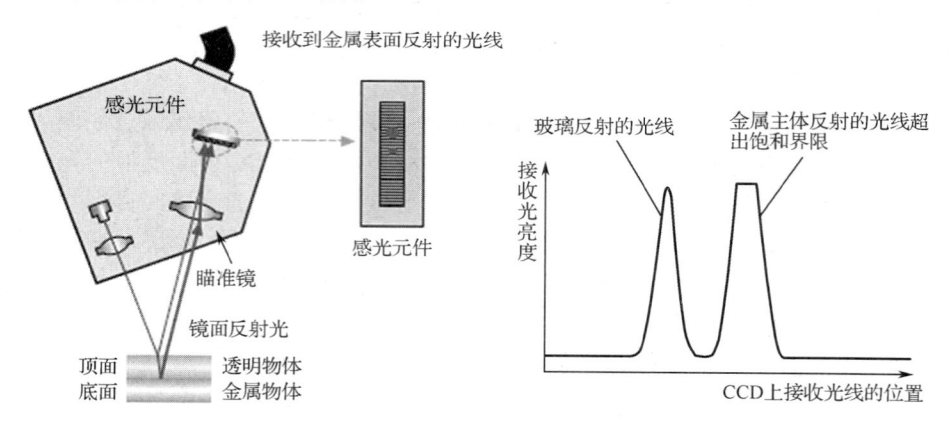

图 6-37 测量透明工件厚度示意

利用两个激光传感器测量工件厚度如图 6-38 所示。两个激光传感器各自测量与工件表面的距离，用安装距离减去测量值的和得出厚度，即 $t=C-(A+B)$，从上至下的厚度测量不受工件上下移动的影响，$(A+B)$ 值不变，但需要两个传感头同步采样。如果两个传感头没有同步采样，则 $(A+B)$ 的值会随着目标上下移动而波动，这是因为在移动时会产生轻微的错位。使用时首先需要调整光轴，使两个激光传感器的光轴在一条直线上。再调整间距，使上下激光传感器的输出电压在工件移动时保持均衡。最后设置标准工件，在控制器中输入标准工件的尺寸，在测量待定厚度的工件后，在控制器上设置成标准零位。

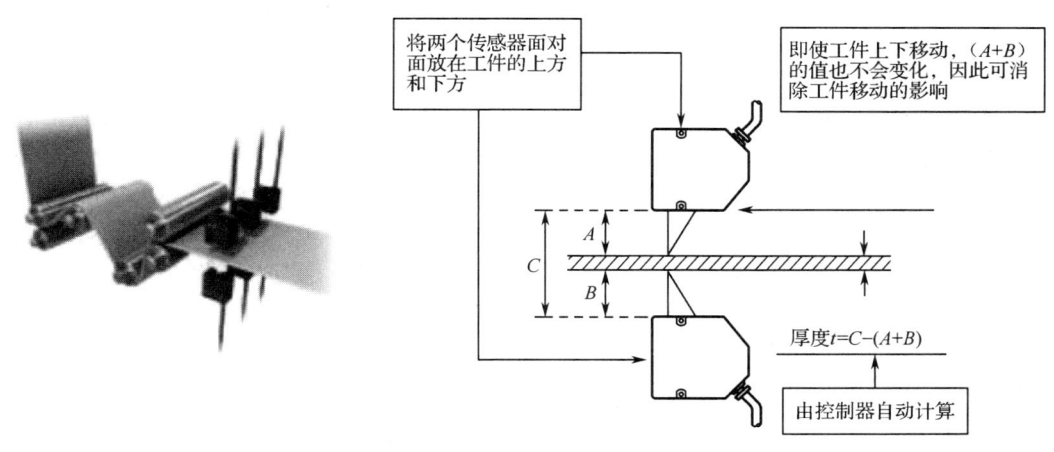

图 6-38　利用两个激光传感器测量工件厚度

激光测厚应用范围很广，可进行卡片、纸张、木板、钢板、传输带、橡胶片、电池极片等材料的厚度检测，在轻工、汽车、机械、钢铁、橡胶等行业得到了广泛应用。

项目 6-3　产品防伪识别

随着我国新型防伪技术不断涌现，RFID 技术的应用越来越广泛，本项目以第二代身份证为检测对象，详细描述了在各种防伪产品中用到的 RFID 技术。

思维导图

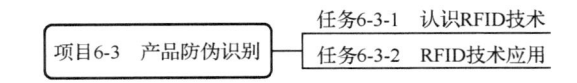

项目6-3　产品防伪识别 ── 任务6-3-1　认识RFID技术
　　　　　　　　　　　　任务6-3-2　RFID技术应用

任务 6-3-1　认识 RFID 技术

【任务描述】

本任务将从认识 RFID 技术入手，通过典型的 RFID 系统组成，分析 RFID 系统各组成部分的原理和功能，特别是标签和阅读器的内部原理和结构功能，详细描述 RFID 不同分类方法，针对不同分类方法对 RFID 进行有针对性的选用，并举例说明各自的应用场景。

【任务要求】

（1）认识 RFID 技术。
（2）了解典型的 RFID 系统组成。
（3）理解 RFID 系统各组成部分的原理和功能。
（4）了解 RFID 的不同分类和选用。

【相关知识】

射频传感器是一种利用射频技术进行测量的传感器,具有广泛的应用领域,在卫星导航、雷达、无线通信、安防监控、交通运输等方面均得到广泛应用。射频传感器的工作原理基于电磁波的传导特性。当电磁波遇到被测物体时,会被被测物体反射、散射或吸收。而在这个过程中,电磁波的某些特性,如功率、频率、相位等都会发生变化,通过测量这些变化,就可以得到被测物体的信息。

1. RFID 技术

射频识别技术即 RFID(Radio Frequency Identification)技术,无线射频识别采用无线电通信的电磁波频率,是一种非接触式的自动识别技术。RFID 技术通过射频信号自动识别目标对象来获取相关数据,是一种利用无线电波进行双向通信的自动识别技术,完成识别工作时不需要人工干预,可识别高速运动物体并可识别多个射频卡,操作方便快捷。射频识别技术不怕油渍、灰尘、光线等干扰。

典型的 RFID 系统由电子标签(Tag),阅读器(Reader)和应用系统 API 组成。电感耦合型 RFID 系统工作原理如图 6-39 所示,电子标签进入磁场后,接收阅读器发出的射频信号,根据感应电流所获得的能量发送存储在芯片中的产品信息(Passive Tag,无源标签或被动标签),或者由电子标签主动发送某一频率的信号(Active Tag,有源标签或主动标签),阅读器读取信息并解码后,将其送至计算机应用系统中进行数据处理。

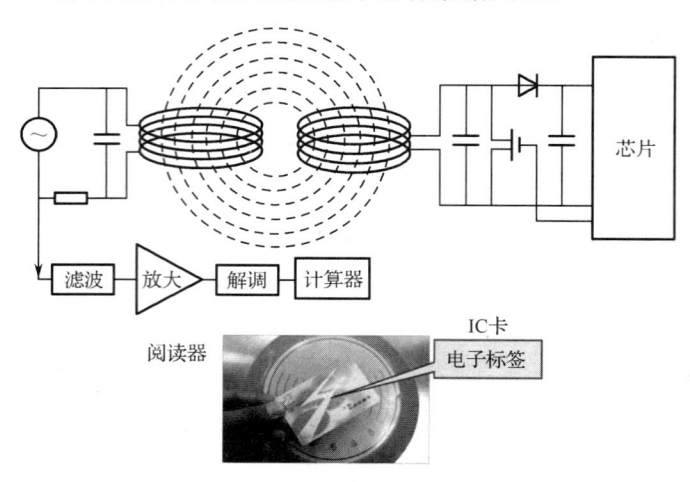

图 6-39 电感耦合型 RFID 系统工作原理

(1) 电子标签。电子标签(Electronic Tag)也称智能标签(Smart Tag),是由 IC 芯片和无线通信天线(Antenna)组成的超微型小标签,目前大多采用微机电系统(MEMS)芯片,通过内置的无线射频天线与阅读器进行通信。电子标签是 RFID 系统的数据载体,在系统工作时,阅读器发出查询能量信号,电子标签(无源状态下)收到查询能量信号后将其一部分整流为直流电源供电子标签内的电路工作,另一部分能量信号被电子标签内保存的数据信息调制后反射回阅读器。电子标签的硬件部分通常由射频接口、逻辑控制单元、天线三部分组成,

RFID 系统中电子标签内部结构如图 6-40 所示，下面详细说明各部分功能。

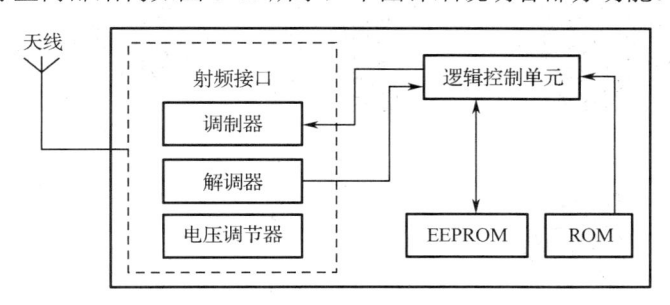

图 6-40　RFID 系统中电子标签内部结构

① 天线：用来接收阅读器发出的信号，并把需要的数据传送回阅读器。

② 电压调节器：把从阅读器送来的射频信号经大容量电容进行能量存储，再通过稳压电路以便提供稳定的电源。

③ 调制器：逻辑控制电路送出的数据经调制电路调制后加载到天线并返给阅读器。

④ 解调器：去除载波，取出调制信号。

⑤ 逻辑控制单元：译码阅读器送来的信号，并依据要求返回数据给阅读器。

⑥ 存储单元：包括 EEPROM 和 ROM，提供系统运行数据并存放识别数据。

每个标签具有唯一的电子编码，金属箔可制成各种形状的感应线圈，电子标签中的感应线圈如图 6-41 所示。电子标签的芯片极小，附着在物体上对目标对象进行标识。但目前的条形码只能识别某一"类"产品，无法识别某一"件"产品，随着现代物联网的迅速发展，需要对每一"件"产品进行追踪溯源，这就需要对产品进行唯一的识别，利用微机电系统（MEMS）技术后，电子标签的芯片面积不足 $1mm^2$，但是它的容量巨大，可以提供几百亿个电子编码供选用，从而实现追踪供应链上的每一"件"产品。

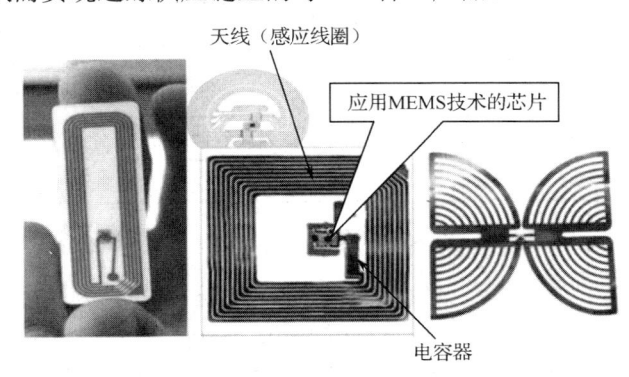

图 6-41　电子标签中的感应线圈

（2）阅读器。阅读器是读取或写入电子标签信息的设备，RFID 系统中各种阅读器如图 6-42 所示。

阅读器根据功能和应用不同，分为固定式阅读器、手指式阅读器（手持机）和一体式阅读器（一体机）。

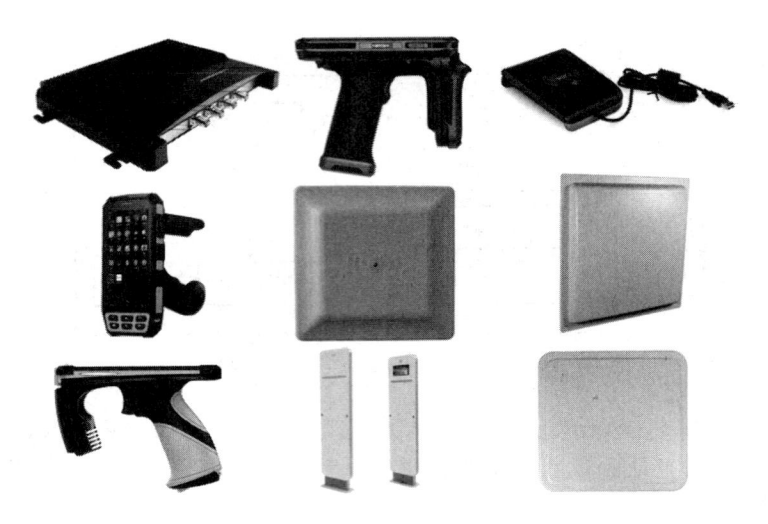

图 6-42　RFID 系统中各种阅读器

阅读器是电子标签和应用系统进行信息传输的双向通道。阅读器的频率决定了 RFID 系统工作的频段，阅读器的功率决定了 RFID 系统进行信息传输的有效距离。阅读器根据需求可设计为手持式便携读写器或固定式读写器，根据结构和技术的需求可设计为只读式和读写式，读写器的硬件部分通常由射频接口、逻辑控制单元、天线和电源等部件组成，阅读器内部结构如图 6-43 所示，下面详细说明各部分功能。

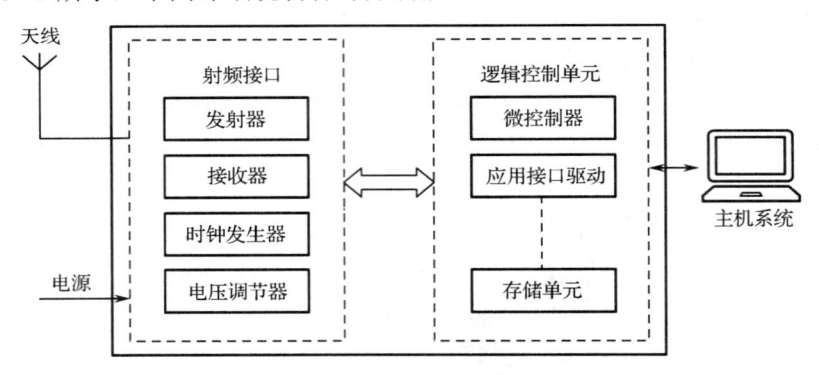

图 6-43　阅读器内部结构

射频接口的主要功能是产生高频发射能量、激活电子标签并为其提供能量、对发射信号进行调制、将数据传输给电子标签，以及接收并调制来自电子标签的射频信号。射频接口有两个间隔开的信号通道，分别与电子标签和阅读器两个方向传输数据。

逻辑控制单元即读写模块，主要功能是与应用系统软件进行通信，并执行从应用系统软件发送来的指令；控制阅读器与电子标签的通信过程；用于信号的编码与解码；对阅读器和电子标签之间传输的数据进行加密和解密；执行防碰撞算法；对阅读器和电子标签的身份进行验证。

天线是一种既能将接收的电磁波转换为电流信号，又能将电流信号转换为电磁波发射出去的器件。在 RFID 系统中，阅读器必须通过天线来发射能量，从而形成电磁场，通过电磁

场对电子标签进行识别。所以阅读器天线所形成的电磁场范围即为阅读器的可读区域。

2. RFID 的分类

按功能可将 RFID 分为被动式 RFID、主动式 RFID、半主动式 RFID、远程 RFID 等。各种 RFID 电子标签及应用如图 6-44 所示。

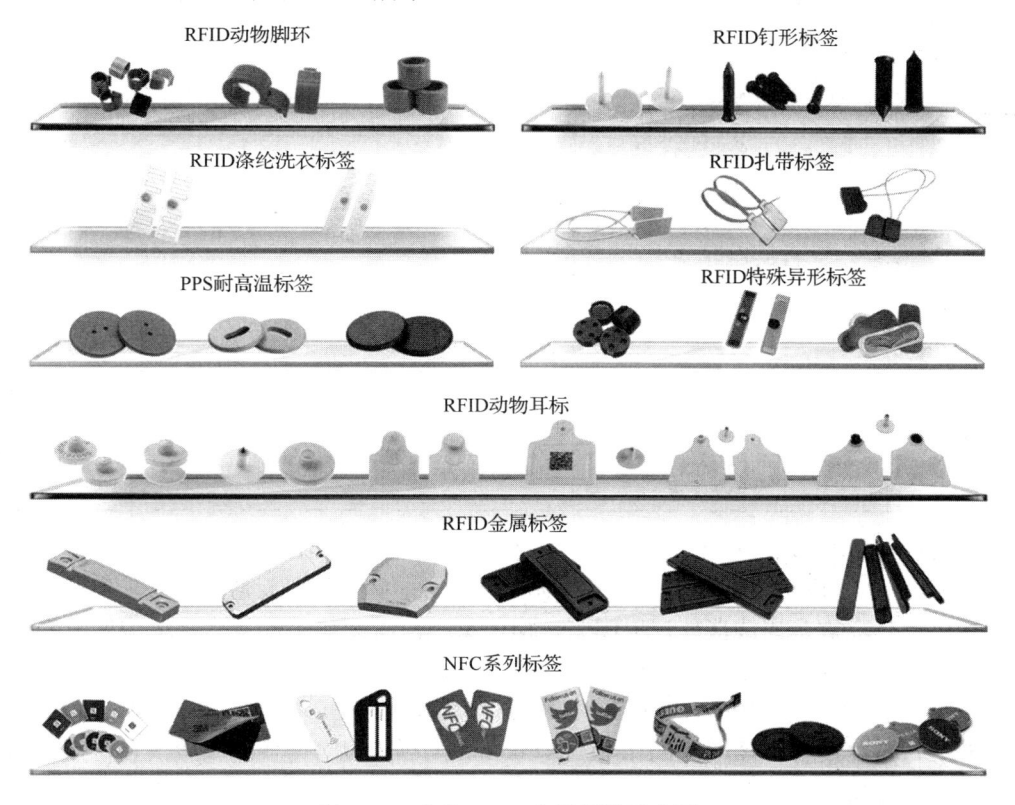

图 6-44　各种 RFID 电子标签及应用

（1）被动式 RFID。被动式 RFID 也称无源式 RFID，其电子标签不需要电池，它们利用接收到的 RFID 阅读器的电磁场产生能量传输数据。平时标签处于休眠状态，当阅读器发出电波或磁场来唤醒标签时，才进入正常工作模式，利用转换的电力发送信号。这种标签比有源式标签便宜，体积小，但记忆空间不大，通信距离较短。

（2）主动式 RFID。主动式 RFID 也称有源式 RFID，电子标签有内置电池为其提供电力，利用其自有电力主动侦测周边有无阅读器发射的呼叫信号，并将自身的信息传送给阅读器。这种标签记忆空间较大，通信距离较长，但成本较高，体积较大，需要更换电池。

（3）半主动式 RFID。半主动式 RFID 也称半有源式 RFID，其电子标签也有内置电池，但是它们需要在阅读器发出射频信号后才能唤醒，并发送信号。这种标签可以提供更远的读取距离和更快的速度，而且比有源式标签便宜。

（4）远程 RFID。远程 RFID 是一种 RFID 系统，通常与无线传感网络（WSN）组合使用，近年来应用较广泛，是一种由许多小型传感器组成的网络，传感器收集数据并将数据传输回中央节点，实现在非接触式卡片和阅读器之间进行信息传输，能处理更复杂和高级别的数据分析和控制功能。通常用于门禁系统、公共交通系统、货物识别系统、环境信息采集系统等。

按频率可将 RFID 分为低频、高频、超高频、微波等，具体特性与应用如表 6-2 所示。

表 6-2 不同频率 RFID 特性与应用

频率	频段	有效距离	应用场景	优点	缺点
125~134kHz	低频	有效距离<1m 电感耦合 无源标签	工具识别、电子防盗、容器识别、动物识别	价格低廉、不受无线电频干扰、可穿透除金属外的材料	低速、仅限近距离使用、天线匝数多、使用成本较高
13.56MHz	高频	有效距离<1m 电感耦合 无源标签	电子闭锁防盗、电子车票、电子身份证	价格低廉、不受无线电频干扰、有较高的传输速率、可同时读取多个标签	可穿透除金属外的材料，但传输距离受限制仅限近距离使用
433MHz 863~870MHz 902~928MHz 950~956MHz	超高频	有效距离 5~6m 电容耦合 无源标签	电子身份证、移动车辆识别、仓储物流管理、电子闭锁防盗	传输速率快、传输距离远	不能穿透的材料较多，不同国家规定的频段没有统一，所以各频段之间不兼容
2.4GHz 5.8GHz	微波	适用于较远的读写场景 有源标签	港口货运管理、高速公路收费	传输距离远、高速、传输数据量大、可靠性高	较上述三种成本高

（1）低频 RFID（LF RFID）。工作频率通常为 125~134kHz，读取范围为几厘米。低频 RFID 的最大优点是电子标签靠近金属或液体的物品时能够有效发射通信信号，不像较高频率标签的通信信号会被金属或液体反射回来，但低频 RFID 记忆空间不大，读取距离短，无法同时进行多标签读取，适用于安全门禁、动物晶片标识、汽车防盗器和玩具等。

（2）高频 RFID（HF RFID）。高频 RFID 工作频率通常为 13.56MHz，高频 RFID 电子标签都是被动式感应耦合，读取距离在 10~100cm。高频 RFID 传输速度较快且可进行多标签辨识，但对环境要求较敏感，在金属或较潮湿的环境下读取率较低，适用于门禁系统、电子钱包支付、文件管理、电子机票、行李卷标、公交卡等。

（3）超高频 RFID（UHF RFID）。超高频 RFID 工作频率通常为 433MHz、863~870MHz 等，超高频 RFID 电子标签都是被动式天线，该天线可采用蚀刻或印刷的工艺制造，制造成本较低，读取距离一般在 5~6m。超高频 RFID 可读取较远的信息，信息传输速率较快，而且可以同时进行大数量标签的读取和辨识，但在金属与液体的物品上反应不太灵敏。适用于物流管理、货架及栈板管理、库存管理、供应链追踪管理等。

（4）微波 RFID（MW RFID）。微波 RFID 的工作频率通常为 2.4GHz、5.8GHz，特性与超高频段相似，读取范围可以达到数十米，但对环境的敏感性较高。微波 RFID 适用于精确定位、物流等。

RFID 按工作机制可分为电磁耦合和电感耦合两种，电磁耦合和电感耦合原理如图 6-45 所示。

电磁耦合与电感耦合的差别在于电磁耦合方式阅读器将射频能量以电磁波的形式发送出去。电感耦合方式阅读器将射频能量束缚在阅读器电感线圈的周围，通过交变闭合的线圈磁场，沟通阅读器线圈与射频标签线圈之间的射频通道，没有向空间辐射电磁能量。

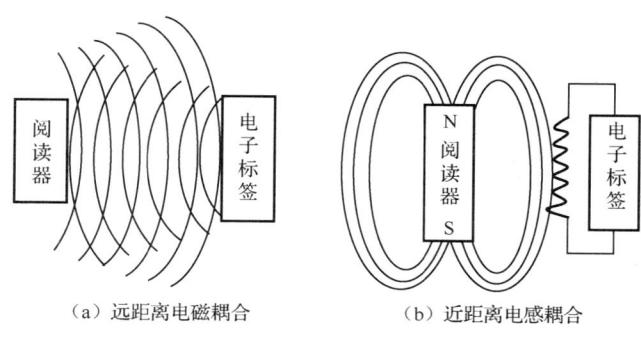

图 6-45　电磁耦合和电感耦合原理

（a）远距离电磁耦合　　（b）近距离电感耦合

任务 6-3-2　RFID 技术的应用

【任务描述】

本任务主要从 RFID 技术特点入手，分析了 RFID 技术在交通领域、医疗领域、防伪技术领域、物流领域中的应用。并结合工程案例说明 RFID 技术在各个领域中的应用。

【任务要求】

（1）理解 RFID 技术的特点。
（2）理解 RFID 技术在各个领域中的应用。
（3）学会分析 RFID 技术在各个领域中的应用案例。

【相关知识】

在物联网时代，RFID 技术能让每一"件"物品都拥有唯一的身份证 ID，被普遍应用在物品识别和追踪中。RFID 技术在交通领域、医疗领域、防伪技术领域、物流领域、安全防护领域、管理与数据统计领域等得到广泛应用，随着 RFID 技术在各个领域应用越来越广泛，RFID 技术已成为日常生活的一部分。

1. RFID 技术在交通领域中的应用

（1）ETC 自动收费系统。ETC（Electronic Toll Collection）自动收费采用 RFID 技术，ETC 系统由中央处理器（MCP）、天线系统、车载单元（OBU）、车载电子标签和控制器等组成。中央处理器负责处理和记录所有扣费记录，天线系统用于发送和接收无线信号，车载单元用于接收和发送扣费信息，车载电子标签用于存储车辆信息和扣费记录，控制器用于管理和控制整个系统。通过安装在车挡风玻璃上的车载电子标签与收费车道的微波天线之间的专用短波进行通信，通过无线数据交换方式实现收费计算机与车载电子标签的远程数据存取功能。计算机可以读取车载电子标签存放车辆的固有信息（如车辆类别、车主、车牌号等）、道路运行信息、征费状态信息。按照既定的收费标准，通过计算，从车载电子标签中扣除本次道路使用通行费。

当车辆通过路桥车道并进入车道天线的通信区域时，安装在车辆内的车载电子标签立即将车辆信息、行车记录等信息向车道天线发送，车道天线接收到信息后通过交易控制器把信息传送给车道控制机，信息经车道控制机处理后，再将当前行车记录信息返回给车道天线，最后写入车载电子标签。每个收费站可以通过车载设备实现车辆识别、信息写入（入口）并自动从预先绑定的 IC 卡或银行账户上扣除相应金额（出口），实现自动收费，ETC 中的 RFID 技术如图 6-46 所示。

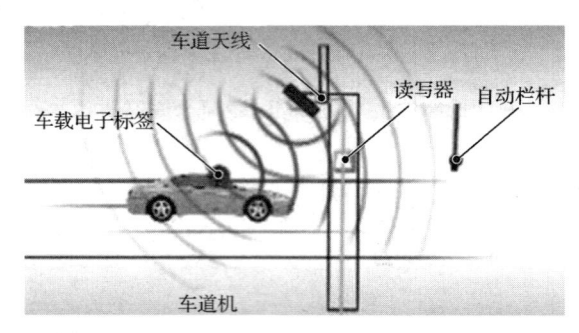

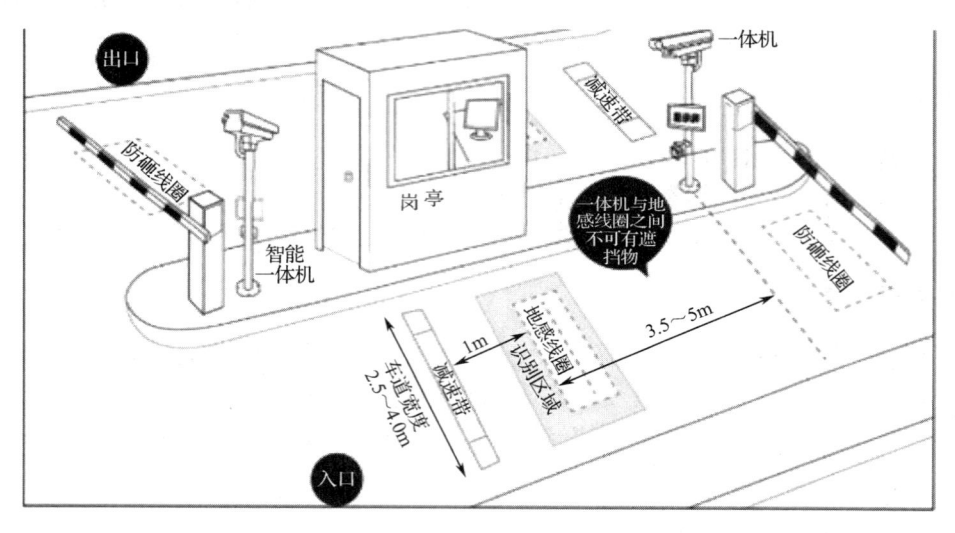

图 6-46 ETC 中的 RFID 技术

目前自动收费（ETC）系统正推广普及用于道路、大桥和隧道的电子收费系统。车主只要在车窗上安装感应电子标签并绑定银行卡，通过收费站时便不需要人工缴费，也无须停车，高速行车费将从银行卡中自动扣除。这种收费系统使每辆车收费耗时不到两秒，其收费通道的通行效率是人工收费通道的 5 到 10 倍。传统采用车道隔离措施下的不停车收费系统称为单车道不停车收费系统，目前在无车道隔离情况下的自由交通流下的不停车收费系统称为自由流不停车收费系统。实施不停车收费，可以允许车辆高速行驶，以每小时几十公里甚至一百多公里的速度通过，故可大大提高公路的通行效率，解决了高速公路收费效率低和交通繁忙的桥隧环境下的拥堵现状。

（2）海关车辆自动检验系统。当车辆或集装箱进入通道，被入口感应线圈感应到，将激活读写器，读写器将在 7～10m 的距离范围内，在 0.5 秒的时间内读取汽车挡风玻璃上的车

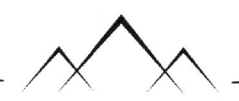

载电子标签,对车辆的合法身份进行有效检验。车外的读写器与车辆信息管理系统联网,可通过车辆信息管理系统实时地进行信息交换,必要时可发出指令,禁止车辆通行。如果车外的读写器不与车辆信息管理系统联网,可利用存在读写器中的黑名单与读取的车载电子标签信息进行比对,采取必要的措施禁止车辆通行。当离开监测区域时,出口感应线圈检测到车辆,显示检验通过,同时将出入车辆数据提交信息管理系统,海关车辆自动检验中的 RFID 技术如图 6-47 所示。

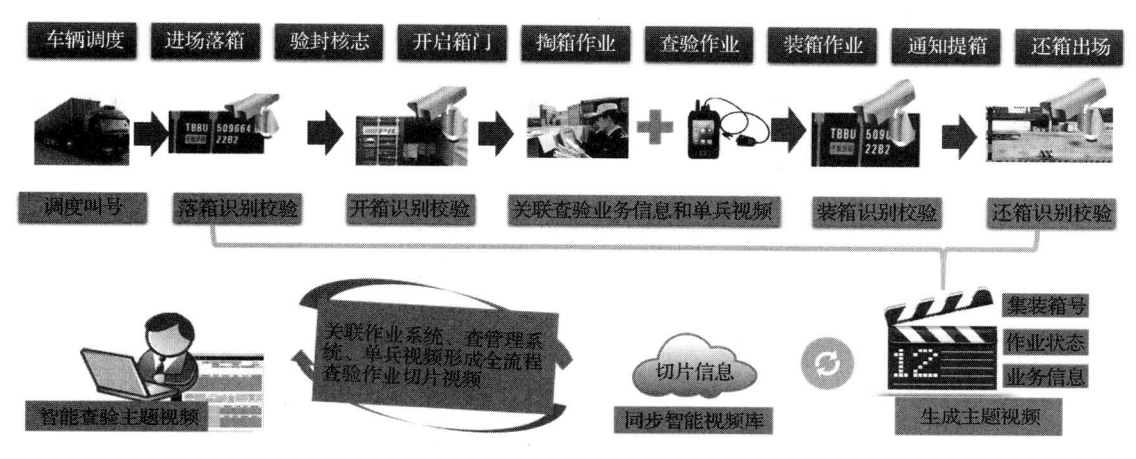

图 6-47 海关车辆自动检验中的 RFID 技术

(3)铁路车号自动识别系统。中国高铁的发展可谓是一日千里,在高铁运营系统中应用 RFID 技术,可实时、准确无误地采集车辆运行状态数据,如机车车次、车号、状态、位置、去向和时间等信息,实时追踪机车车辆,进行车辆运输和调度管理。

铁路车号自动识别系统采用了微波射频技术、互联网技术和计算机技术,能够将采集到的车号数据进行处理后通过网络传送到运输管理信息中心。铁路车号自动识别系统由车载设备、地面设备、网络传输设备和数据处理系统四部分组成,其中车载设备由机车电子标签、机车标签读写器和车辆标签组成。机车电子标签一般安装在车头侧边,机车标签读写器安装在铁路沿线,通过机车电子标签和机车标签读写器之间的信息传输可得到机车的实时信息和车厢内的物品人员信息。

2. RFID 技术在医疗领域中的应用

RFID 技术在医疗领域中的应用主要包括新生儿安全管理、药品管理等。

(1)新生儿安全管理。当婴儿出生时,将一个 RFID 电子标签粘贴在一个柔软的纤维带上,通过固定器将纤维带缠绕在婴儿脚踝上,将婴儿的健康记录、出生日期、出生体重、时间和父母亲姓名等信息输入中心服务器系统中,医护人员可通过 RFID 阅读器读取分配给每个婴儿独立的 ID 码,ID 码与存储在中心服务器中的数据相对应,如果有人企图抱走婴儿走向出口或有人试图移去婴儿脚踝上的安全带时,系统会发出警报。新生儿安全管理中的 RFID 技术如图 6-48 所示。

在具体操作时需要对医院场地进行勘察。针对要建置 RFID 系统的医院场地进行勘察,确认房间的数量、大小、走道的长度、宽度、隔间的材质等,方便配置阅读器的数量,并实地确认安装位置状况（包含电力供应、网络供应、放置空间等），同时与医院系统端确认阅读器的连接方式与 IP 配置。设定每一台阅读器的参数，并确认每一台阅读器的安装位置，若是有连接警报装置，警报装置的安装位置也要同时确认。安装阅读器与警报装置，根据标签实际信号进行微调，包含天线的方向与种类。系统针对婴儿标签的 ID 建立配对资料，在新生儿出生后，将配对好的婴儿标签给新生儿佩戴，护理人员也应佩戴专属的标签。

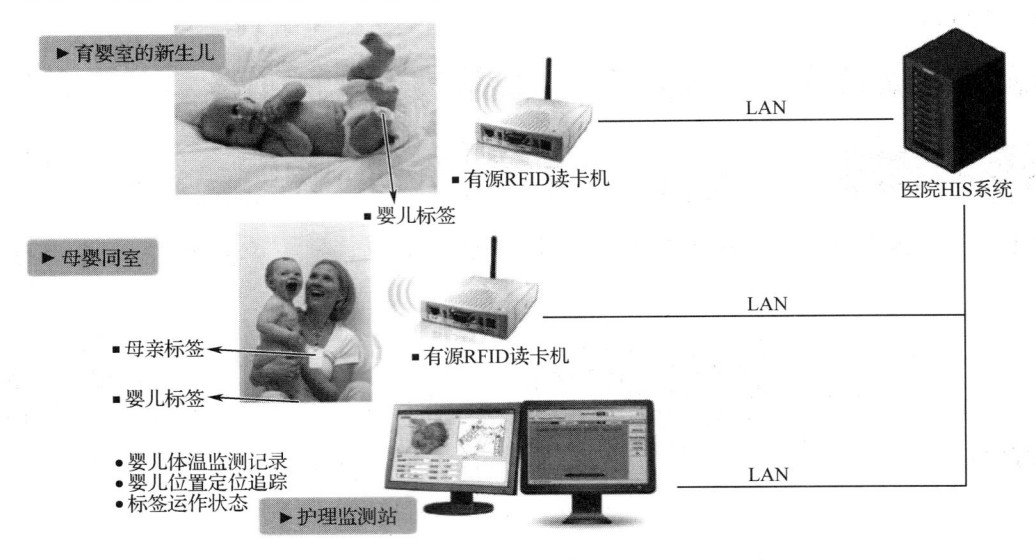

图 6-48　新生儿安全管理中的 RFID 技术

患者动向追踪系统也是利用 RFID 技术对其进行追踪，对于老年失智或疑似传染病的病患，需要随时照看并掌握他们的行踪，将阅读器设置在病房、大楼出入口和医院大门处，一旦病患者离开活动范围区域，身上所佩戴的电子标签就会使报警器发出警报信号，主动通知护理站。

（2）药品管理。用药安全一直以来都是医院要重视的环节，必须做到"三读五核对"，药品生产和管理系统中的 RFID 技术如图 6-49 所示。将 RFID 电子标签贴在药瓶上，领药时使用手持式读取器识别领药人员身份、调取药品信息、辨识所领药品正确性，确保用药安全。药品盘点时，将药品的出厂单位、生产日期、药物品种类别等信息存入 RFID 电子标签中，然后在药品包装上贴上电子标签，盘点时使用手持式读取器对药品电子标签进行信息读取，可以有效查看药品库存数量和过期日期。

3．RFID 技术在防伪技术领域中应用

RFID 技术在防伪领域中的应用主要包括第二代身份证防伪、食品安全追溯等。

（1）第二代身份证防伪。第二代身份证芯片采用 RFID 技术，使用非接触式 RFID 芯片作为"身份读取"信息存储器，该芯片无法复制，高度防伪，该芯片存储容量很大，写入的信息可划分安全等级，并分区存储姓名地址和照片等信息。第二代身份证读卡器能够判断读取的身份证是否是伪造的，像验钞机一样能辨识身份证真伪。第二代身份证 RFID 芯片内所存储信息可通过第二代身份证读卡器显示。

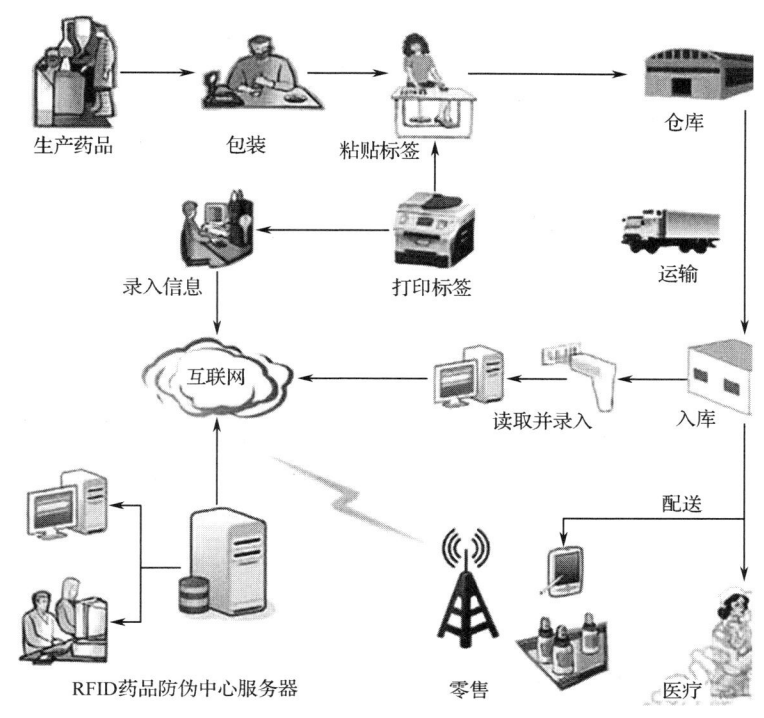

图 6-49　药品生产和管理系统中的 RFID 技术

（2）食品安全追溯。食品问题会严重危及人类健康，大多数疫情源于禽畜类，如何做好对禽畜类成长过程的信息整合，有效抑制疫情的暴发，对疫情来源及时追踪解决是当前食品安全最主要的问题。

RFID 食品追溯管理系统可以保障食品安全及可全程追溯，规范食品生产、加工、流通和消费四个环节。将禽畜、大米、面粉、油、肉、奶制品等食品都颁发一个"电子身份证"，全部加贴 RFID 电子标签，并建立食品安全数据库，从食品种植养殖及生产加工环节开始加贴，实现"从农田到餐桌"全过程的跟踪和追溯，包括运输、包装、分装、销售等流转过程中的全部信息，如生产基地、加工企业、配送企业等都能通过电子标签在数据库中查到。食品追溯管理系统中的 RFID 技术如图 6-50 所示，首先赋码打码环节，在禽畜出生后将被打上 RFID 电子耳标，耳标里有此禽畜的唯一标识号，此号码将贯穿所有节点，并和各环节的相关管理和监测信息关联，以达到追溯的目的。信息录入环节记录匹配的禽畜的来源、成长、所用饲料、饲养人员、疾病、检疫状况等信息的发生时间，并将内容一一录入匹配的电子标签中，方便日后及时追溯调查。销售登记环节记录禽畜出厂时间、流通方向、经手人员等信息，载入 RFID 采集器及标签中。检疫人员追溯环节，检疫人员只要使用系统手持读卡器就能轻易获取动物的成长情况、所用饲料、饲养人员、疾病、检疫状况等信息。

4．RFID 技术在物流领域中的应用

RFID 技术在物流领域中的应用主要包括在生产环节、仓储环节、运输环节和使用环节的应用。

（1）仓储物流移动管理系统。通过 RFID 物联网标识技术，可以制作物品、托盘、货架和库位的电子化标签（一物一码）；完成原材料入库、生产领用、成品入库、成品发货和仓储物流的数字化管理；解决收错货、领错料、发错货等出入库环节常见问题；大幅提升供应链管理的智能化、信息化水平。仓储物流移动管理系统中的 RFID 技术如图 6-51 所示。

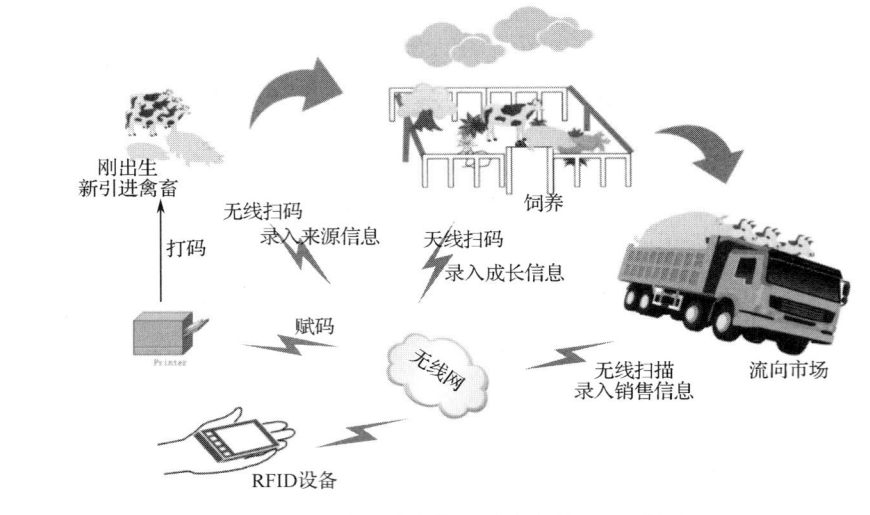

图 6-50　食品追溯管理系统中的 RFID 技术

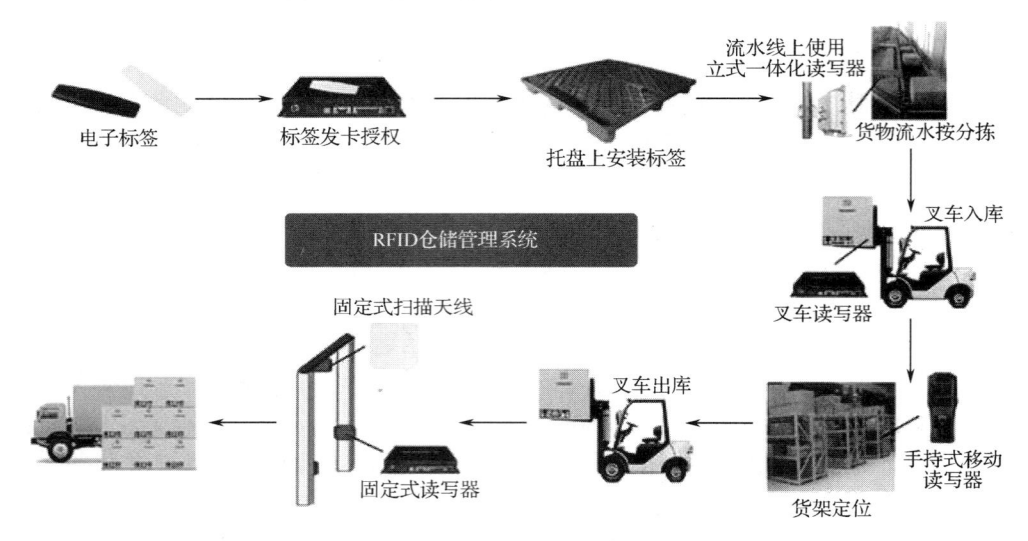

图 6-51　仓储物流移动管理系统中的 RFID 技术

（2）出入库管理系统。出入库管理系统中的 RFID 技术如图 6-52 所示。在库房出入口安装固定式 RFID 读写器，可自动读取托盘 RFID 标签信息（产品类别、数量、状态等），后台对接企业资源计划系统 ERP(Enterprise Resource Planning)、制造执行系统 MES(Manufacturing Execution System) 和仓库管理系统 WMS（Warehouse Management System），自动比对数据工单信息，发现差错时可实时动态预警提示；可实时动态显示库存、拣配和缺货信息；可进行动态库存管理，准确、便捷实施库存盘点；可自动分拣、配货、移库和存储，做到从包装到出入库、仓储物流的全流程可视化管理。

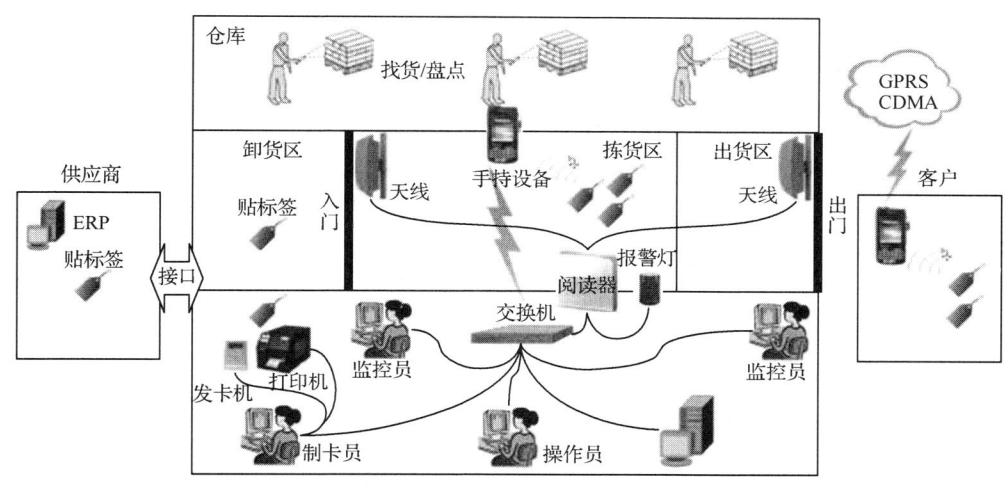

图 6-52 出入库管理系统中的 RFID 技术

知识拓展

图书馆联合智能管理

人们总希望在需要一些资料的时候，能够快速地找到。图书馆是搜集、整理、收藏图书资料，以及供人阅览、参考的场所。书籍是形成一个图书馆的主体。在现代社会，随着科技的发展和人工费用的增加，怎样能够既便捷又准确而且低成本地去管理我们的书籍呢？现在的图书馆基本朝着智慧图书馆的方向发展，图书和档案管理系统采用了 RFID 技术，智慧图书馆全景如图 6-53 所示，RFID 层架标签是智能图书馆的核心所在。在图书或档案上粘贴电子标签，使用读写设备将图书记录在案，搭载着软件管理系统和庞大的数据库，实现自助借阅、盘点、上架、检索、防盗、定位等功能。层架标签中有存储器，存储在其中的资料可重复读、写，也可以非接触式地读取和写入，加快文献流通的处理速度，能保证对多个标签同时进行可靠地识别，针对重要书籍资料可用不可改写、具有唯一序列号的电子标签，并且可加密，防止存储在其中的信息被随意读取或改写。

图书馆管理系统中的 RFID 技术如图 6-54 所示，各部分的功能如下。

① 图书档案管理入库。新图书档案入库，需要根据图书档案的年份、类别和作者等信息对新建图书档案进行编目，然后写入 RFID 电子标签中，并打印数据标签贴在图书档案上，以便读者借阅，同时将数据传送到数据中心的数据库中，以备其他模块调用和查询。

② 图书流通管理。读者借阅图书时，系统首先验证借阅者的身份，验证通过后，借阅者通过借阅管理系统查阅图书档案的编目号，系统根据输入的编目号查找图书档案所在的位置。管理员使用 RFID 读写器读出借阅者所借图书在电子标签档案内的信息，管理员在 RFID 标签内写入被借阅的图书档案，包括借阅者的姓名、单位、借出时间和借阅期限等信息。归还时，管理员使用 RFID 读写器读出图书档案，检查借阅者信息，确认借阅时间是否超期，确认被借阅图书档案是否与 RFID 标签中的信息一致，这个过程如有问题，系统将自动进入相应的处理模块进行处理，若没有问题则根据 RFID 标签中图书的位置信息将其送回到相应位置。防窃防损模块需要将电子标签和门禁通道相互配合，图书出口的 RFID 高频安全检测

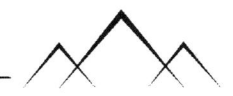

通道对图书档案进行跟踪,未办理借出手续或禁止外借的图书档案在通过 RFID 安全检测通道时,系统会发出警报,提醒管理人员及时处理。

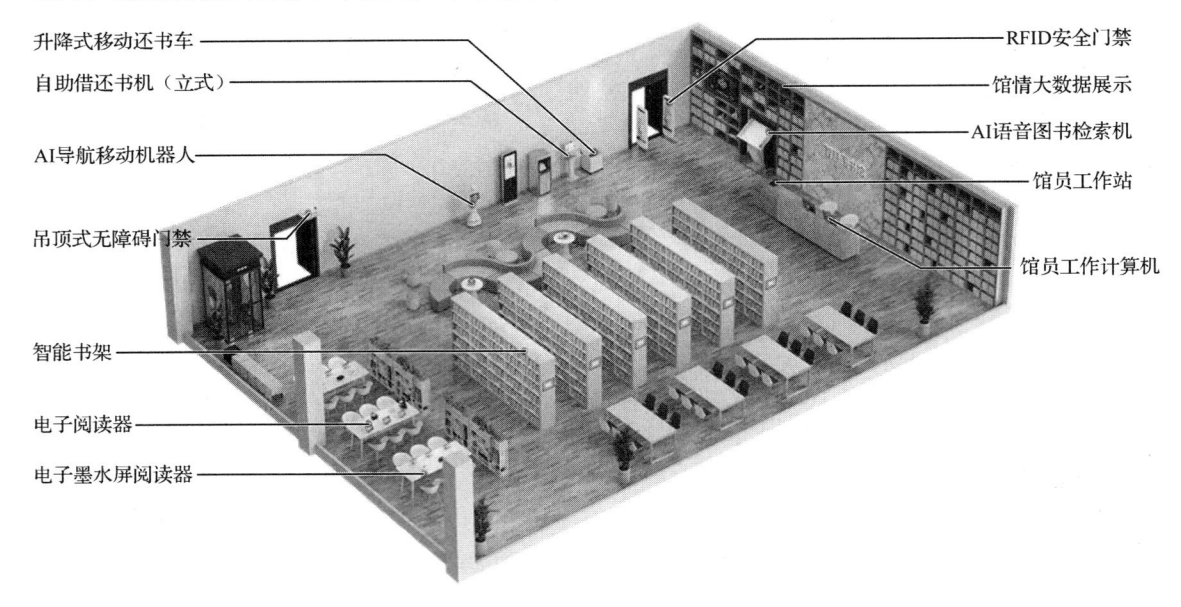

图 6-53 智慧图书馆全景

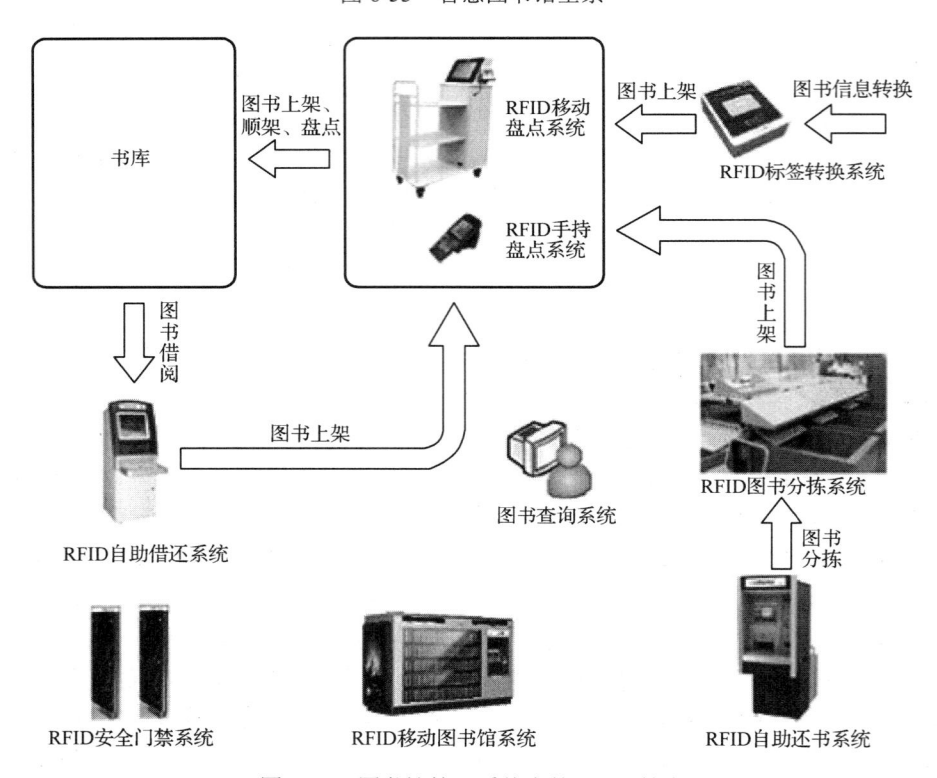

图 6-54 图书馆管理系统中的 RFID 技术

数据管理中心功能包括数据的采集、管理和统计及对设备和系统的管理。

目前，为了方便读者更自由地借阅和归还，设置了 24 小时室外自助借书和还书系统，24 小时室外自助借书和自助还书设备是一种可以对粘贴有 RFID 电子标签的图书进行扫描、识别、借阅和归还处理操作的设备，用于读者自助式图书的借阅、归还和续借等操作，大幅提升了图书馆服务范围和服务时段。

【课后习题】

一、选择题

1. 光纤传感器的工作原理基于（　　）。
   A．入射光的频谱与光电流的关系　　　　B．斯涅耳定律
   C．光的衍射　　　　　　　　　　　　　D．光的强度与光电流的关系
2. 光纤是利用（　　）原理来远距离传输信号的。
   A．光的偏振　　B．光的干涉　　C．光的散射　　D．光的全反射
3. 从经济角度考虑，光纤水位计一般采用（　　）作为光纤的光源。
   A．白炽灯　　　B．LED　　　　C．LCD　　　　D．激光光源
4. 在光纤中传播的波称为（　　）。
   A．无线电波　　B．光波　　　　C．电波　　　　D．微波
5. 以下不属于光纤传感器的特点的是（　　）。
   A．电绝缘性　　B．抗电磁干扰　C．非入侵性　　D．灵敏度低
6. 如果在一个光纤传感器中，光纤既要用来传光，还要被作为敏感元件感受被测量的变化，则应选用（　　）光纤传感器。
   A．功能型　　　B．非功能型
7. 光纤通信中，与出射光纤耦合的光电元件是（　　）。
   A．光敏电阻　　B．光敏三极管　C．APD 光敏二极管　D．光电池
8. 光纤通信应采用（　　）作为光纤的光源。
   A．普通电光源　　　　　　　　　　　　B．激光光源
   C．水银灯光源　　　　　　　　　　　　D．什么光源都可以
9. 光纤纤芯的折射率为 n_1，包层的折射率 n_2，则光纤的数值孔径的大小为（　　）。
   A．$n_1^2 - n_2^2$　　B．$n_2^2 - n_1^2$　　C．$\sqrt{n_1^2 - n_2^2}$　　D．$\sqrt{n_2^2 - n_1^2}$
10. 以下光纤传感器的分类中，不属于光纤传感器作用分类的是（　　）。
    A．功能型光纤传感器　　　　　　　　　B．非功能型光纤传感器
    C．拾光型光纤传感器　　　　　　　　　D．结构型光纤传感器
11. 下面应用激光的案例中错误的是（　　）。
    A．利用激光进行长距离精确测量　　　　B．利用激光进行通信
    C．利用激光进行室内照明　　　　　　　D．利用激光加工坚硬材料
12. 下面关于光的说法正确的是（　　）。
    A．两支铅笔靠在一起，自然光从笔缝中通过就形成了偏振光。

B．偏振光可以是横波，也可以是纵波。
C．因激光方向性好，所以激光不能发生衍射现象。
D．激光可以像刀子一样切除肿瘤。

13．根据激光亮度高，能量集中的特点，激光在医学上可以用于（　　）。
A．杀菌消毒　　　　　　　　　　B．透视人体
C．"焊接"剥落的视网膜　　　　　D．扫描人体

14．将激光光束的宽度聚集到纳米级的范围内，可修复人体已经损坏的器官，如 DNA 分子进行超微型基因修复，把至今令人恐惧的癌症、遗传疾病等彻底根除，以上操作应用了激光的什么特性？以下说法错误的是（　　）。
A．平行性好的特性　　　　　　　B．单色性好的特性
C．亮度高的特性　　　　　　　　D．相关性好的特性

15．下列说法不正确的是（　　）。
A．激光是一种人工产生的相干光，因此可以通过对它进行调制来传递信息。
B．如果地球表面没有大气层，太阳照亮地球的范围要比有大气层时略大些。
C．激光雷达能够根据多普勒效应测出目标的运动速度，从而对目标进行跟踪。
D．从本质上讲激光是横波。

16．准分子激光器是利用氟气和氩气的混合物产生激光，用于近视眼的治疗，用这样的激光刀进行近视眼手术，手术时间短、效果好、无痛苦,关于激光刀的说法不正确的是（　　）。
A．激光治疗近视眼手术是对视网膜进行修复。
B．近视眼是物体在眼球中成像在视网膜的前面，使人看不清物体。
C．激光具有高度的方向性，可以在非常小的面积上对眼睛进行光凝手术。
D．激光治疗近视眼手术是对角膜进行切削。

17．利用 RFID 读写器和二维码随时随地获取物体的信息，指的是对物体（　　）。
A．可靠传递　　B．智能处理　　C．全面感知　　D．互联网

18．（　　）指的是对接收的信号进行解码和译码然后送到后台软件进行处理。
A．天线　　　　B．读写器　　　C．射频卡　　　D．控制系统

19．低频 RFID 卡的作用距离是（　　）。
A．小于 10cm　　B．3～8m　　C．1～20cm　　D．大于 20cm

20．RFID 卡按照（　　）方式可以分为有源标签和无源标签。
A．供电方式　　B．工作频率　　C．通信方式　　D．标签芯片

21．RFID 系统不包括下面哪一项（　　）。
A．电子标签　　B．阅读器　　　C．天线　　　　D．二维码

22．RFID 属于物联网的哪个层（　　）。
A．感知层　　　B．网络层　　　C．业务层　　　D．应用层

23．电子标签正常工作所需要的能量全部由阅读器提供，这一类电子标签为（　　）。
A．有源标签　　B．无源标签　　C．半有源标签　　D．半无源标签

二、分析、计算题

1．已知一光纤传感器纤芯折射率 $n_1 = 1.46$，包层折射率 $n_2 = 1.45$ 试求：

（1）光纤的数值孔径的值。

（2）若外部媒介为空气，$n_0=1$，该光纤的最大入射角是多少？

2．医用激光刀和普通手术刀相比有何优点？

3．查阅资料，说明 RFID 技术在演唱会门票中如何进行防伪识别？

4．NFC（Near Field Communication）在生活中的应用如图 6-55 所示，试说明 NFC 技术与 RFID 技术的关系。

图 6-55　NFC 在生活中的应用

附录

附录 A 国际单位制的常用单位

表 A-1 国际单位制的常用单位

量 的 名 称	单 位 名 称	单 位 符 号
长度	米	m
质量	千克（公斤）	kg
时间	秒	s
电流	安［培］	A
热力学温度	开［尔文］	K
物质的量	摩［尔］	mol
发光强度	坎［德拉］	cd
平面角	弧度	rad
立体角	球面度	sr

表 A-2 国际单位制中具有专门名称的导出单位

量 的 名 称	单 位 名 称	单 位 符 号
频率	赫［兹］	Hz
力；重力	牛［顿］	N
压力，压强；应力	帕［斯卡］	Pa
能量；功；热	焦［耳］	J
功率；辐射通量	瓦［特］	W
电荷量	库［仑］	C
电位；电压；电动势	伏［特］	V
电容	法［拉］	F
电阻	欧［姆］	Ω
电导	西［门子］	S
磁通量	韦［伯］	Wb

续表

量的名称	单位名称	单位符号
磁感应强度	特［斯拉］	T
电感	亨［利］	H
摄氏温度	摄氏度	℃
光通量	流［明］	lm
光照度	勒［克斯］	lx
放射性活度	贝克［勒尔］	Bq
吸收剂量	戈［瑞］	Gy
剂量当量	希［沃特］	Sv

附录B 本书涉及的部分计量单位

量的名称	量的符号	单位名称	单位符号
长度	L	米	m
面积	A	平方米	m^2
直线位移	x	米	m
角位移	α	弧度	rad
速度	v	米每秒	m/s
加速度	a	米每二次方秒	m/s^2
转速	n	转每分钟	r/min
力	F	牛［顿］	N
压力（压强、真空度）	p	帕［斯卡］	Pa
力矩（转矩、扭矩）	T	牛［顿］米	N·m
杨氏模量	E	牛［顿］每平方米	N/m^2
应变	ε	微米每米（微应变）	μm/m
质量（重量）	m	千克，吨	kg,t
体积质量（密度）	ρ	千克每立方米 吨每立方米 千克每升	kg/m^3 t/m^3 kg/L
体积流量	q	立方米每秒 升每秒	m^3/s L/s
质量流量	q	千克每秒 吨每小时	kg/s t/h
液位	h	米	m
热力学温度	T	开［尔文］	K

续表

量的名称	量的符号	单位名称	单位符号
摄氏温度	t	摄氏度	℃
电场强度	E	伏特每秒	V/m
磁场强度	H	安培每米	A/m
光亮度	L	坎德拉每平方米	cd/m^2
光通量	Φ	流明	lm
光照度	E	流明每平方米 勒克斯	lm/m^2, lx
辐射强度	I	瓦特每球面度	W/sr

附录 C 本书涉及的常用传感器图形符号（依据 GB/T 14479—93）

序号	图形符号	名称
1	p	压力传感器
2	p_d	差压传感器
3	p_g	表压传感器
4	p ◇ε	应变计式压力传感器
5	p	电位器式压力传感器
6	p	压电式压力传感器
7	p	电阻式压力传感器

续表

序 号	图形符号	名 称
8	◁p ⊣⊢	电容式压力传感器
9	◁p ⌇	电感式压力传感器
10	◁p ⌇⌇	（差动）变压器式压力传感器
11	◁F	力传感器
12	◁F ◇ε	应变计式力传感器
13	◁F ⌇	电磁式力传感器
14	◁W	重量（称重）传感器
15	◁W ◇ε	应变计式重量（称重）传感器
16	◁n O/E	光电式转速传感器
17	◁a ⊣⊢	电容式加速度传感器
18	◁T ⇐	热电式温度传感器

附录D 工业热电阻分度表

工作端温度/℃	电阻值/Ω		工作端温度/℃	电阻值/Ω	
	Cu50	Pt100		Cu50	Pt100
−200		18.52	330		222.68
−190		22.83	340		226.21
−180		27.10	350		229.72
−170		31.34	360		233.21
−160		35.54	370		236.70
−150		39.72	380		240.18
−140		43.88	390		243.64
−130		48.00	400		247.09
−120		52.11	410		250.53
−110		56.19	420		253.96
−100		60.26	430		257.38
−90		64.30	440		260.78
−80		68.33	450		264.18
−70		72.33	460		267.56
−60		76.33	470		270.93
−50	39.24	80.31	480		274.29
−40	41.40	84.27	490		277.64
−30	43.55	88.22	500		280.98
−20	45.71	92.16	510		284.30
−10	47.85	96.06	520		287.62
0	50.00	100	530		290.92
10	52.14	103.9	540		294.21
20	54.28	107.79	550		297.49
30	56.42	111.67	560		300.75
40	58.56	115.54	570		304.01
50	60.70	119.4	580		307.25
60	62.84	123.24	590		310.49
70	64.98	127.08	600		313.71
80	67.12	130.9	610		316.92
90	69.26	134.71	620		320.12
100	71.40	138.51	630		323.30
110	73.54	142.29	640		326.48

续表

工作端温度/℃	电阻值/Ω		工作端温度/℃	电阻值/Ω	
	Cu50	Pt100		Cu50	Pt100
120	75.68	146.07	650		329.64
130	77.83	149.83	660		332.79
140	79.98	153.58	670		335.93
150	82.13	157.33	680		339.06
160		161.05	690		342.18
170		164.77	700		345.28
180		168.48	710		348.38
190		172.17	720		351.46
200		175.86	730		355.53
210		179.53	740		357.59
220		183.19	750		360.64
230		186.84	760		363.67
240		190.47	770		366.70
250		194.10	780		369.71
260		197.71	790		372.71
270		201.31	800		375.70
280		204.90	810		378.68
290		208.48	820		381.65
300		212.05	830		384.60
310		215.61	840		387.55
320		219.15	850		390.48

附录 E 镍铬—镍硅热电偶分度表（自由端温度为 0℃）

工作端温度/℃	热电动势/mV	工作端温度/℃	热电动势/mV	工作端温度/℃	热电动势/mV
−50	−1.889	420	17.241	900	37.325
−40	−1.527	430	17.664	910	37.724
−30	−1.156	440	18.088	920	38.122
−20	−0.777	450	18.513	930	38.519
−10	−0.392	460	18.938	940	38.915
−0	−0.000	470	19.363	950	39.314
+0	+0.000	480	19.788	960	39.703
10	0.397	490	20.214	970	40.096
20	0.798	500	20.640	980	40.488

续表

工作端温度/℃	热电动势/mV	工作端温度/℃	热电动势/mV	工作端温度/℃	热电动势/mV
30	1.203	510	21.066	990	40.897
40	1.612	520	21.493	1000	41.264
50	2.022	530	21.919	1010	41.657
60	2.436	540	22.346	1020	42.045
70	2.850	550	22.772	1030	42.432
80	3.266	560	23.198	1040	42.817
90	3.681	570	23.624	1050	43.202
100	4.095	580	24.050	1060	43.585
110	4.508	590	24.476	1070	43.968
120	4.919	600	24.902	1080	44.349
130	5.327	610	25.327	1090	44.729
140	5.733	620	25.751	1100	45.108
150	6.137	630	26.176	1110	45.486
160	6.539	640	26.599	1120	45.863
170	6.939	650	27.022	1130	46.238
180	7.338	660	27.445	1140	46.612
190	7.737	670	27.867	1150	46.935
200	8.137	680	28.288	1160	47.356
210	8.537	690	28.709	1170	47.726
220	8.938	700	29.128	1180	48.095
230	9.341	710	29.547	1190	48.462
240	9.745	720	29.965	1200	48.828
250	10.151	730	30.383	1210	49.192
260	10.560	740	30.799	1220	49.555
270	10.969	750	31.214	1230	49.916
280	11.381	760	31.629	1240	50.276
290	11.793	770	32.042	1250	50.633
300	12.207	780	32.455	1260	50.990
310	12.623	790	32.886	1270	51.344
320	13.039	800	33.277	1280	51.697
330	13.456	810	33.686	1290	52.049
340	13.874	820	34.095	1300	52.398
350	14.292	830	34.502	1310	52.747
360	14.712	840	34.909	1320	53.093
370	15.132	850	35.314	1330	53.439
380	15.552	860	35.718	1340	53.782
390	15.974	870	36.121	1350	54.125
400	16.395	880	36.524	1360	54.466
410	16.818	890	36.925	1370	54.807